"十三五"国家重点出版物出版规划项目
智能机器人技术丛书

机器智能与智能机器人

Machine Intelligence and Intelligent Robot

韩力群　编著

国防工业出版社
·北京·

图书在版编目(CIP)数据

机器智能与智能机器人/韩力群编著. —北京:国防工业出版社,2022.3
（智能机器人技术丛书）
ISBN 978-7-118-12422-4

Ⅰ.①机… Ⅱ.①韩… Ⅲ.①人工智能-研究②智能机器人-研究 Ⅳ.①TP18②TP242.6

中国版本图书馆 CIP 数据核字(2021)第 273016 号

※

*国防工业出版社*出版发行
（北京市海淀区紫竹院南路23号 邮政编码100048）
北京龙世杰印刷有限公司印刷
新华书店经售

*

开本 710×1000 1/16 印张 18¾ 字数 320 千字
2022 年 3 月第 1 版第 1 次印刷 印数 1—2000 册 定价 79.00 元

(本书如有印装错误,我社负责调换)

国防书店:(010)88540777　　书店传真:(010)88540776
发行业务:(010)88540717　　发行传真:(010)88540762

丛书编委会

主　任　李德毅

副主任　韩力群　黄心汉

委　员（按姓氏笔画排序）

　　　　马宏绪　王　敏　王田苗　王京涛　王耀南
　　　　付宜利　刘　宏　刘云辉　刘成良　刘景泰
　　　　孙立宁　孙富春　李贻斌　张　毅　陈卫东
　　　　陈　洁　赵　杰　贺汉根　徐　辉　黄　强
　　　　葛运建　葛树志　韩建达　谭　民　熊　蓉

丛 书 序

人类走过了农耕社会、工业社会、信息社会,已经进入智能社会,进入在动力工具基础上发展智能工具的新阶段。在农耕社会和工业社会,人类的生产主要基于物质和能量的动力工具,并得到了极大的发展。今天,劳动工具转向了基于数据、信息、知识、价值和智能的智力工具,人口红利、劳动力红利不那么灵了,智能的红利来了!

智能机器人作为人工智能技术的综合载体,是智力工具的典型代表,是人工智能技术得以施展其强大威力的最佳用武之地。智能机器人有三个基本要素:感知、认知和行动。这三个要素正是目前的机器人向智能机器人进化的关键所在。

智能机器人涉及到大量的人工智能技术:传感技术、模式识别、自然语言理解、机器学习、数据挖掘与知识发现、交互认知、记忆认知、知识工程、人工心理与人工情感……可以预见,这些技术的应用,将提升机器人的感知能力、自主决策能力,以及通过学习获取知识的能力,尤其是通过自学习提升智能的能力。智能机器人将不再是冷冰冰的钢铁侠,它们将善解人意、情感丰富、个性鲜明、行为举止得体。我们期待,随同"智能机器人技术丛书"的出版,更多的人将投入到智能机器人的研发、制造、运用、普及和发展中来!

在我们这个星球上,智能机器人给人类带来的影响将远远超过计算机和互联网在过去几十年间给世界带来的改变。人类的发展史,就是人类学会运用工具、制造工具和发明机器的历史,机器使人类变得更强大。科技从不停步,人类永不满足。今天,人类正在发明越来越多的机器人,智能手机可以成为你的忠实助手,轮式机器人也会比一般人开车开得更好,曾经的很多工作岗位将会被智能机器人替代,但同时又自然会涌现出更新的工作,人类将更加优雅、智慧地生活!

人类智能始终善于更好地调教和帮助机器人和人工智能,善于利用机器人和人工智能的优势并弥补机器人和人工智能的不足,或者用新的机器人淘汰旧的机器人;反过来,机器人也一定会让人类自身更智能。

现在,各式各样人机协同的机器人,为我们迎来了人与机器人共舞的新时代,伴随优雅的舞曲,毋庸置疑人类始终是领舞者!

李德毅　　2019.4

李德毅,中国工程院院士,中国人工智能学会理事长。

前 言

人类和动物所具有的智能统称为自然智能,自然智能均以生物脑为载体,是生物经过百万年漫长进化产生的结果。进入 20 世纪以来人们逐渐认识到,人脑的结构、机制和功能中凝聚着无限的奥秘和智慧,对人类大脑思维能力的模拟具有巨大意义,而计算机的发明和广泛应用为实现这种设想和尝试提供了工具。

人工智能是对自然智能特别是人类智能的模拟、借鉴和延伸,是在人造系统中实现的、具有自然智能特点的理论与方法和技术的集合。机器智能则特指用人工的方法在机器上实现的智能。狭义的机器概念特指那些人造的实物组合体,这些组合体的各部分具有确定的相对运动,能代替或减轻人类劳动,完成有用功或实现能量的转换。符合这些特点的机器智能是人工智能的一个子集,它强调的是以机器为载体的人工智能,如各种智能机器人所具有的智能就是典型的机器智能。广义的机器概念泛指一切人造系统和工具,符合这种特点的机器智能等同于人工智能。

进入工业社会以来,科技与生产力的发展经历了四个阶段:机械化、电气化、自动化、信息化,目前正在加速踏入智能化进程。机械化和电气化利用蒸汽机、电动机等驱动机械替代人的体能进行劳作,为人类创造了"力大无穷"的动力工具,解决了省力问题;自动化和信息化利用传感技术、控制技术、计算机和通信技术为人类创造了"眼观六路、耳听八方"的信息工具和自动工具,做到了既省力又省心;接下来,历史已经按照自己的发展规律来到了智能化阶段,智能化所创造的智能工具不仅因能源驱动而"四肢发达",因信息灵通而"耳聪目明",更重要的是能够按照给定的知识和规则自主做出决策并执行决策,因而具有人类智能的特点:会学习、会思考、会灵活处理信息、会自主正确决策,做到省力、省心、省脑。

智能机器人作为人工智能技术的综合载体,是人工智能技术得以施展其强大威力的最佳用武之地,是智能机器中的典型代表。智能机器人的基本要素是能行动、有感觉、会思考。目前的机器人已经具备了前两个要素,而第三个要素作为智能机器人的核心特征,是目前的机器人向智能机器人进化的关键所在。

"会思考"的智能机器人涉及大量机器智能技术,而机器智能技术在类人智能方面不断取得突破并持续为机器人赋能,将使机器人的"感觉"能力提升为"感知"能力,机器人的"自动执行"能力提升为"自主决策"能力,机器人"调度知识"的能力提升为通过学习"获取知识"的能力。智能机器人的发展将越来越像"人":因具有人工情感而人－机和谐;因具有感知能力而反应敏捷;因具有自学习能力而无师自通;因具有自然语言理解能力而善解人意。这样的智能机器人将不再是冷冰冰的机器,它们会具有类人的思维、类人的心理和情感,它们将善解人意,表情丰富,行为举止越来越有"人"的特点,真正无愧于"机器人"这一头衔!

基于上述观点和认知,本书第 1 章分析了机器智能的内涵与外延,第 2～4 章系统深入地介绍了机器的思维智能、认知智能、行为智能的实现途径,第 5 章介绍了机器获取知识的途径,第 6 章介绍了智能机器人的关键赋能技术和智能机器人在各行各业的应用场景。

限于本书作者的学识,书中不妥之处,恳请读者批评指正。

韩力群
2020 年 12 月于北京

目 录

第 1 章 机器智能概论

- 1.1 机器智能的内涵与外延 ·················· 1
  - 1.1.1 自然智能 ······················· 1
  - 1.1.2 机器智能 ······················· 1
  - 1.1.3 智能系统的体系结构 ················ 2
- 1.2 机器智能的"智" ····················· 3
  - 1.2.1 感知智能 ······················· 3
  - 1.2.2 思维智能 ······················· 5
  - 1.2.3 运动智能 ······················· 8
  - 1.2.4 协调智能 ······················· 11
- 1.3 机器智能的"能" ····················· 13
  - 1.3.1 自学习能力 ····················· 13
  - 1.3.2 自适应能力 ····················· 15
  - 1.3.3 自组织能力 ····················· 16
  - 1.3.4 自协调能力 ····················· 17
  - 1.3.5 自动推理能力 ···················· 18
  - 1.3.6 自主决策能力 ···················· 19

第 2 章 机器思维智能的实现途径：知识工程

- 2.1 知识与知识工程 ····················· 21
  - 2.1.1 知识的概念 ····················· 21
  - 2.1.2 知识工程 ······················· 23

2.2 知识表示 ... 25
2.2.1 一阶谓词逻辑表示法 ... 25
2.2.2 产生式规则表示法 ... 28
2.2.3 状态空间表示法 ... 31
2.2.4 语义网络表示法 ... 34
2.2.5 框架表示法 ... 38
2.2.6 黑板模型结构 ... 43
2.3 知识获取 ... 44
2.3.1 知识获取的任务 ... 44
2.3.2 知识获取方式 ... 45
2.3.3 知识获取的机器学习法 ... 46
2.4 知识运用——问题求解 ... 47
2.4.1 推理策略 ... 47
2.4.2 搜索策略 ... 50
2.5 知识运用——专家系统 ... 56
2.5.1 专家系统概述 ... 56
2.5.2 专家系统的组成 ... 57
2.5.3 专家系统的特征及类型 ... 58
2.5.4 控制型专家系统 ... 60
2.6 知识图谱 ... 68
2.6.1 知识图谱的基本概念 ... 68
2.6.2 知识图谱的构建技术 ... 70

第3章 机器认知智能的实现途径:神经网络

3.1 人脑信息处理的微观结构 ... 75
3.1.1 生物神经元的结构 ... 75
3.1.2 生物神经元的信息处理机制 ... 77
3.1.3 生物神经网络 ... 78
3.2 人工神经网络基础 ... 79
3.2.1 人工神经元模型 ... 79

3.2.2　人工神经网络模型 ·· 80
　　3.2.3　人工神经网络的学习 ·· 82
　　3.2.4　人工神经网络的基本特点与类脑智能 ······················· 85
3.3　常用神经网络模型、算法与功能 ·· 88
　　3.3.1　多层感知器网络 ··· 88
　　3.3.2　动态反馈网络 ··· 92
　　3.3.3　自组织特征映射网络 ·· 99
　　3.3.4　径向基函数网络 ··· 104
3.4　深度神经网络 ·· 111
　　3.4.1　深度神经网络的生物学基础 ···································· 111
　　3.4.2　深度神经网络概述 ·· 112
　　3.4.3　卷积神经网络的概念与原理 ···································· 113
　　3.4.4　卷积神经网络的模型与学习算法 ······························ 116
3.5　神经网络的泛化能力 ·· 117
　　3.5.1　泛化能力的定义 ··· 117
　　3.5.2　影响神经网络的泛化能力的因素 ······························ 123
　　3.5.3　提高神经网络的泛化能力的方法 ······························ 125

第4章　机器行为智能的实现途径：感知-动作系统

4.1　感知-动作系统概述 ·· 133
　　4.1.1　感知-动作型智能主体 ·· 133
　　4.1.2　智能主体的协调机制 ··· 134
　　4.1.3　智能主体的行为智能模拟技术 ································· 136
4.2　遗传算法原理 ·· 137
　　4.2.1　遗传算法的基本原理与主要特点 ······························ 138
　　4.2.2　遗传算法的基本操作与模式理论 ······························ 139
　　4.2.3　遗传算法的实现与改进 ·· 146
4.3　强化学习 ·· 151
　　4.3.1　马尔可夫决策过程 ·· 152
　　4.3.2　动态规划 ·· 155

        4.3.3 蒙特卡罗法 ··· 157
        4.3.4 时间差分 ··· 158
        4.3.5 深度强化学习 ··· 158
    4.4 小脑模型 ··· 162
        4.4.1 CMAC 网络的结构 ······································ 163
        4.4.2 CMAC 网络的工作原理 ································ 164
        4.4.3 CMAC 网络的学习算法 ································ 169
        4.4.4 CMAC 网络的应用 ······································ 170

第5章 机器获取知识的途径：机器学习

    5.1 机器学习概述 ·· 172
        5.1.1 机器学习的概念 ·· 172
        5.1.2 机器学习的研究内容 ···································· 173
        5.1.3 机器学习系统的基本构成 ······························ 174
    5.2 机器学习的基本方法 ··· 177
        5.2.1 监督学习 ··· 177
        5.2.2 无监督学习 ·· 178
        5.2.3 半监督学习 ·· 179
    5.3 经典回归算法 ·· 180
        5.3.1 线性回归分析 ··· 181
        5.3.2 非线性回归分析 ·· 184
    5.4 经典分类算法：决策树 ·· 185
        5.4.1 决策树的构造过程 ······································· 185
        5.4.2 决策树的构造原则 ······································· 188
    5.5 经典聚类算法：K-均值 ······································ 191
        5.5.1 最简单的 K-均值算法 ······························· 192
        5.5.2 二维数据的 K-均值算法 ···························· 194
    5.6 经典降维算法：主分量分析 ···································· 196
        5.6.1 主分量分析方法概述 ···································· 196
        5.6.2 前向 PCA 网络及学习算法 ···························· 201

  5.6.3 侧向连接自适应 PCA 神经网络及 APEX 算法 ················· 204
5.7 支持向量机 ·· 206
  5.7.1 支持向量机的基本思想 ·· 206
  5.7.2 支持向量机网络 ·· 211
  5.7.3 支持向量机的学习算法 ·· 212

第 6 章　智能机器人技术及应用

6.1 智能机器人关键技术 ··· 214
  6.1.1 关键技术研究现状 ·· 214
  6.1.2 问题与挑战 ··· 215
6.2 智能机器人感知技术 ·· 216
  6.2.1 机器人视觉技术 ··· 217
  6.2.2 机器人听觉技术 ··· 224
  6.2.3 多传感器融合技术 ·· 228
6.3 智能机器人定位与导航规划技术 ·· 230
  6.3.1 地图表示与构建 ··· 231
  6.3.2 移动机器人定位 ··· 234
  6.3.3 导航规划 ·· 236
6.4 智能机器人交互技术 ·· 240
  6.4.1 人机对话 ·· 240
  6.4.2 情感人机交互 ·· 244
  6.4.3 自然语言理解 ·· 248
6.5 智能机器人应用场景 ·· 253
  6.5.1 智能教育 ·· 254
  6.5.2 智能汽车 ·· 255
  6.5.3 智慧医疗 ·· 256
  6.5.4 智能农业 ·· 257
  6.5.5 智能轻工业 ··· 259
  6.5.6 智能制造 ·· 260

参考文献 ··· 263

COTENTS

Chapter 1 Introduction to machine intelligence

1.1 Connotation and extension of machine intelligence ········· 1
   1.1.1 Natural Intelligence ········· 1
   1.1.2 Machine intelligence ········· 1
   1.1.3 Architecture of intelligent system ········· 2
1.2 The "wisdom" of machine intelligence ········· 3
   1.2.1 Perceived intelligence ········· 3
   1.2.2 Thinking intelligence ········· 5
   1.2.3 Behavior intelligence ········· 8
   1.2.4 Coordination intelligence ········· 11
1.3 The "capabilities" of machine intelligence ········· 13
   1.3.1 Self learning capability ········· 13
   1.3.2 Adaptive capability ········· 15
   1.3.3 Self organizing capability ········· 16
   1.3.4 Self coordination capability ········· 17
   1.3.5 Automatic reasoning capability ········· 18
   1.3.6 Self decision-making capability ········· 19

Chapter 2 Ways to realize machine thinking Intelligence: knowledge engineering

2.1 Knowledge and knowledge engineering ········· 21
   2.1.1 Concept of knowledge ········· 21
   2.1.2 Knowledge engineering ········· 23
2.2 knowledge representation ········· 25
   2.2.1 first-order predicate logic representation ········· 25

2.2.2	production rule representation	28
2.2.3	state space representation	31
2.2.4	semantic network representation	34
2.2.5	frame representation	38
2.2.6	blackboard model structure	43

2.3 Knowledge acquisition 44
- 2.3.1 Task of knowledge acquisition 44
- 2.3.2 Mode of knowledge acquisition 45
- 2.3.3 Machine learning method of knowledge acquisition 46

2.4 Problem solving 47
- 2.4.1 Reasoning strategy 47
- 2.4.2 Search strategy 50

2.5 Expert system 56
- 2.5.1 Overview of expert system 56
- 2.5.2 Composition of expert system 57
- 2.5.3 Characteristics and types of expert system 58
- 2.5.4 Control expert system 60

2.6 knowledge graph 68
- 2.6.1 Basic concepts of knowledge graph 68
- 2.6.2 Construction technology of knowledge graph 70

Chapter 3 Ways to realize machine cognitive intelligence: neural network

3.1 Microstructure of human brain information processing 75
- 3.1.1 Structure of biological neurons 75
- 3.1.2 Information processing mechanism of biological neurons 77
- 3.1.3 Biological neural network 78

3.2 Fundamentals of artificial neural network 79
- 3.2.1 Artificial neuron model 79
- 3.2.2 Artificial neural network model 80
- 3.2.3 Learning of artificial neural network 82
- 3.2.4 Basic characteristics of artificial neural network and

		brain like intelligence	85

3.3 Common neural network models, algorithms and functions ········ 88
    3.3.1 Multilayer perception network 88
    3.3.2 Dynamic feedback network 92
    3.3.3 Self-organizing feature mapping network 99
    3.3.4 Radial basis function network 104

3.4 Deep neural network 111
    3.4.1 Biological foundation of deep neural network 111
    3.4.2 Overview of deep neural network 112
    3.4.3 Concept and principle of convolutional neural network 113
    3.4.4 Models and learning algorithms of convolutional neural network 116

3.5 Generalization ability of neural network 117
    3.5.1 What is the generalization ability of neural network 117
    3.5.2 factors affecting the generalization ability of neural network 123
    3.5.3 Methods to improve the generalization ability of neural network 125

Chapter 4 Ways to realize machine behavior Intelligence: perception-action system

4.1 Overview of perception action system 133
    4.1.1 Perception-action type of intelligent agent 133
    4.1.2 Coordination mechanism of intelligent agent 134
    4.1.3 Behavior simulation technology of intelligent agent 136

4.2 Principle of genetic algorithm 137
    4.2.1 Basic principle and main characteristics of genetic algorithm 138
    4.2.2 Basic operation and pattern theory of genetic algorithm 139
    4.2.3 Implementation and improvement of genetic algorithm 146

4.3 Reinforcement learning 151
    4.3.1 Markov decision process 152

4.3.2　Dynamic programming ……………………………………………… 155
4.3.3　Monte Carlo method …………………………………………………… 157
4.3.4　Time difference ………………………………………………………… 158
4.3.5　Deep reinforcement learning …………………………………………… 158
4.4　Cerebellar model ……………………………………………………………… 162
4.4.1　Structure of CMAC network …………………………………………… 163
4.4.2　Principle of CMAC network …………………………………………… 164
4.4.3　Learning algorithms of CMAC network ……………………………… 169
4.4.4　Application of CMAC network ………………………………………… 170

Chapter 5　Ways for machines to acquire knowledge: machine learning

5.1　Overview of machine learning ……………………………………………… 172
5.1.1　Concept of machine learning …………………………………………… 172
5.1.2　Research content of machine learning ………………………………… 173
5.1.3　Basic composition of machine learning system ……………………… 174
5.2　Basic methods of machine learning ………………………………………… 177
5.2.1　Supervised learning ……………………………………………………… 177
5.2.2　Unsupervised learning …………………………………………………… 178
5.2.3　Semi-supervised learning ………………………………………………… 179
5.3　Classical regression algorithm ……………………………………………… 180
5.3.1　Linear regression analysis ……………………………………………… 181
5.3.2　Nonlinear regression analysis …………………………………………… 184
5.4　Classical classification algorithm: Decision Tree ………………………… 185
5.4.1　Construction process of decision tree ………………………………… 185
5.4.2　Construction principle of decision tree ………………………………… 188
5.5　Classical clustering algorithm: K-means …………………………………… 191
5.5.1　The simplest K-means algorithm ……………………………………… 192
5.5.2　K-means algorithm for two-dimensional data ………………………… 194
5.6　Classical dimensionality reduction algorithm: principal component analysis …………………………………………………………… 196
5.6.1　Overview of principal component analysis method ………………… 196

5.6.2	Forward PCA network and learning algorithm	201
5.6.3	Lateral connection adaptive PCA neural network and APEX algorithm	204

5.7 Support vector machine ··· 206
    5.7.1 Basic idea of support vector machine ··· 206
    5.7.2 Support vector machine network ··· 211
    5.7.3 Learning algorithm of support vector machine ··· 212

Chapter 6   Intelligent robot technology and application

6.1 Key technologies of intelligent robots ··· 214
    6.1.1 Research status of key technologies ··· 214
    6.1.2 Problems and challenges ··· 215

6.2 Perception technologies of intelligent robots ··· 216
    6.2.1 Robot Vision Technology ··· 217
    6.2.2 Robot hearing technology ··· 224
    6.2.3 Multi-sensor fusion technology ··· 228

6.3 Positioning and navigation planning technologies for intelligent robots ··· 230
    6.3.1 Map representation and construction ··· 231
    6.3.2 Mobile robot positioning ··· 234
    6.3.3 Navigation planning ··· 236

6.4 Interaction technologies for intelligent robots ··· 240
    6.4.1 Man-machine interaction ··· 240
    6.4.2 Emotional man-machine interaction ··· 244
    6.4.3 Natural language understanding ··· 248

6.5 Application scenarios of intelligent robots ··· 253
    6.5.1 Intelligent education ··· 254
    6.5.2 Intelligent vehicle ··· 255
    6.5.3 WIT-MED ··· 256
    6.5.4 Intelligent Agriculture ··· 257
    6.5.5 Intelligent light industry ··· 259
    6.5.6 Intelligent manufacturing ··· 260

References ··· 263

第1章 机器智能概论

1.1 机器智能的内涵与外延

1.1.1 自然智能

人类和动物所具有的智能统称为自然智能,自然智能是人工智能模拟的原型。自然智能均以生物脑为载体,是生物经过百万年漫长进化产生的结果。

在地球上已知的生物群体中,"人为万物之灵",而"灵"的核心就在于人类具有最发达的大脑。大脑是人类思维活动的物质基础,而思维是人类智能的集中体现。长期以来,脑科学家不断努力揭示大脑的结构和功能、演化来源和发育过程,以及神经信息处理与运行的机制和思维活动的机理;人工智能科学家则努力探索构建具有类脑智能的人工系统,用以模拟、延伸和扩展脑功能,开发出能够完成类脑工作的智能机器。

人脑是人类智能的物质基础,是人体生命活动的信息中心与控制中心,因此,人脑也是人工智能研究和模拟的核心。20世纪40年代第一台电子计算机的问世是人类改造大自然进程中的一个重要里程碑。电子计算机作为具有计算和存储能力的"电脑",物化并延伸了人脑的智力,为探索如何构造具有类脑智能的人工系统提供了强有力的工具。

进入20世纪以来,人们逐渐认识到,人脑的结构、机制和功能中凝聚着无比的奥秘和智慧,对人类大脑思维能力的模拟具有巨大的意义,而计算机的发明和广泛应用为实现这种设想和尝试提供了工具。

1.1.2 机器智能

人工智能是对自然智能特别是人类智能的模拟、借鉴和延伸,是一类在人造系统中实现的、具有自然智能特点的技术。

机器智能特指用人工的方法在机器上实现的智能。

狭义的机器概念具有三个特征:①人造的实物组合体;②各部分具有确定的相对运动;③代替或减轻人类劳动,完成有用功或实现能量的转换。符合这些特点的机器智能是人工智能的一个子集,它强调的是以机器为载体的人工智能,如各种智能机器人所具有的智能就是典型的机器智能。

广义的机器概念泛指一切人造系统和工具,符合这种特点的机器智能等同于人工智能。

近年来,各种人工智能技术得到广泛应用,辅助甚至替代了许多过去只能由人来完成的工作。例如:应用计算机视觉技术精准地完成各种自动识别任务;利用机器学习技术从大量数据中自动提炼知识、发现规律;利用自然语言处理技术赋予计算机人类般的文本处理能力;应用语音识别技术自动而准确地将人类的语音转变为文字;等等。

1.1.3 智能系统的体系结构

尽管脑科学的研究成果尚未揭示思维与智能的全部奥秘,但脑的解剖学和神经心理学领域的研究成果已为机器智能系统的研究提供了丰富的启示和灵感。面对人脑这种高度复杂精妙的生物原型,任何一种单一的人工智能技术都难以提供有效的拟脑方案,需要多学科理论、方法和技术的综合集成。鉴于此,拟脑机器智能系统的构建可采取以下策略:

① 结构模拟同功能模拟优势互补。
② 借鉴人脑高级神经中枢系统的简化体系结构。
③ 借鉴人脑高级神经中枢系统的协调机制。

通过对人脑高级神经中枢的结构、机制和功能进行抽象和简化,可得到图1.1所示的高级神经中枢系统的体系结构示意图,基于对该体系结构的模拟,

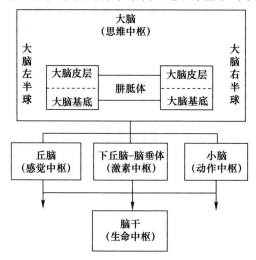

图1.1 高级神经中枢系统的体系结构示意

可给出图 1.2 所示的机器智能系统的通用体系结构。在现代脑科学尚未对人脑的全部奥秘了解透彻的背景下，拟脑智能系统并不追求对人脑的全面真实写照，但作为对人脑高级功能的抽象、简化和模拟，拟脑智能系统应具有感知、学习、记忆、联想、判断、推理、决策等多种智能。

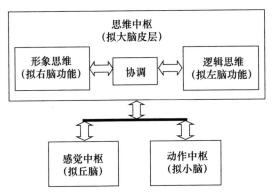

图 1.2　机器智能系统通用体系结构

1.2　机器智能的"智"

1.2.1　感知智能

所谓感知，包括感觉和知觉两层含义，人的感知是感觉和知觉合二为一的结果。

从生理机制看，感觉是由某种刺激引起的人体某个感受器的兴奋状态。人体的感觉包括视觉、听觉、味觉、嗅觉、温觉、痛觉、触觉、平衡觉等。不同类型的刺激会激发人体不同的感受器兴奋，这些感受器将外界刺激转化为一定频率的神经电脉冲，通过各自独立的神经传导通路在相应的大脑皮层感觉区产生感觉信号。从认知心理学看，感觉是大脑对作用于感觉器官的客观事物的个别属性的直接反应，是对感觉刺激的检测。通过设计恰当的感觉心理学实验，可以定量地了解人类机体对于感觉刺激信号的感受性。感觉是最初级的认识过程，是一种最简单的心理现象。

知觉则是人脑对作用于感觉器官的客观事物整体属性的认识或解释。感觉是单一人体感受器活动的结果，而知觉是基于多种感受器的协同活动而对刺激物之间的关系进行分析综合的结果。知觉是高于感觉的心理活动，但并非是感觉的简单相加之总和。

感觉与知觉二者密不可分。感觉是知觉产生的基础和基本条件,是知觉的有机组成部分。知觉是感觉的深入与发展,是在感觉的基础上产生并在人的实践活动中逐渐发展起来的。人脑对某客观事物或现象感觉到的单一属性越丰富,对该事物的知觉就越准确。显然,感知智能的"智"主要体现在"知"的层面。

图1.3给出人体的感知系统模型。该模型将感知系统分为三层:第一层为人体的各种感受器,负责产生与刺激源相对应的感觉信息;第二层为信息中继处理环节,由虚线表示各种感觉神经脉冲的传导通路,每种通路都是特定的、独立的,各个通路是并行的;第三层为大脑皮层的感觉区,负责对各种感觉信息进行复杂的综合处理,从而产生感知。可见,感知智能不是由人体感受器产生的,而是由大脑皮层对多种感觉信息进行融合后产生的。

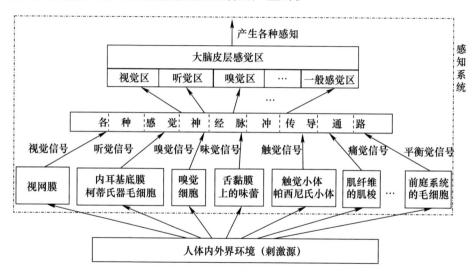

图1.3 人体感知系统模型

图1.4给出一种典型的机器感知系统结构,可以看出其结构与人体的感觉系统模型非常相似。人体通过各种感觉器官和大脑皮层的感觉区来感知自身信息和环境信息,机器则通过由各种传感器和数据处理装置组成的感知系统来感知世界。图中的传感器相当于人体的感受器,信息调理电路相当于信息中继处理环节,而数据处理装置相当于大脑皮层的感觉区。

传感器是能感受到被测物体的信息并按一定规律将其变换为可用信号的敏感器件或装置。信号调理电路是传感器和数据处理装置之间的

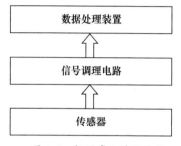

图1.4 机器感知系统结构

接口,负责对传感器的输出信号进行放大、滤波、模/数转换或信息压缩等处理,将其调理成数据处理装置可以接受的形式。数据处理装置负责对数据进行处理、运算、变换、分析和判断,在人工智能系统中,这些复杂的数据处理任务通常由计算机来完成。

目前,机器的感知智能主要体现在"感"的层面,机器感知系统既有与人类似的感知能力,如视觉、听觉、触觉、嗅觉、味觉;又有人所不具备的感知能力,如电磁波、GPS 信号、红外线;人的感官无法达到的感知范围,如人眼看不到的视界外场景,人耳听不到的超声波,人手无法触摸的高温等,但机器感知系统却能借助各种传感器轻而易举地做到。传感器的应用大大拓展了人类的感知能力和感知范围。然而在"知"的层面,机器的能力就逊色得多。

近年来,机器的感知智能正在"知"的层面不断提升。模式识别、多感知信息融合、数据挖掘等都是提升机器知觉的研究领域。

1.2.2 思维智能

1)概念生成

概念是反映事物本质属性的思维形式,常表示具有同种属性的实体构成的集合。例如,国家、民族、书籍、计算机等。人脑形成概念一般经历三个阶段:第一个阶段是抽象化,即对客观事物的各种特征与属性进行抽象;第二个阶段是类化,即将客观事物的类似属性或特征加以归类;第三个阶段是辨别,即明确客观事物属性或特征之间的差异。

机器的概念生成过程表现为从一组客观事物样本中辨识其共同属性,并找到从共同属性到概念的映射,这个过程称为学习或训练。其中,训练样本的属性一般是人们根据关于样本的先验知识提出的若干特征,以特征向量的形式表示。机器首先需要从样本中提取特征向量,这个过程相当于人脑概念形成过程中的抽象化阶段;接下来机器需要根据样本特征向量与各已知概念(机器学习中称为标签)所对应的特征向量之间的相似程度进行归类(即分类),或根据各样本特征向量之间的相似性进行归类(即聚类),这个过程相当于人脑概念形成过程中的类化阶段;最后机器通过对大量样本的学习获得一种显式或隐式的映射函数,该映射函数将具有同种属性的样本映射到同一个类别,将具有不同属性的样本映射到不同的类别,这个过程相当于人脑概念形成过程中的辨别阶段。

2)联想式记忆

人脑有大约 1000 亿个神经细胞并广泛互连,因而能够存储大量的信息,并具有对信息进行筛选、回忆和巩固的联想记忆能力。人脑不仅能对已学习的知识进行记忆,而且能在外界输入的部分信息刺激下,联想到一系列相关的存储信息,从而实现对不完整信息的自联想恢复,或关联信息的互联想,这种互联想能力在人脑的创造性思维中起着非常重要的作用。

机器的记忆表现为计算机的存储功能。计算机从问世起就是按冯·诺依曼(Von Neumann)方式工作的。基于冯·诺依曼方式的计算机是一种基于算法的程序存取式机器,它对程序指令和数据等信息的记忆由存储器完成。存储器内信息的存取采用寻址方式。若要从大量存储数据中随机访问某一数据,必须先确定数据的存储单元地址,再取出相应数据。信息一旦存入便保持不变,因此不存在遗忘问题;在某存储单元地址存入新的信息后会覆盖原有信息,因此无法对其进行回忆;相邻存储单元之间互不相干,"老死不相往来",因此没有联想能力。

目前,很多智能机器借助人工神经网络技术实现了联想式记忆。人工神经网络具有分布存储和并行计算的特点,以及对外界刺激信息和输入模式进行联想记忆的能力。这种能力是通过神经元之间的协同结构以及信息处理的集体行为实现的。神经网络是通过其突触权值和连接结构来表达信息的记忆,这种分布式存储使得神经网络能存储较多的复杂模式和恢复记忆的信息。神经网络通过预先存储信息和学习机制进行自适应训练,可以从不完整的信息和噪声干扰中恢复原始的完整信息,这一能力使其在图像复原、图像和语音处理、模式识别、分类等方面具有巨大的潜在应用价值。

机器的联想记忆有两种基本形式:自联想记忆与异联想记忆,如图 1.5 所示。

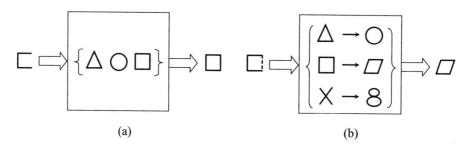

图 1.5　联想记忆

自联想记忆如图 1.5(a)所示,机器中预先存储(记忆)多种模式信息,当输入某个已存储模式的部分信息或带有噪声干扰的信息时,机器能通过动态联想过程回忆起该模式的全部信息。

异联想记忆如图 1.5(b)所示,机器中预先存储了多个模式对,每一对模式均由两部分组成,当输入某个模式对的一部分时,即使输入信息是残缺的或叠加了噪声的,机器也能回忆起与其对应的另一部分。

3) 逻辑推理

推理是指从一个或若干个已知的判断(称为命题)出发,推出另一个新判断。正确的推理必须符合思维规律——逻辑,符合逻辑的推理才能保证推理过程的完全理性。本质上只存在两种形式的逻辑推理,一种是演绎推理,一种是归纳推理。演绎推理是一种从一般知识前提到特殊知识结论的思维活动,命题的内涵由大到小。演绎推理包括三段论、反证法、数学归纳法、算法逻辑等,主要以三段论推理和条件推理两种形式进行。归纳推理是一种从特殊到一般的思维活动,命题内涵由小到大。归纳推理包括归纳法、类比法、简单枚举法、数据分析等。

逻辑推理方法的形式化和数学化使其非常适合于用机器实现。人工智能领域将逻辑学中的命题、规则等术语统称为知识,半个多世纪以来,基于知识形式化表示的知识推理技术在人工智能领域得到长足发展。所谓知识推理就是利用形式化的知识进行机器思维和求解问题的过程,在这个过程中首先需要采用某种恰当的知识表示方法表达一个待求解的问题,然后利用这些知识进行逻辑推理和求解问题。一般来说,知识推理系统需要一个存放知识的知识库、一个存放初始证据和中间结果的综合数据库和一个推理机。这三个组成部分的实现方案与知识表示方法密切相关。

如果知识推理过程中所用的知识都是精确的,推出的结论也是精确的,就称为确定性推理;如果推理所用的知识带有模糊性、随机性、不可靠或不确定,则称为不确定性推理。严格地说,世界上几乎没有什么事情是完全确定的,因此对不确定性推理的研究在人工智能领域日益得到重视并取得一些重要成果。此外,由机器实现的知识推理主要基于数理逻辑和形式逻辑(模糊逻辑也有所涉及),基于辩证逻辑的知识推理研究成果凤毛麟角,相信这个研究领域的重大突破将有力促进机器思维和求解复杂问题能力的提升。

4) 分析判断

任何事物都存在整体与部分的辩证关系,分析是把事物的整体分解为各个部分,把事物的各个部分放到其固有的相互联系和运动变化中去研究。判断是思维的基本形式之一,即肯定或否定某种事物的存在或指明它是否具有某种属性的思维过程。分析是判断的基础。

人脑善于对客观世界千变万化的信息和知识进行综合分析判断,从而解决问题。人脑的这种综合分析判断过程往往是一种对信息的逻辑加工和非逻辑加工相结合的过程。它不仅遵循确定性的逻辑思维原则,而且可以经验地、模糊地甚至是直觉地做出一个判断。大脑所具有的这种综合判断能力是人脑创造能力的基础。

计算机强大的计算能力使其在定性分析、定量分析、因果分析、结构分析、属性分析、比较分析等广泛应用的分析方法中大显身手。尽管计算机的分析能力非常强大,但分析需与综合辩证地统一起来才能做出正确判断。计算机的信息综合与分析判断能力取决于它所执行的算法,由于目前还不存在能完全描述人的经验和直觉的数学模型,也不存在能完全正确模拟人脑如何进行信息综合与分析判断过程的有效算法,因此机器目前难以达到人脑所具有的融会贯通的信息综合及分析判断能力。

5) 决策

决策是在对已有信息进行综合分析判断的基础上对诸多可能的解决方案做出选择决定的思维过程。人脑进行决策的优势是善于在决策过程中进行各种权衡利弊的"算计",劣势是人脑的决策过程不仅取决于其知识结构、经验积累以及智商和情商,还取决于感情、性格、心理、情绪等非理性因素,因此很难保证决策过程是完全理性的。

机器的决策是在对知识进行推理的基础上进行的纯理性的计算过程。例如,通过计算某解决方案可能产生的效用以及产生这种效用的概率,可以给出完全理性的决策。与人的决策能力相比,机器的劣势在于缺乏综合权衡利弊、推测结果的能力,此外机器的知识库只能存储那些能够表达的显性知识,从而在知识推理过程中缺失对于那些"只可意会不可言传"的知识以及那些直觉类经验的分析判断。

1.2.3 运动智能

机器智能中的运动智能研究主要集中在工业智能控制及智能机器人控制领域。按照 G. N. 萨里迪斯对智能控制提出的一种较抽象的定义:"通过驱动智能机器自主地实现其目标而无须操作人员干预的系统称为智能控制系统,"所谓智能机器是指那些能够自主地或有人参与地在定形或不定形、熟悉或不熟悉的环境中执行拟人任务的机器,机器的行为智能使其对复杂的任务具有自行规划和自主决策的能力。因此,当一个具有较高行为智能的控制系统工作时,控制器完成任务的特点与人完成任务的行为特点十分相似。例如,能够基于经验知识和模糊规则而非基于精确数学模型进行控制;除了实现对各被控物理量定值调节外,还能实现整个系统的自动启停、故障的自动诊断以及紧急情况的自动处理等功能;能够完成非结构化工作环境下的作业;等等。而这类需求在智能机器人系统、计算机集成制造系统(CIMS)、复杂的工业过程控制系统、航天航空控制系统、社会经济管理系统、交通运输系统、环保及能源系统等复杂任务中尤为重要。

1) 人体的运动调控

控制人体运动和姿势的各神经结构称为运动神经系统。如果说感觉神经系统是外部世界信息进入人体神经系统的门户,那么运动神经系统就是神经系统中最直接作用于外部世界的效应器。运动神经系统可抽象为三级等级递阶结构和两个辅助监控系统。三级等级结构从低级至高级分别是脊髓、脑干和大脑皮层;两个辅助监控系统以小脑和基底核为核心。这些与运动调控有关的脑区形成相互联系的回路,对运动和姿势的各种信息进行加工,图1.6给出运动调控系统各结构之间的相互关系示意图。

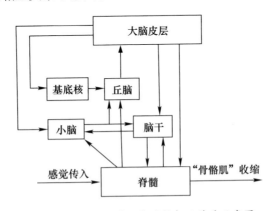

图1.6 运动调控系统各结构相互关系示意图

① 运动的脊髓调控。脊髓是运动调控的最低水平结构。脊髓内有传递各种反射的神经元网络,由感觉神经元传入纤维、各类中间神经元和运动神经元组成。绝大部分来自外周的感觉传入信息和下行控制指令首先达到中间神经元,经过中间神经元的整合再影响运动神经元。无论是简单的还是复杂的反射,最终都会聚到运动神经元,用英国神经生理学家谢灵顿(1857—1952)(Sherington)的话来说,这些运动神经元是神经系统的最后公路(final common pathway)。

② 运动的脑干调控。脑干是运动控制的第二中枢,多数运动控制下行通路都起源于脑干,脑干也是控制眼肌运动的主要中枢。

③ 运动的皮层调控。大脑皮层中与运动有关的脑区包括初级运动区、运动前区和辅助运动区。每个区通过皮层脊髓束直接投射至脊髓,同时通过脑干运动系统间接投射至脊髓。皮层的几个运动区之间也有密切联系。

④ 运动的小脑与基底核调控。运动的目的必须由精细的调控实现,因此要求神经回路能向运动皮层提供关于运动者的外部世界状态的高度整合的信号。小脑和基底核正是提供这种信息的主要源泉,其对运动调控的目的是使机体所进行的随意运动的计划、发动、协调、引导和中止都执行得恰到好处。

2）机器的运动智能

人类肌体的运动调控系统结构、机制和功能以及对复杂控制系统的精细调控,对机器系统的运动控制具有很好的启发和借鉴意义。考虑到基底核与小脑的功能类似,而丘脑在信息传递中主要起中继作用,可以对图 1.6 进行适当的简化,从而得到一种模拟人体运动调控系统的通用运动调控模型,如图 1.7 所示。图中,对机器系统动作行为的三级调控从低级至高级分别对应于脊髓、脑干和皮层的调控功能,一个辅助调控模块对应于小脑的运动调控功能。小脑模型作为一种比较器,对思维中枢模型发出的控制指令与实际执行的运动本身进行比较。此外,各级调控结构发出下行运动控制指令的同时,也将此传出指令传入小脑,小脑经过分析再反馈给大脑皮层,此为内反馈机制;小脑模型还接受有关系统行为动作执行情况的信息(类似于人体系统中运动产生的本体感觉信息),此为外反馈机制。在接受内、外反馈信息之后,经小脑传出的调控信号到达各级下行运动通路,从而实现对系统的行为或动作进行协调、修正和补偿的调控作用。

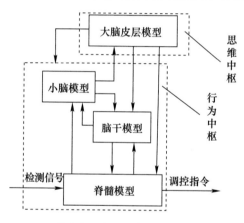

图 1.7　通用运动调控模型

在图 1.7 的各调控模块中,大脑皮层的调控功能属于思维智能,可从模型中移除;小脑模型作为运动的协调中枢不直接对系统进行控制,但需具有较高信息整合能力,其功能实现涉及许多复杂的智能算法,可由信息处理能力较强的上位机来实现应用系统;脑干模型负责对各种运动命令进行整合,信息处理能力次于小脑模型,可由各类嵌入式系统来实现;脊髓模型主要负责对输入检测信号和输出控制信号进行传导,此外其本身还可作为快速反应的局部控制器完成类似于肌体反射活动的控制动作,可由应用系统内部具有基地式测控特点的组件来实现,从而得到图 1.8 给出的通用实现方案。事实上,目前多数智能系统的调控正是采用了图 1.8 的方案。

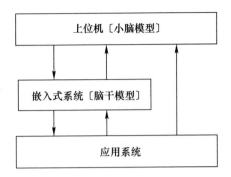

图1.8 实现机器系统运动智能的通用方案

1.2.4 协调智能

1）人脑神经系统的协调机制

人脑神经系统是最高级的生物协调控制系统,其协调机制的结构和功能所具有的特点为智能机器系统的协调设计提供了丰富的借鉴。

① 大脑的全局协调与自协调。大脑作为高级中枢神经系统的思维中枢,具有全局协调控制功能。例如,大脑皮层的全身定位反射协调,左脑和右脑的交叉并行工作协调,神经、体液的双重体制运行协调,人体随意动作与目的行为的协调等。

② 丘脑的感觉协调。丘脑作为感觉中枢,具有感觉协调功能,对外周神经系统并行或串行传入的视觉、听觉、触觉、嗅觉、味觉、痛觉、温觉等多模式、多媒体感觉信息,进行时空整合、信息融合与内外协调。

③ 小脑的运动协调。小脑作为运动中枢,具有人体姿态与运动的协调控制功能。小脑根据大脑关于随意运动或目的动作的指令,以及丘脑关于人体本身和外界环境的感知信息,通过低级中枢神经系统(脊髓)及外周运动神经系统,对人体运动和姿态进行协调控制。行为协调可使人体(或系统)的运动平衡,姿态优美,行动和谐。

④ 脑干的生理协调。脑干作为生命中枢,具有生理状态协调功能,通过对脏腑中枢和激素中枢的协调控制,对人体的生理功能和生命活动进行协调。例如:血压的升压与降压双向调节的协调平衡;体温的产热与散热双向调节的协调平衡;呼吸的吸气与呼气双向调节的协调平衡;心率的增强与减缓双向调节的协调平衡等。

⑤ 脑垂体的激素协调控制。由下丘脑－脑垂体组成的激素中枢也称为"体液中枢",具有对体液循环系统中的各种内分泌激素的动态平衡进行协调和双

向调控的功能。脑垂体接受下丘脑分泌的释放素与抑制素的双向调控作用,使脑垂体分泌的各种垂体激素保持动态平衡。通过分泌相应的垂体激素,脑垂体进而调控相应的内分泌腺体的分泌水平,以满足人体正常生理状态的需求。

⑥ 延脑的脏腑协调。延脑作为脏腑中枢,具有脏腑协调功能,通过内脏神经系统(植物神经系统)的交感与副交感神经的双向调节作用,对人体内部各种脏腑进行动态协调控制;同时,通过低级中枢神经系统(脊髓)的多节段分区协调控制作用,控制胸腔、腹肌等相应躯体的扩张与收缩运动。

从以上分析可以看出,人脑神经系统是一种规模庞大、结构复杂、功能综合、因素众多的非线性系统,具有典型的大系统特征。从大系统控制论的观点看,其协调机制在结构上既具有多级递阶的特点,又具有集散的特点;在功能上则具有通过系统内部的自协调达到系统自平衡、自稳定的特点。

2) 机器智能系统的拟脑多中枢协调

机器智能系统在结构上可模拟人脑高级神经系统的感觉、思维、行为三个功能中枢,在运行机制上可模拟人脑高级神经系统的"自协调"机制,以使各个中枢模块之间相互协调、相互配合并相互制约,共同完成系统的智能信息处理任务。各部分的协调功能如下:

① 思维中枢的全局协调与左右脑模型协调。大脑作为中枢神经系统的最高级部分,具有全局协调控制功能。思维中枢承担这一任务,负责系统的全局运行协调以及系统目的行为动作的协调;此外,还负责"左脑"系统功能和"右脑"系统功能交叉并行工作的协调。

② 感觉中枢的感觉协调。感觉中枢模拟丘脑的感觉协调功能,对外界传入的多模式感觉信息,进行时空整合、信息融合与协调。

③ 行为中枢的运动协调。行为中枢模拟小脑的协调机制,实现系统运动与姿态的协调控制功能。

协调方案的设计可采用以下两类大系统协调控制方法。

① 多中枢递阶协调。图 1.9 描述了一种多中枢递阶协调方案。其中,协调器作为思维中枢对感觉中枢和运动中枢进行全局协调;而运动中枢通过小脑模型对脑干模型和应用系统中的其他控制机构进行协调;脑干模型则直接对应用系统的行为进行协调与控制,从而形成了多中枢递阶的协调控制结构。

② 多中枢分散协调。图 1.9 中各智能子系统的协调控制除了以思维中枢为总协调器的全局协调控制外,还可以根据应用系统的具体需要,通过各模块之间的相互协调形成自协调系统,这相当于图 1.10 所示的分散协调控制结构。

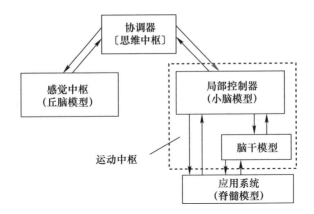

图 1.9　智能系统的多中枢递阶协调方案

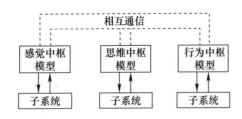

图 1.10　智能系统的分散协调控制结构

3）机器系统的多技术路线协调

思维智能是机器智能系统中最重要的智能担当。事实上，思维智能中的逻辑推理等逻辑思维功能常采用基于符号推理的技术路线，而联想式记忆、模式识别等形象思维功能常采用基于神经元连接的技术路线，从而分别实现类左脑和类右脑的功能。在多数情况下，左右脑模型的工作过程不是独立平行的过程，而是一种并行且交织的过程，两类思维功能交融渗透，难以截然分开。

人脑中将左右脑连接起来的结构称为胼胝体。因此，不妨将机器智能系统中负责协调逻辑思维模块和形象思维模块的部分称为"人工胼胝体"，用来解决思维中枢中两种不同思维功能的融合以及两类不同技术方案的兼容问题。人工胼胝体的设计可根据实际系统的需要采用多种设计方法和协调技术。

1.3　机器智能的"能"

1.3.1　自学习能力

1）人类的学习能力

人类获取知识的基本手段是学习，人的认知能力和智慧才能就是在毕生的学习中逐步形成的,学习能力是人类智能的重要标志。人脑具有从实践中不断抽取知识,总结经验的能力。刚出生的婴儿脑中几乎是一片空白,在成长过程中通过对外界环境的感知及有意识的训练,知识和经验与日俱增,解决问题的能力越来越强。人脑这种对经验做出反映而改变行为的能力就是学习与认知能力。

神经科学家从学习发生的生理机制出发,认为学习就是脑对信息的感知、处理和整合等加工过程,这个过程引起大脑神经网络中神经元突触连接结构的改变,这种改变称为神经元连接的可塑性(图1.11)。人类之所以能够学习,就是因为人类的脑具有可塑性。认知心理学家一般把学习定义为"主体与环境相互作用的经验所引起的能力或行为倾向的相对持久的变化"。例如,从未下过水的人经过训练(即主体与环境相互作用的经验)能够成为游泳健将(即能力或行为倾向的相对持久的变化);文盲通过识字训练(即主体与环境相互作用的经验)能够看书读报(即能力或行为倾向的相对持久的变化)。

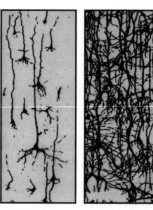
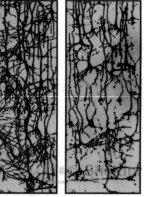

婴儿大脑皮层　　6岁儿童大脑皮层　　14岁儿童大脑皮层
的神经连接　　　的神经连接　　　　的神经连接

图1.11　大脑的突触连接密度

(图片来源:http://www.sohu.com/a/243504643_616649)

2) 机器的学习能力

传统计算机所完成的所有工作都是严格按照事先编制的程序进行的,因此它的功能和结果都是确定不变的。作为一种只能被动地执行确定的二值命令的机器,计算机在反复按指令执行同一程序时,得到的永远是同样的结果,它不可能在不断重复的过程中总结或积累任何经验,因此不具有学习能力。

面对信息社会的海量信息,迫切需要具有学习能力的智能机器来模拟和延伸人类的学习能力,帮助人类从大数据中提取有用的知识,实现知识获取的自动化。这样的需求催生了人工智能领域的一个极为重要的分支——机器学习。机器学习是对人类学习能力的计算机模拟与实现,是使计算机具有智能的基本途径和重要标志。

机器学习是研究如何使机器具有学习能力的交叉学科领域,与神经科学、认知心理学、逻辑学、概率统计学、教育学等学科都有着密切联系。其目标是使机器系统能像人一样进行学习,并能通过学习获取知识、积累经验、发现规律、不断改善系统性能,从而实现自我完善。

大数据、机器学习算法的突破和计算能力的提升已成为提高机器学习能力的三大推动力。机器学习的巨大应用潜力在棋类游戏中得到充分的展示。最早的著名案例是1959年美国的IBM公司的塞缪尔(Samuel)设计的一款下跳棋程序,这个具有自学能力的程序能够在不断的对弈中改进自身的棋艺,4年后它战胜了设计者本人,又过了3年,美国一位保持了8年不败纪录的冠军也输给了这个会学习的下棋程序。1997年5月,运行于IBM深蓝超级计算机的国际象棋程序击败了国际象棋大师卡斯巴罗夫。2016年3月,具有超强学习能力的谷歌人工智能系统"阿尔法围棋"(AlphaGo)与人类围棋高手李世石举行了一场举世瞩目的人机大战,结果具有超强学习能力的AlphaGo以4∶1完胜。

3) 提升机器学习能力的途径

提升机器的学习能力需要在以下三方面取得突破:

① 学习机理。这是对人类学习机制的研究,即人类获取知识、技能和抽象概念的天赋能力。这类研究的突破,将从根本上解决机器学习中存在的种种问题。

② 学习方法。研究人类的学习过程,探索各种可能的学习方法,建立起独立于具体应用领域的学习算法。机器学习方法的构造是在对生物学习机理进行简化的基础上,用计算的方法进行再现。

③ 学习系统。根据特定任务的要求,建立相应的学习系统。

机器学习特别擅长解决分类、回归、聚类、降维等基本问题,由于很多实际问题都可以归结为其中的一种,机器学习的成果已经在数据分析、机器视听觉、自然语言处理、自动推理、智能决策等诸多领域得到应用并取得巨大成功。

1.3.2 自适应能力

自适应能力一般是指系统根据环境的变化,调整其自身使得其行为在新的或者已经改变了的环境下保持良好工作状态或容许的特性与功能所具有的能力。

机器系统的自适应能力表现为较高的决策自主性、决策模块的可扩展性、模型维护的独立性等方面。在自主程度方面,可依据人参与的程度,将机器系统的决策能力由低到高分为以下几种。

① 由人做出决策,此类系统为可适应系统而非自适应系统。

② 人预先指定动作策略,即明确规定"何时干什么"的策略,软件在运行时根据策略进行决策,最常见的策略形式是 If – Then 和 ECA(event – condition – action)形式。

③ 人预先指定效用策略,即指定各种场景下的收益,机器系统据此进行实时规划,给出决策。

④ 人在某个层面上指定目标策略,如何达到这一目标,由机器系统基于知识和内置的学习、规划等算法来决定。

1.3.3 自组织能力

1) 自组织系统

一般来说,组织是指系统内的有序结构或这种有序结构的形成过程。德国理论物理学家 H. Haken 认为,从组织的进化形式来看,可以把它分为两类:他组织和自组织。如果一个系统靠外部指令而形成组织,就是他组织;如果不存在外部指令,系统按照相互默契的某种规则,各尽其责而又协调地、自动地形成有序结构,就是自组织。自组织理论是 20 世纪 60 年代末期开始建立并发展起来的一种系统理论。它的研究对象主要是复杂自组织系统(生命系统、社会系统)的形成和发展机制问题,即在一定条件下,系统是如何自动地由无序走向有序,由低级有序走向高级有序的。

自组织系统是能自行演化或改进其组织行为结构的一类系统。自组织现象无论在自然界还是在人类社会中都普遍存在。一些新兴的横断学科从不同的角度对"自组织"的概念给予了解说:系统论的观点认为,"自组织"是指一个系统在内在机制的驱动下,自行从简单向复杂、从粗糙向精细方向发展,不断地提高自身的复杂度和精细度的过程;热力学的观点认为,"自组织"是指一个系统通过与外界交换物质、能量和信息,不断地降低自身的熵含量,提高其有序度的过程;统计力学的观点认为,"自组织"是指一个系统自发地从最可几状态向概率较低的方向迁移的过程;进化论的观点认为,"自组织"是指一个系统在"遗传""变异"和"优胜劣汰"机制的作用下,其组织结构和运行模式不断地自我完善,从而不断提高其对于环境的适应能力的过程。

2) 机器系统的自组织

如果一个机器系统能在没有外界干预的情况下自发地获得时空结构或者功能结构,这样的机器系统就具有自组织能力,这种自组织能力对于提高机器系统的自适应、自协调能力至关重要。机器系统作为一种人造系统,其自组织能力一般由各种自组织算法所赋予。

许多自组织算法的思路是从人脑的自组织现象或生物群体的自组织行为中得到的启发和借鉴。

1981年芬兰赫尔辛基(Helsink)大学的T.Kohonen教授提出一种自组织特征映射网(self-organizing feature map,SOFM)。Kohonen认为,一个神经网络接受外界输入模式时,将会分为不同的对应区域,各区域对输入模式具有不同的响应特征,而且这个过程是自动完成的。自组织特征映射正是根据这一看法提出来的,其特点与人脑的自组织特性相类似。生物学研究的事实表明,在人脑的感觉通道上,神经元的组织原理是有序排列。因此,当人脑通过感官接受外界的特定时空信息时,大脑皮层的特定区域兴奋,而且类似的外界信息在对应区域是连续映像的。例如,生物视网膜中有许多特定的细胞对特定的图形比较敏感,当视网膜中有若干个接收单元同时受特定模式刺激时,就使大脑皮层中的特定神经元开始兴奋,输入模式接近,对应的兴奋神经元也相近。在听觉通道上,神经元在结构排列上与频率的关系十分密切,对于某个频率,特定的神经元具有最大的响应,位置邻近的神经元具有相近的频率特征,而远离的神经元所具有的频率特征差别较大。大脑皮层中神经元的这种响应特点不是先天安排好的,而是通过后天的学习自组织形成的。

人们在观察自然界的鸟兽鱼虫等生物群体的行为时惊奇地发现,在这些生物群体中,每个个体的能力都微不足道,但整个群体却呈现出很多不可思议的智能行为:蚁群在觅食、筑巢和合作搬运过程中的自组织能力;蜂群的角色分工和任务分配行为;鸟群从无序到有序的聚集飞行;狼群严密的组织系统及其精妙的协作捕猎方式;鱼群通过觅食、聚群及追尾行为找到营养物质最多的水域;等等。这些历经数万年进化而来的群体智能为人造系统的优化提供了很多可资借鉴的天然良策,出现了一批模拟生物群体智能的自组织算法。以典型的自组织算法蚁群算法为例,在蚁群算法开始运行的初始阶段,每个人工蚂蚁个体都在无序地寻找解(食物所在地),算法经过一段时间的演化后,人工蚂蚁间通过信息素的作用自发地越来越趋近最优解,这正是蚁群从无序到有序的自组织过程。

1.3.4 自协调能力

机器系统(特别是类人机器人)的自协调能力主要体现为运动或动作过程的协调,人脑的运动中枢——小脑,可为机器系统的运动协调提供启发和借鉴。

人体运动过程的自协调能力是指人体运动时机体各器官系统、各运动部位配合一致,合理有效地完成特定动作的能力,主要构成要素包括反应能力、时间感知能力、空间感知能力、适应调整能力等方面。这些能力的综合应用,使得人体能够在动作行为发生过程中神经、肌肉、感知觉三大系统之间合理配合,通过协同动员节奏、控制、平衡、定向、衔接、分辨、反应、感知等能力,快速一致地完成动作。

机器系统从人体自协调能力中借鉴最多的协调形式有三种:手足协调、双手(或双足)协调、眼手协调。以波士顿动力(Boston Dynamics)开发的著名双足人形机器人 Atlas 为例,Atlas 在行走过程中要通过双足协调和手足协调保持平衡,在表演"后空翻"这个高难度动作时,从起跳、空翻到平稳着地,整个过程需要机器人的眼、手、脚、腰的实时协调才能完成动作。

1.3.5 自动推理能力

在人工智能系统中,推理与知识表示密切相关,故称为知识推理。知识推理就是利用形式化的知识进行机器思维和求解问题的过程。

推理(reasoning)是思维的基本形式之一,是由一个或几个已知的判断(前提)推出新判断(结论)的过程。知识推理方法与知识表示密切相关。根据问题求解的推理过程中是否运用启发性知识,推理可分为启发推理和非启发推理两类;根据知识表示的特点,推理可分为图搜索方法和逻辑论证方法两类;根据问题求解的推理过程中特殊和一般的关系,推理可分为演绎推理、归纳推理两类;根据问题求解的推理过程中推理的方向,推理可分为正向推理、反向推理和正反向混合推理三类;根据问题求解的推理过程中所用知识和推出的结论是否精确,知识推理方法可分为精确推理和不精确推理两类。

推理过程既与采用的推理方法有关,又与推理的控制策略有关。智能系统的推理过程表现为一种搜索过程,因此推理的控制策略包括推理策略和搜索策略两部分。推理策略负责解决推理方向和冲突消解等问题,而搜索策略则负责解决推理路径、推理效果和推理效率等问题。先进的推理控制策略能利用领域知识使推理过程尽快达到目标。

早期的自动推理工作主要集中在机器定理证明。定理证明是人类特殊的智能行为,不仅需要根据假设进行逻辑演绎,而且需要某些直觉技巧。机器定理证明将人脑证明定理的过程通过一套符号体系加以形式化,变成一系列能在计算机上自动实现的符号演算过程。机器定理证明的开创性工作是西蒙(H. A. Simon)和纽威尔(A. Newel)开发的逻辑理论家(Logic Theorist)。由鲁宾逊(J. A. Robinson)建立的归结原理,使机械定理证明达到了应用阶段。扎德(L. A. Zadeh)为了运用自然语言进行推理,对自然语言中的模糊概念进行了量化描述,提出了语言变量、语言值和可能性分布的概念,建立了可能性理论和近似推理方法。中国科学院系统所吴文俊教授提出了几何定理机器证明的吴方法,此后,相继提出微分几何的定理机械化证明方法、方程组符号求解的吴消元法、全局优化的有限核定理,建立了数学机械化体系。

1.3.6 自主决策能力

自主决策能力是指机器系统能够依据任务要求和预定目标及对客观情况的分析,在无人干预的非结构化环境下自动做出恰当、合理、及时的判断并选择行动的能力。如果机器系统不仅能做出自主决策并选择控制策略,还能自动执行控制策略完成预定目标,则自主决策能力就升级为自主控制能力。

自主决策能力可分为两个级别:基于规则的条件反射式决策和思考型决策。基于规则的条件反射式决策具有小脑指挥人体动作时不假思索地做出条件反射式迅速响应的特点,这种条件反射式响应本质上是一种迅速联想。思考型决策是指对信息进行综合分析并采用恰当的推理方法后形成的决策。当机器系统产生思考型决策信息或条件反射式行为控制指令信息后,需要将这些信息转换为具体的智能行为并作用于环境,从而通过自主决策实现任务目标。

第 2 章　机器思维智能的实现途径：知识工程

在人工智能学科诞生早期，人工智能研究领域的符号主义学派代表人物纽威尔和西蒙曾提出一种物理符号系统假设：人类认知和思维的基本单元是符号，而认知过程就是在符号表示上的一种运算。根据符号主义的观点，知识是构成智能的基础，知识表示、知识推理和知识运用是实现智能的主要手段。知识可用符号表示，因此认知就是符号的处理过程，推理就是采用启发式知识及启发式搜索技术对问题求解的过程，而推理过程又可以用某种形式化的语言来描述，因而有可能建立起基于知识的人类智能和机器智能的同一理论体系。

符号主义早期的代表成果是1957年纽威尔和西蒙等人研制的称为"逻辑理论家"的数学定理证明程序LT。LT是第一个启发式产生式系统和第一个成功的人工智能系统，它的成功支持了物理符号系统理论，加速了信息加工观点在心理学中的渗透，开创了计算机模拟这一认知心理学方法。同时，LT的成功说明了可以用计算机来研究人的思维过程，模拟人的智能活动。

1968年，美国斯坦福大学计算机科学家费根鲍姆（E. A. Feigenbaum）教授等人研制成功国际上第一个化学专家系统DENDRAL。DENDRAL的成功，在世界范围掀起了研究各种领域专家系统的热潮，使得关于知识表示、知识获取和知识利用的研究得到越来越多的重视，为知识工程的诞生和发展提供了理论基础。1977年，费根鲍姆教授又在第五届国际人工智能会议上正式提出知识工程的概念，成为知识可操作化的里程碑。目前，知识工程已成为一门以知识为研究对象的新兴学科，它将各种智能系统中那些共同的基本问题抽取出来，作为知识工程的核心内容，使之成为指导研制各类具体智能系统的一般方法和基本工具。知识工程为那些需要专家知识才能解决的应用难题提供求解的手段，其应用成果是通过智能软件而建立的各种专家系统。

知识工程是专家系统发展的产物，是符号主义研究的重大突破，也是人工智能、数据库技术、数理逻辑、认知科学、心理学等学科交叉发展的结果。知识工程的兴起使人工智能研究从理论转向应用，从基于推理的模型转向基于知识的模型，从而使符号主义学派走过了一条启发式算法→专家系统→知识工程的发展道路。

2.1 知识与知识工程

2.1.1 知识的概念

费根鲍姆有句名言:"知识中蕴藏着力量。"(In the Knowledge lies the power)那么究竟什么是知识呢?对于这个问题,从不同领域、不同学术背景和不同角度出发,会给出不同的定义或解释,因此很难为知识找到一个统一的、公认的定义。尽管目前还没有关于知识的统一定义,但不同的知识定义恰恰有助于对知识的观念、内涵和本质有一个更加立体、更加深刻的理解。

1) 几种关于知识的定义

知识工程概念的提出者费根鲍姆本人对知识的定义是:知识是经过削减、塑造、解释和转换的信息。简单地说,知识是经过加工的信息。

我国国标《知识管理第1部分:框架》(GB/T 23703.1—2009)对知识的定义为:通过学习、实践或探索所获得的认识、判断或技能。

国标《知识管理第1部分:框架》中还规定:显性知识(explicit knowledge)是"以文字、符号、图形等方式表达的知识";隐性知识(tacit knowledge)是"未以文字、符号、图形等方式表达的知识,存在于人的大脑中"。

知识经济概念中的知识指的是人类发明和发现的所有知识,包括自然科学知识和社会科学知识。其中主要是技术科学、管理科学(软科学)和行为科学知识,以及储存于人的大脑中的潜能知识、智力、智慧和创造力等。

《韦伯斯词典》中对知识给出的定义是:知识是通过实践、研究、联系或调查获得的关于事物的事实和状态的认识,是对科学、艺术或技术的理解,是人类获得关于真理和原理的认识总和。

知识管理领域的著名DIKW(Data Information Knowledge Wisdom)模型则将知识的概念用图2.1所示的数据—信息—知识—智慧体系进行描述。

在DIKW模型中,数据是对目标观察和记录的结果,是关于现实世界中的时间、地点、事件、其他对象或概念的一组离散的、客观的事实描述,是计算机加工的"原料"。数据可以是图形、声音、文字、数字和符号等。可见,数据是客观存在并经过主观观察、记录和归纳的产物,但这里只是记录和归纳,没有解读。

通过某种方式对数据进行组织、分析和处理,数据就有了意义,这就是信息(information),信息是被赋予了意义和目标的数据。

知识是从相关信息中过滤、提炼及加工而得到的有用资料,它体现了信息的本质、原则和经验。此外,通过知识推理和分析,还可能产生新的知识。

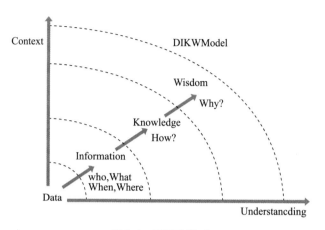

图 2.1 DIKW 模型

智慧主要表现为收集、加工、应用、传播知识的能力,以及对事物发展的前瞻性看法。在知识的基础之上,通过经验、阅历、见识的累积,而形成的对事物的深刻认识、远见,体现为一种卓越的判断力。

通过 DIKW 模型分析,可以看到数据、信息、知识与智慧之间既有联系,又有区别。数据是记录下来可以被鉴别的符号,是未经加工解释的原始素材,没有回答特定的问题,也没有任何意义。信息是经过处理、具有逻辑关系的数据,是对数据的解释,这种信息对其接收者具有意义。知识是被处理、组织、应用或付诸行动的互联的信息,是多个信息源在时间上的合成以及情景信息、价值、经验和规则的混合。智慧是人类解决问题的能力,是知识层次中的最高一级,智慧的产生需要基于知识的应用。

2) 知识的分类

对知识进行分类有助于知识的表示、获取和利用。知识分类的方法很多,其差异反映了不同领域对知识不同特性的侧重。

(1) 国标的知识分类

我国国标《知识管理第 1 部分:框架》(GB/T23703.1—2009)参考经济合作与发展组织(OECD)1996 年发布的年度报告《基于知识的经济》,将知识分为四种类型:事实知识(know – what),即"关于客观事实的知识";原理知识(know – why),即"关于自然界和人类社会的原理和法则的科学知识";技能知识(know – how),即"关于做事的技艺或能力的知识";人际知识(know – who),即"关于谁知道,以及谁知道如何去做某事的知识"。

(2) 现代心理学的知识分类

现代心理学将知识分为三类:第一类是陈述性知识,即关于世界"是什么"

的知识,包括三种类型:①关于事物名称或符号的知识,②简单的命题知识或事实知识,③有意义的命题的组合知识,即经过组织的前述两种知识;第二类是程序性知识,即关于"怎么办"的知识;第三类是策略性知识,即关于"如何学习"的知识。程序性知识涉及的对象是客观事物,策略性知识处理的则是学习者自身的认知活动。

(3) 知识工程领域的知识分类

知识工程领域从便于进行各种知识加工处理的角度对知识进行分类,常见的知识类型有以下几类。

事实知识(或对象知识):是对客观事物的基本认识和所掌握的基本情况,如事物的分类、属性、事物间关系、科学事实、客观事实等,在知识库中属于低层知识,常以"…是…"的形式出现,适合用谓词逻辑表示法来表示。例如,智能机器人是人工智能技术的理想载体,减速器是工业机器人的核心部件,等等。

规则知识:是有关问题中与事物的行动、动作相联系的因果关系知识,常以"如果…,那么…"的形式出现,适合用启发式规则表示法。例如,专家系统中由领域专家提供的专门经验知识往往是规则知识。

元知识:设计大型专家系统时,常把知识分为两个层次:知识集及控制知识集(知识的知识),后者称为元知识。元知识是用来指导如何在当前状态下选择事实、规则和合适操作的知识,包括怎样使用规则、解释规则、校验规则、解释程序结构等知识,在知识库中属于高层知识。元知识的设置一般是在领域知识及具体的系统中实现的。

事件知识:关于动态事件及其间的顺承关系、时序关系和因果关系的知识。对于事件知识,不仅要把事件本身符号化,还要表示事件发生的时间、地点、状态、性质和因果关系。例如,昨天下午那台机器因故障没有工作。

工序知识:记述进行某些行为的操作步骤的知识,要求表达启动条件、顺序关系、因果关系等。例如,描述汽车驾驶过程时运用的知识。

过程知识:描述状态之间变换关系的各种知识。

2.1.2 知识工程

知识工程的兴起使人类从数据处理走向知识处理。

1) 知识工程的概念

知识工程(knowledge engineering)是在计算机上建立专家系统的技术。1977年,美国斯坦福大学计算机科学家费根鲍姆教授在第五届国际人工智能会议上首次提出知识工程的新概念。他认为,"知识工程是人工智能的原理和方法,对那些需要专家知识才能解决的应用难题提供求解的手段。恰当运用专家知识的获取、表达和推理过程的构成与解释,是设计基于知识的系统的重要技术问题。"这类以知识为基础的系统,就是通过智能软件而建立的专家系统。费根鲍姆及其研究小组研究了人类专家们解决其专门领域问题时的方式和方法,注意到专家解题的4个特点:

① 为了解决特定领域的一个具体问题,除了需要一些公共的知识,例如哲学思想、思维方法和一般的数学知识等之外,更需要应用大量与所解问题领域密切相关的知识,即所谓领域知识。

② 采用启发式的解题方法或称试探性的解题方法。为了求解一个问题,特别是一些问题本身就很难用严格的数学方法描述的问题,往往不可能借助一种预先设计好的固定程式或算法来解决它们,而必须采用一种不确定的试探性解题方法。

③ 解题中除了运用演绎方法外,必须求助于归纳的方法和抽象的方法。因为只有运用归纳和抽象才能创立新概念,推出新知识,并使知识逐步深化。

④ 必须处理问题的模糊性、不确定性和不完全性。因为现实世界就是充满模糊性、不确定性和不完全性的,所以决定解决这些问题的方式和方法也必须是模糊的和不确定的,并应能处理不完全的知识。

总之,人们在解题的过程中,首先运用已有的知识开始进行启发式的解题,并在解题中不断修正旧知识,获取新知识,从而丰富和深化已有的知识,然后再在一个更高的层次上运用这些知识求解问题,如此循环往复,螺旋式上升,直到把问题解决为止。由上面的分析可见,在这种解题的过程中,人们所运用和操作的对象主要是各种知识(当然也包括各种有关的数据),因此也就是一个知识处理的过程。

2) 知识工程与专家系统的关系

知识工程的兴起是专家系统发展的产物。费根鲍姆教授认为,知识工程是用专家系统的原理和方法,为那些需要专家知识才能解决的应用难题提供求解的手段。因此,恰当运用知识的获取、表达和推理技术构成与解释知识系统,是涉及基于知识系统的重要技术问题。

建造专家系统需要从人类专家那里或从实际问题那里搜集、整理、归纳专家级知识,并以某种结构形式表达所获取的知识,并将其存储于计算机之中,此外还要建立和维护知识库,利用知识进行推理。这一系列关于知识获取、知识表示、知识组织与管理和知识运用的技术和方法,极大地促进了知识处理技术和方法的发展,为形成"知识工程"学科奠定了坚实的基础。因此,是专家系统的发展促进了知识工程的诞生和发展,而知识工程又为专家系统提供了更好的技术服务,赋予了专家系统以新的活力。正是由于它们之间的密切关系,现在的专家系统与知识工程几乎已成为同义词。

3) 知识工程的研究内容

知识工程的主要研究内容包括关于知识获取、知识表示和知识运用的基础理论研究、实用技术开发和知识型系统工具研究。

基础理论研究包括知识的本质、知识的表示、知识的获取、知识的运用、学习方法等。实用技术研究主要解决建立知识系统过程中遇到的问题，包括实用知识表示方法、实用知识获取技术、实用知识推理方法、知识库结构系统、知识系统体系结构、知识库管理技术、知识型系统的调试与评估技术、实用解释技术、实用接口技术等。知识型系统工具研究可为知识系统的开发提供良好的环境工具，以提高知识系统研制的质量和缩短系统研制周期。

2.2 知识表示

人类在交流、分享、记录、处理和应用各种知识的过程中，发明了丰富的表达方法，例如，语言文字、图片、数学公式、物理定理、化学式等。但若利用计算机对知识进行处理，就需要寻找计算机易于处理的方法和技术对知识进行形式化描述和表示，这类方法和技术称为知识表示。

知识表示研究如何使知识的表示形式化，以方便计算机进行存储和处理。具有可行性、有效性和通用性的知识表示方法可看成是一组描述事物的约定，目的是将人类知识表示成机器能处理的数据结构，对知识进行表示的过程就是将知识编码为某种数据结构的过程。目前常用的知识表示方法有逻辑表示法、语义网络法、产生式规则、特性表示法、框架表示法、与或图法、过程表示法、黑板结构、Petri 网络法、神经网络等。

2.2.1 一阶谓词逻辑表示法

一阶谓词逻辑(first - order predicate logic，FOL)是人工智能领域中使用最早和最广泛的知识表示方法之一。该方法可以表示事物的状态、属性、概念等事实性知识，也可以表示事物间具有确定关系的规则性知识。使用逻辑法表示知识，需要将以自然语言描述的知识通过引入谓词、函数来加以形式描述，获得有关的逻辑公式，进而以机器内部代码表示。

1) 谓词逻辑基本概念

(1) 命题与真值

用语言、符号或式子表达的可以判断真假的陈述句称为命题。通常用大写英文字母表示命题，如 P、Q、R 等。命题可用来描述知识。

命题的真假称为真值,真值的取值非"真"即"假",二者必居其一,习惯上分别用逻辑常量 T(True) 和 F(False) 表示。

不能分解成更简单陈述句的命题称为原子命题,由原子命题和连接词复合而成的命题称为复合命题。

(2) 连接词和量词

连接词是用于连接原子命题构成复合命题的逻辑运算符号。既适用于命题逻辑又适用于谓词逻辑的五个连接词分别是:

¬:称为"否"或"非",¬P 表示对命题 P 的否定,命题 P 的真值与原来相反。

∨:称为"析取","$P \vee Q$" 表示 ∨ 所连接的两个命题 P 和 Q 之间具有"或"的关系。

∧:称为"合取","$P \wedge Q$" 表示 ∧ 所连接的两个命题 P 和 Q 之间具有"与"的关系。

→:称为"蕴含"或"条件","$P \rightarrow Q$" 表示命题 P 是命题 Q 的条件,它表示"如果 P,那么 Q"的语义,其中,P 为条件的前件,Q 为条件的后件。

↔:称为"等价"或"双条件","$P \leftrightarrow Q$" 表示命题 P 与命题 Q 等价,它表示"如果 P,则 Q,且如果 Q,则 P"的语义,读为"P 当且仅当 Q"。

量词是由量词符号和被其量化的变元组成的表达式,用于对谓词中的个体做出量的规定。一阶谓词逻辑中引入了两个量词。

∀:称为"全称量词",∀x 表示"论域中的所有个体 x"。

∃:称为"存在量词",∃x 表示"论域中存在个体 x",它表示"至少有一个"的语义。

(3) 谓词与原子谓词公式

一个谓词可分为谓词名称和个体两部分,其中个体是命题中的主语,谓词名称是命题的谓语,用于描述命题中所涉及个体的状态和性质。例如,要表示"李梅是学生"这样一个事实型的知识时,用谓词逻辑可表示为 Student(Limei),这里的 Student 就是谓词名称,Limei 就是个体。

一阶谓词公式的一般表示形式为 $P(x_1, x_2, \cdots, x_n)$,其中 P 是谓词名称,$x_1, x_2, \cdots, x_n$ 为个体,个体可以是常量、变元或函数,其表示的对象统称为"项";$n=1$ 时 P 为一元谓词,表示某一个体的性质,$n>1$ 时 P 为多元谓词,表示多个个体之间的关系。

若 $t_1, t_2, \cdots, t_n$ 是项,则称 $P(t_1, t_2, \cdots, t_n)$ 是原子谓词公式。

(4) 合式公式及形成规则

在一阶谓词演算中,合法的表达式称为合式公式。其形成规则为:

① 原子谓词公式是合式公式;
② 若 A 是合式公式,则 ¬ A 也是合式公式;
③ 若 A 和 B 都是合式公式,则 A∨B,A∧B,A→B,A↔B 也都是合式公式;
④ 若 A 是合式公式,x 是项,则 (∀x)A 和 (∃x)A 也都是合式公式。

根据以上规则很容易形成复杂的合式公式。在合式公式中,连接词的优先顺序为

$$¬, ∧, ∨, →, ↔$$

连接词相同时,从左至右运算。

(5) 约束变元和自由变元

在含有量词的谓词公式中,将量词后面的合式公式称为该量词的辖域或作用域。例如,在形如 $(∀x)(P(x,y)→Q(x,y))$ 的谓词公式中,$(P(x,y)→Q(x,y))$ 为量词 $(∀x)$ 的辖域,辖域中的变元 x 均为受 $(∀x)$ 约束的变元,而 y 则称为自由变元。

2) 谓词逻辑表示法

用谓词表示知识时,要遵循三个步骤,即首先定义谓词和个体,确定每个谓词和个体的确切含义;然后为每个谓词中的个体赋予特定的值;最后根据要表达的知识的语义用连接符号连接相应的谓词,形成谓词公式。下面看几个例子。

例 2.1 用一阶谓词逻辑表示知识:小李是我的室友,他不喜欢打扫卫生。

第一步,定义谓词,Roommate(x):x 是我的室友,Like(x,y):x 喜欢 y;

第二步,用 XiaoLi,cleaning 为个体 x,y 赋值;

第三步,用谓词公式表示 Roommate(XiaoLi)∧¬Like(XiaoLi,cleaning)。

例 2.2 用一阶谓词逻辑表示知识:公交车上设有老弱病残孕专座。

第一步,定义谓词。

Priority(x):x 可优先享受专座,

elderly(x):x 是老人,

infirm(x):x 是虚弱的人,

sick(x):x 是病人,

disabled(x):x 是残疾人,

pregnant(x):x 是孕妇。

第二步,用 elderly(x), infirm(x), sick(x), disabled(x), pregnant(x) 分别为 Priority(x) 中的 x 赋值。

第三步,用谓词公式表示 Priority(elderly(x))∨Priority(infirm(x))∨Priority(sick(x))∨Priority(disabled(x))∨Priority(pregnant(x))。

例2.3 用一阶谓词逻辑表示知识:张先生是李先生的代理人。

第一步,定义谓词,Agent(x,y):x 是 y 的代理人;

第二步,用 Zhang,Li 为 x,y 赋值;

第三步,用谓词公式表示 Agent(Zhang,Li)。

例2.4 用一阶谓词逻辑表示规则:如果小明上午 9:00 才到学校,他一定迟到了。

第一步,定义谓词,Nine(x):x 9:00 到学校,Late(x):x 迟到了;

第二步,用 XiaoMing 为 x 赋值;

第三步,用谓词公式表示 Nine(XiaoMing)→Late(XiaoMing)。

3) 谓词逻辑表示法的特点

谓词逻辑表示法已成为最常用的知识表示方法之一,其主要优点是:

① 自然性。一阶谓词逻辑是一种接近自然语言的形式语言系统,符合人类对问题的直接理解。

② 清晰性。谓词逻辑表示法对如何由简单说明构造复杂事物的方法有明确、统一的规定,并且有效地分离了知识和处理知识的程序,结构清晰。

③ 精确性。谓词逻辑是二值逻辑,谓词公式的真值只有"真"和"假"两种情况,因此可保证演绎推理所得结论的精确性。

④ 严格性。谓词逻辑具有严格且完备的形式定义及推理规则。

⑤ 易用性。谓词逻辑与关系数据库有着密切关系。关系数据库中的逻辑代数表达式是谓词表达式之一,很容易将数据库系统扩展改造为知识库。

谓词逻辑表示法也存在一些明显的不足:

① 不能表示不确定的知识;

② 不易表示启发式知识;

③ 组合爆炸;

④ 谓词表示越细,知识库越大,推理越慢,效率越低。

2.2.2 产生式规则表示法

产生式规则(production rule)是应用最广的知识表示法之一,主要用于在条件、因果等类型的判断中对知识进行表示。

1) 产生式规则的表示

产生式规则的基本形式是 $P→Q$,或者是 if P then Q。其中,P 为产生式的前提,用于指出该产生式的条件,可以用谓词公式、关系表达式和真值函数表示;Q 是一组结论或操作,用于指出如果前提 P 所表示的条件被满足,应该得出什么结论或执行何种操作。

产生式规则的 $P \rightarrow Q$ 与谓词逻辑中的蕴涵式 $x \rightarrow y$ 看似相同,实际上两者是有区别的:产生式规则的 $P \rightarrow Q$ 既可以表示精确性知识,即:如果 P,则肯定会是 Q;又可以表示有一定发生概率的知识,即:如果 P,则很可能是 Q。而谓词逻辑中的 $x \rightarrow y$ 只能表示精确的规则性知识,即如果 x,则肯定会是 y。

例如:if"咳嗽 and 发烧",then"感冒",置信度80%。这里 if 部分表示条件部分,then 部分表示结论部分,置信度表示当满足条件时得到结论的发生概率。整个部分就形成了一条规则,表示这样一类因果知识:"如果病人发烧且咳嗽,则他很有可能是感冒了。"

因此,针对比较复杂的情况,都可以用这种产生式规则的知识表示方式形成一系列的规则。

例2.5 用产生式规则表示:有了大家的支持,我一定能成功。

if"大家支持",then"我一定能成功",或表示为"大家支持"→"我一定能成功"。

例2.6 用产生式规则表示:熊猫是一种动物,它具有黑白相间的毛发、憨态可掬、爱吃竹子。

if"是动物"and"毛发黑白相间"and"憨态可掬"and"爱吃竹子",then"是熊猫";或表示为"是动物"∧"毛发黑白相间"∧"憨态可掬"∧"爱吃竹子"→"是熊猫"。

例2.7 用产生式规则表示:如果 $x \geq y, y = z$,则 $x \geq z$。

If $x \geq y$ and $y = z$, then $x \geq z$;或表示为 $x \geq y \wedge y = z \rightarrow x \geq z$。

一个产生式生成的结论可以供另一个产生式作为已知事实使用,这样一组产生式就可以互相配合起来解决问题,从而构成一个产生式系统。

2)产生式系统的基本结构

目前用于专家系统的知识表示中,产生式规则表示是最常用的一种方法。产生式系统通常包含下述三个基本组成部分,其基本结构如图2.2所示。

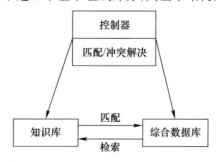

图2.2 产生式系统的基本结构

（1）知识库

知识库中存放若干产生式规则，又称规则库。每条产生式规则是一个以"如果满足这个条件，就应当采取这个操作"形式表示的语句。各条规则之间相互作用不大。规则可有如下形式：

IF <条件部分>（触发事实 1 是真，触发事实 2 是真，…，触发事实 n 是真）

THEN <操作部分>（结论事实 1，结论事实 2，…，结论事实 n）

在产生式系统的执行过程中，如果一条规则的条件部分都被满足，那么，这条规则就可以被应用，即系统的控制部分可以执行规则的操作部分。

（2）综合数据库

数据库是产生式规则注意的中心，每个产生式规则的左半部分表示在启用这一规则之前数据库内必须准备好的条件。执行产生式规则的操作会引起数据库的变化，这就使得其他产生式规则的条件可能被满足。

（3）控制器

其作用是说明下一步应该选用什么规则，也就是如何运用规则。通常从选择规则到执行规则分成三步：匹配、冲突解决和操作。

匹配：把数据库和规则的条件部分相匹配。如果两者完全匹配，则把这条规则称为触发规则。当按规则的操作部分去执行时，就把这条规则称为被启用规则。被触发的规则不一定总是被启用的规则，因为可能同时有几条规则的条件部分被满足。

冲突解决：当有一个以上的规则条件部分和当前数据库相匹配时，就需要决定首先使用哪一规则，这称为冲突解决。

操作：操作就是执行规则的操作部分，经过操作以后，当前数据库将被修改。然后，其他的规则有可能被使用。

3）产生式规则表示法的特点

产生式规则表示法常作为构造专家系统的首选，这是由于它具有以下优点：

① 直观自然。产生式规则表示法用"如果 P，那么 Q"（$P \rightarrow Q$）的形式表示知识，与领域专家的判断性表达形式非常契合，直观且自然。

② 知识单位独立。该表示法的知识单位（即规则）之间相互独立，因此每一产生式可以相对独立地增加、删除和修改，使得知识库的构建比较容易。

③ 形式统一。产生式规则表示法的格式固定，所有规则都采用完全一致的形式，因此规则库中的规则可以统一处理。

④ 推理方式简单。产生式规则表示法的推理方式单一，不涉及复杂计算，且推理机与知识库分离，使知识库的修改非常方便。

⑤ 知识表达能力强。产生式规则表示法既可以表示确定性知识，又可以表

示不确定性知识,因此既有利于表示启发性知识,又有利于表示过程性知识。

产生式规则表示法的不足之处在于:

① 执行效率低。产生式系统中各规则之间的联系需以综合数据库为媒介,其求解过程需要先用规则前提匹配综合数据库的已知事实,再从规则库中选择可用规则,当多条规则可用时,须采用某种策略进行"冲突消解"以选择要执行的规则,这种不断重复进行的"匹配—冲突消解—执行"过程使得执行效率较低。

② 知识表示形式单一。产生式规则表示法只适合表示非结构化知识,对于具有结构关系层次关系的知识,该表示法很难胜任,需与其他方法配合使用。

2.2.3 状态空间表示法

状态空间表示法是知识表示的常用方法,该方法主要用"状态""操作符"和"状态空间"来表示和求解问题。

1) 状态空间表示法

状态是用来表示不同系统或不同事物之间的差别而引入的一组最少变量 $q_1, q_2, \cdots, q_n$ 的有序集合,描述一个问题在开始、结束或中间某一时刻所处的状态,对应叙述性知识,常以向量形式表示:

$$Q = (q_1, q_2, \cdots, q_n)^\mathrm{T}$$

其中每个分量 q_i 称为一个状态变量,n 个状态变量共同构成一个具体的状态。

操作符用于描述操作。所谓操作就是引起状态变化的手段或状态的转换规则,对应于过程性知识。操作可以是一种数学运算或逻辑运算,也可以是一条规则或一个过程。描述一个操作须包括条件和动作两个部分:条件指明被作用的状态需满足的约束;动作指明操作对状态的某个分量所做的改变。

表示某系统或问题的全部可能状态的集合就构成问题的状态空间。状态空间表示法可看作一种利用状态变量和操作符号表示系统或问题的有关知识的符号体系,通常可以用三元组来表示:

$$< \{Q_s\}, F, \{Q_g\} >$$

式中:Q_s 为初始状态;Q_g 为目标状态;F 为操作。该三元组表示,系统从某个初始状态 Q_s 开始,每施加一个操作符号 F,状态就发生一次转变,直至达到目标状态 Q_g。

例 2.8 八数码问题。在 3×3 的棋盘上摆 8 个棋子,每个棋子上标有 1~8 的某一数字。棋盘中留有一个空格,空格周围的棋子可以移到空格中。要求解的问题是:给出一种八数码的初始布局(初始状态)和目标布局(目标状态),采用某种移动方法,实现从初始布局到目标布局的转变。

假设初始状态和目标状态如图 2.3 所示,则从初始状态开始,将可能的状态逐层展开,该问题的状态空间共有多达 362880 种状态。

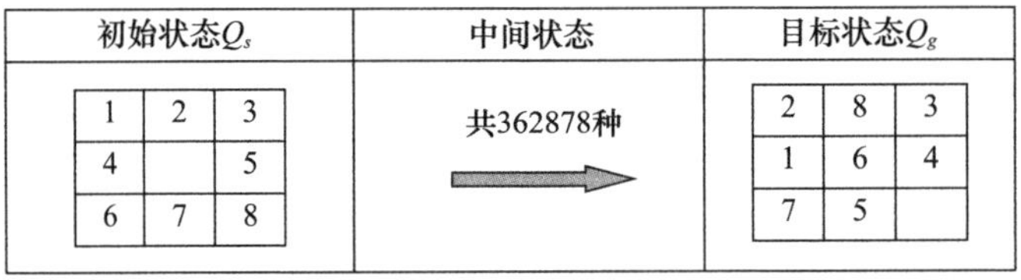

初始状态Q_s	中间状态	目标状态Q_g
1 2 3 4　5 6 7 8	共362878种 →	2 8 3 1 6 4 7　5

图 2.3　八数码问题

2) 状态空间图与求解路径

问题的状态空间图是一个描述该问题全部可能状态及相互关系的赋值有向图。一个状态在状态空间图中表示为一个节点,节点中是状态描述;两个节点之间用有向弧线连接起来就成为有向图,有向弧旁边标有操作符。若某条弧线从节点 n_i 指向节点 n_j,则 n_j 称为 n_i 的后继节点,n_i 称为 n_j 的父节点。如果从节点 n_i 到节点 n_j 之间存在一条路径,则称节点 n_j 为从节点 n_i 可达到的节点。

基于状态空间图的推理过程,就是从待求解问题的初始状态出发去寻找一条求解路径,这条路径途经很多中间状态并逐渐向目标状态逼近,最终到达使问题得解的目标状态。通过推理求解问题的过程,就是在问题的状态空间中搜寻一条能够从初始状态到达目标状态的路径,这个搜寻过程就称为状态空间搜索。其本质是根据问题的实际情况不断寻找可利用的知识,从而构造一条推理路线使问题得到解决。

例 2.9 传教士与野人渡河问题又称为 M - C 问题,是一个经典的推理案例。设有 N 个传教士和 N 个野人,只有一条船,可同时乘坐 k 个人乘船渡河,传教士和野人都会划船,且野人会服从任何过河安排。为传教士安全起见,要求在任何时刻河两岸及船上的野人数目都不得超过传教士的数目。要求规划出一个既确保传教士安全又能使传教士和野人全部渡河到对岸的解决方案。

下面以 $N=3, k=2$ 为例,用状态空间图描述上述问题。

(1) 定义变量和约束条件

定义 3 个变量:M、C、B。M 和 C 分别代表传教士和野人,两个变量的取值范围均为 $\{0,1,2,3\}$;$B=1$ 或 $B=0$ 分别表示船在左岸或不在左岸。

求解过程的约束条件是:两岸状态均需满足 $M \geq C$,除非 $M=0$(即岸上只有野人);船上的情况需满足 $M+C \leq 2$。

(2) 问题的状态空间分析

问题的初始状态是所有传教士和野人以及船都在左岸,目标状态是所有传教士和野人以及船都在右岸。用 L 和 R 分别表示河的左岸和右岸,用三元组 (M,C,B) 表示左岸的状态,初始状态和目标状态如下:

初始状态:	(M	C	B)
L	3	3	1
R	0	0	0

目标状态:	(M	C	B)
L	0	0	0
R	3	3	1

从数学角度看,$M-C$ 问题的状态空间应有 $M \times C \times B = 4 \times 4 \times 2 = 32$ 种状态。但其中有 4 种情况实际上是不可能发生的,例如状态 $(3,3,0)$ 表示所有 M 和 C 都在左岸,而船在右岸;此外还有 12 种不合理状态:如状态 $(1,0,1)$ 表示左岸有 1 个 M 和 1 条船,那么右岸就应该有 2 个 M,3 个 C,这显然不满足 $M \geq C$ 的约束条件。删去所有不可能与不合理状态,剩下 16 种可用的状态组成表 2.1 中的合理状态空间。

表 2.1 M-C 问题的状态空间

序号	状态	序号	状态	序号	状态	序号	状态
1	331	5	310	9	111	13	020
2	321	6	300	10	110	14	011
3	320	7	221	11	031	15	010
4	311	8	220	12	021	16	000

(3) 提炼渡河规则

在渡河过程中,船上的人数 (M,C) 共有 5 种满足约束条件的情况,即 $(1,0),(0,1),(1,1),(2,0),(0,2)$。这 5 种情况可能出现在从左岸向右岸划船的时候,也可能出现在从右岸向左岸划船的时候,因此规则库中共有以下 10 条渡河规则,如表 2.2 所列。

表 2.2 规则库中的 10 条渡河规则

序号	规则	注释
1	$if(M,C,1)then(M-1,C,0)$	从左岸向右岸过 1 个传教士,0 个野人
2	$if(M,C,1)then(M,C-1,0)$	从左岸向右岸过 0 个传教士,1 个野人
3	$if(M,C,1)then(M-1,C-1,0)$	从左岸向右岸过 1 个传教士,1 个野人
4	$if(M,C,1)then(M-2,C,0)$	从左岸向右岸过 2 个传教士,0 个野人
5	$if(M,C,1)then(M,C-2,0)$	从左岸向右岸过 0 个传教士,2 个野人
6	$if(M,C,0)then(M+1,C,1)$	从右岸向左岸过 1 个传教士,0 个野人

续表

序号	规则	注释
7	if$(M,C,0)$then$(M,C+1,1)$	从右岸向左岸过0个传教士,1个野人
8	if$(M,C,0)$then$(M+1,C+1,1)$	从右岸向左岸过1个传教士,1个野人
9	if$(M,C,0)$then$(M+2,C,1)$	从右岸向左岸过2个传教士,0个野人
10	if$(M,C,0)$then$(M,C+2,1)$	从右岸向左岸过0个传教士,2个野人

M－C问题状态空间搜索路径如图2.4所示,图中的节点代表状态,节点之间的弧线代表推理规则(操作符),箭头代表状态的转换方向。

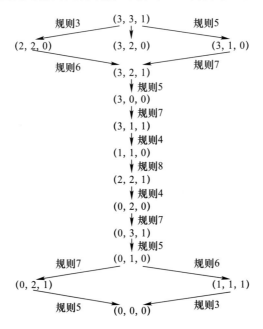

图2.4　M－C问题状态空间搜索路径

3) 状态空间表示法的特点

状态空间法需要扩展过多的节点,容易出现"组合爆炸",因而只适用于表示比较简单的问题。

2.2.4　语义网络表示法

语义网络(semantic network)是知识表示中的重要方法之一,这种方法不但表达能力强,而且自然灵活。

1) 语义基元与语义网

语义网络利用有向图描述事件、概念、状况、动作及实体之间的关系。这种有向图由节点和带标记的边组成,节点表示实体(entity)、实体属性(attribute)、概念、事件、状况和动作,带标记的边则描述节点之间的关系(relationship)。语义网络由很多最基本的语义单元构成,语义单元可以表示为一个三元组:(节点 A,边,节点 B),称为一个语义基元,如图 2.5 所示。

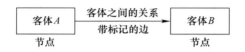

图 2.5　语义基元的三元组结构

表 2.3 给出一组事实性知识,并对每条描述事实性知识的语句划分出主语和宾语且描述了两者之间的联系。

表 2.3　一组事实性知识

语句	主语	宾语	联系
王刚有一只猫	王刚	猫	有一只
猫是一种动物	猫	动物	是一种
李强是共青团员	李强	共青团员	是一员
王刚比李强小	王刚	李强	比较
桌子旁边有一把椅子	桌子	一把椅子	相邻
双肩包在椅子上	双肩包	椅子	在上面
双肩包是李强的	双肩包	李强的	属于
双肩包是蓝色的	双肩包	蓝色的	颜色

下面用图 2.6 中的语义基元来表达每条语句中的语义。

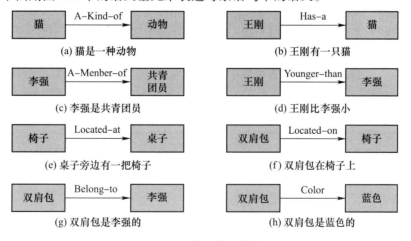

图 2.6　用语义基元表达事实性知识

可以看出，图 2.6 中的某些节点出现了多次，如猫、王刚、李强、椅子、双肩包等。如果我们把这些重复的节点整合为单个节点，且不改变该节点与其他节点的关系，就得到图 2.7 中的语义网络。

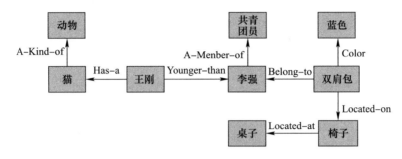

图 2.7　用语义网络表示表 2.3 中的知识

2）语义关系

能用谓词 $P(x)$ 表示的语义关系称为一元关系。$P(x)$ 中的个体 x 是一个实体，而谓词 P 则说明该实体的性质或属性。一元关系常用来表示属性关系，例如，"双肩包是蓝色的""李强很能干""燕子会飞""小张很有趣"，每个语句中只有一个实体，因此都是一元关系。当用语义基元表示一元关系时，一般用节点 A 表示客体，用节点 B 表示该客体的性质、状态或属性，然后用带标记的有向边表示两个节点之间的关系。例如图 2.6(h) 表示的一元关系：双肩包是蓝色的。

能用谓词 $P(x,y)$ 表示的语义关系称为二元关系。$P(x,y)$ 中的个体 x、y 都是实体，谓词 P 说明两个实体之间的关系。从图 2.6 可以看出，语义网络非常适合表示二元关系。

能用谓词 $P(x_1,x_2,\cdots,x_n)$ 表示的语义关系称为多元关系。其中个体 x_1，$x_2,\cdots,x_n$ 均为实体，谓词 P 说明这 n 个实体之间的关系。当用语义网络表示多元关系时，一般需要将多元关系转化为多个一元关系或二元关系。

语义网络由于其自然性而被广泛应用。比较适合采用语义网络表示法的领域大多数是根据非常复杂的分类进行推理的领域，以及需要表示事件状况、性质以及动作之间关系的领域。

二元关系是最基本的语义关系，常用于表示图 2.8 所示的 8 类关系。

① 属性关系。描述事物与其属性之间的关系，属性是指事物的行为、能力、状态、特征。例如，"王刚来自北方，爱吃面食"（图 2.8(a)）。

② 实例关系。描述具体与抽象的关系，即某具体事物是某抽象事物的例子，常用 ISA 标识。例如，"华为是一家中国公司"（图 2.8(b)）。

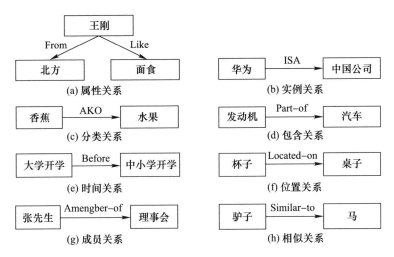

图 2.8 常用的二元语义关系

③ 分类关系。描述一个事物属于另一个事物,体现了子类与父类的关系,常用 AKO 标识。例如,"香蕉是一种水果"(图 2.8(c))。

④ 包含关系。描述部分与整体间的关系,常用 Part-of 标识。例如,"发动机是汽车的构件"(图 2.7(d))。

⑤ 时间关系。描述不同事件发生的先后次序关系,常用 Before、After 标识。例如,"大学开学比中小学早"(图 2.8(e))。

⑥ 位置关系。描述不同事物之间的空间关系,常用 Located-at(on、under、inside、outside)标识。例如,"杯子在桌子上"(图 2.8(f))。

⑦ 成员关系。描述一个事物是另一个事物的成员,体现了个体与整体的关系,常用 A-member-of 标识。例如,"张先生是董事会成员"(图 2.8(g))。

⑧ 相似关系。描述不同事物在属性、内容或形式方面相似或相近,常用 Similar-to、Near-to 标识。例如,"驴子像马"(图 2.8(h))。

3)语义网络表示法的特点

语义网络表示法具有以下优点:

① 把各个节点之间的联系以明确、简洁的方式表示出来,是一种直观的表示方法;

② 着重强调事物间的语义联系,体现了人类思维的联想过程,符合人们表达事物间关系的习惯,因此把自然语言转换成语义网络较为容易;

③ 具有广泛的表示范围和强大的表示能力,用其他形式的表示方法能表达的知识几乎都可以用语义网络来表示;

④ 把事物的属性以及事物间的各种语义联系显式地表示出来,是一种结构化的知识表示法。

但是,语义网络表示法也存在着以下缺点:

① 推理规则不够明了,不能充分保证网络操作所得推论的严格性和有效性;

② 一旦节点个数太多,网络结构复杂,推理就难以进行;

③ 不便于表达判断性知识与深层知识。

2.2.5 框架表示法

1975 年美国麻省理工学院 Minsky 在论文"A framework for representing knowledge"中提出了框架理论,认为人脑中存储了大量典型情景,当人们面临新的情景时,就从记忆中选择一个称为框架的基本知识结构,这个框架是过去记忆的知识空框,而其具体内容和细节依新的情景进行修改、补充,从而形成对新情景的认识。例如,一个人在走进从未去过的剧院之前,会根据以往的经验,预见到将在剧院里看到舞台、乐池和一排排观众座椅等设施。而舞台的形状、乐池的大小和座椅的颜色等细节,都需要等进入剧院之后才能知晓,但关于剧院的知识结构则是能够事先预见到的。当人们将了解到的具体细节填入框架后,就得到该框架的一个实例,框架的具体实例称为实例框架。

框架表示法提出后得到广泛应用,一方面是因为它在一定程度上体现了人的心理特点,一方面它适用于计算机处理。1976 年莱纳特(Lenat)开发的数学专家系统 AM,1980 年斯特菲克(Stefik)开发的专家系统 UNITS,1985 年田中等开发的 PROLOG 医学专家系统开发工具 Apes 等,都采用框架作为知识表示的基础。

框架表示法作为一种基于框架理论的结构化知识表示方法,不仅适合表示概念、对象类知识,还可以表示行为、动作,以及一些过程性事件或情节。框架表示法的强大表达能力使其得到广泛应用。

1) 框架结构与框架表示

在框架理论中,框架是知识的基本单位。将一组有关的框架连接起来可形成一个框架系统(又称为框架网络)。

(1) 框架结构

一个框架由唯一的框架名进行标识,一个框架可以拥有多个描述事物属性的槽,每个槽又可以拥有多个侧面,每个侧面可以拥有多个值。框架的基本结构如下:

Frame <框架名>

槽名1:侧面名1_1:值1_{11},值1_{12},⋯
　　　侧面名1_2:值1_{21},值1_{22},⋯
　　　　　⋮
槽名2:侧面名2_1:值2_{11},值2_{12},⋯
　　　侧面名2_2:值2_{21},值2_{22},⋯
　　　　　⋮
　　⋮
槽名n:侧面名n_1:值n_{11},值n_{12},⋯
　　　侧面名n_2:值n_{21},值n_{22},⋯
　　　　　⋮

利用框架中的槽,可以填入相应的说明,补充新的事实、条件、数据或结果,修改问题的表达形式和内容,便于表达对行为和系统状态的预测和猜想。框架的槽值和侧面值既可以是数字、字符串或布尔值,也可以是一个给定的操作,还可以是另外一个框架的名字。当其值为一个给定的操作时,系统可通过在推理过程中调用该操作,实现对侧面值的动态计算或修改。当其值为另一个框架的名字时,系统可通过在推理过程中调用该框架,实现这些框架之间的联系。

例 2.10　一个直接描述"硕士生"有关信息的框架。

```
Frame < MASTER >
    Name:Unit(Last name,First name)
    Sex:Area(Male,Female)
        Default:male
    Age:Unit(Years)
    Major:Unit(Major)
    Field:Unit(Field)
    Advisor:Unit(Last name,First name)
    Project:Area(National,Provincial,Other)
        Default:National
    Paper:Area(SCI,EI,Core,General)
        Default:Core
    Address:< S – Address >
    Telephone:HomeUnit(Number)
              MobileUnit(Number)
```

该框架共有10个槽,分别描述一个硕士生的姓名、性别、年龄、专业、研究方向、导师、参加项目、发表论文、住址、电话共10个方面的情况。框架中的每个槽或侧面都给出了相应的说明信息,这些说明信息用来指出填写槽值或侧面值时的一些格式限制,其中有三个槽的第二个侧面是默认值(default)。

框架中出现了几个常用符号作用如下:Unit(单位)指出填写槽值或侧面值时的书写格式,例如姓名槽应先写姓后写名;Area(范围)用来指出所填的槽值仅能在指定的范围内选择;Default(默认值)用来指出当相应槽未填入槽值时,以其默认值作为槽值;尖括号 < > 表示由它括起来的是框架名。

框架中给出这些说明信息,可以使框架的问题描述更加清楚,但这些信息不是必须的,也可以进一步简化,省略以上说明并直接放置槽值或侧面值。

(2) 框架表示

当知识的结构比较复杂时,常常需要用多个相互联系的框架来表示。例如,例 2.10 中的硕士生框架可以用学生框架和新的硕士生框架来表示,用学生框架描述所有学生的共性,用硕士生框架描述硕士生的个性并继承学生框架的所有属性,这样新的硕士生框架就称为学生框架的子框架。

学生框架:

```
Frame < Student >
    Name:Unit(Last name,First name)
    Sex:Area(Male,Female)
        Default:Male
    Age:Unit(Years)
        If – Needed:Ask – Age
    Address:< S – Address >
    Telephone:HomeUnit(Number)
              MobileUnit(Number)
              If – Needed:Ask – Telephone
```

新的硕士生框架:

```
Frame < MASTER >
    AKO:< Student >
    Major:Unit(Major)
        If – Needed:Ask – Major
        If – Added:Check – Major
    Field:Unit(Field)
        If – Needed:Ask – Field
    Advisor:Unit(Last name,First name)
        If – Needed:Ask – Visor
    Project:Area(National,Provincial,Other)
        Default:National
    Paper:Area(SCI,EI,Core,General)
        Default:Core
```

当某个槽不能提供统一的默认值时,可在该槽增加一个 If-Needed 侧面,系统通过调用该侧面提供的过程产生相应的属性值;当某个槽值变化会影响到其他槽时,可在该槽增加一个 If-Added 侧面,系统通过调用该侧面提供的过程完成对相关槽的后继处理。框架的继承通常由 Default、If-Needed、If-Added 这三个侧面来组合实现。

在 Master 框架中用到一个系统预定义槽名 AKO。所谓系统预定义槽名是指框架表示法中事先定义好的公用标准槽名。框架中常用的槽名有以下几种。

ISA 槽:指出一个具体事物与其抽象概念间的类属关系,含义为"是一个"。表示下层是上层的特例,下层可以继承上层。

AKO 槽:指出事物间在抽象概念上的类属关系,含义为"是一种"。用 AKO 作为下层框架的槽名时,其槽值为上层框架的框架名。

Subclass 槽:指出子类与类之间的类属关系,当用它作为某下层框架的槽时,表示该下层框架是其上层框架的一个子类。

Instance 槽:用来建立"AKO"槽的逆关系。当用它作为某上层框架的槽时,可用来指出它的下一层框架都有哪些。

Part-of 槽:指出部分与全体的关系,通常不可继承。

Infer 槽:指出两个框架所描述事物间的逻辑推理关系,可用来表示相应的产生式规则。

Possible-Reason 槽:与 Infer 槽相反,表示事物间的因果关系。

2) 框架的知识表示步骤与推理过程

要表达的知识中可能包含着许多对象,各个对象之间有着各种各样的联系,将这些有联系的对象的框架联结起来便形成了知识的框架系统。

(1) 框架的知识表示步骤

首先分析要表示的知识对象及其属性,对框架中的槽进行合理设置。在槽及侧面的设置上要考虑两方面的因素:一要符合系统的设计目标,凡是系统目标中所要求的属性或是问题求解过程中可能用到的属性都要设置相应的槽;二是不能盲目地把所有的甚至无用的属性都用槽表示出来。

然后要对各对象间的各种联系进行考察。使用一些常用的或根据具体需要定义一些表达联系的槽名,来描述上下层框架间的联系。在框架系统中,对象间的联系是通过各个槽的槽名来表述的。

(2) 框架的推理过程

在框架系统中,推理主要是通过匹配、继承、搜索和填槽来实现的。

匹配:首先把要求解的问题用一个称为问题框架的初始框架表示出来,匹配即将初始问题框架与知识库中的框架进行匹配。比较原则是如果两个框架对应的槽没有冲突或满足预设的某些条件就可以认为两个框架匹配成功。利用由框架所构成的知识库进行推理、形成概念和做出决策判断时,其过程往往是根据已知信息,通过与知识库中预先存储的框架进行匹配,找出一个或几个与该信息所提供的情况最合适的预选框架,形成初步假设,即由输入信息激活相应的框架。然后再在该假设框架引导下,收集进一步信息。按照某种评价规则,对预选的框架进行评价,以决定最后接受或放弃预选的框架,即在框架引导下的推理。

继承:继承是框架的推理方法。在框架系统的填槽过程中,如果没有特别的说明,子框架的槽值将继承父框架相应的槽值,称为继承推理。匹配、搜索和填槽都是实现继承的操作。

搜索:当上下层框架间具有继承关系时,称框架间具有纵向联系;当框架的槽值或侧面值是另一个框架的名字时,称框架间具有横向联系。搜索即沿着框架间的纵向联系和横向联系在框架网络中进行查找,以获得有关信息。

填槽:填充槽值主要通过匹配和继承来实现。

3) 框架表示法的特点

框架表示法是一种适应性强、概括性高、结构化好且推理方式灵活的结构化知识表示方法,其主要优点是:

① 结构化。善于表达结构性知识是框架表示法最突出的特点。框架表示法的知识单位是框架,而框架是由槽组成,槽又可分为若干侧面,这样就可把知识的内部结构关系及知识间的联系显式地表示出来。

② 继承性。继承性是框架的一个很重要的性质,框架表示法通过使槽值为另一个框架的名字实现框架间的联系,建立起表示复杂知识的框架网络。在框架网络中,下层框架可以继承上层框架的槽值,也可以进行补充和修改,这样一些相同的信息可以不必重复存储,不仅减少了冗余信息,节省了存储空间,而且较好地保证了知识的一致性。

③ 自然性。框架表示法体现了人们在观察事物时的思维活动,当遇到新事物时,通过从记忆中调用类似事物的框架,并将其中某些细节进行修改、补充,就形成了对新事物的认识,这与人们利用已有的经验进行思考、决策,以及形成概念、假设的认识过程是一致的。

框架表示法也存在以下局限性:

① 不善于表达过程性知识表示,因此常与产生式表示法结合起来使用,以取得互补的效果。

② 缺乏框架的形式理论,即没有明确的推理机制保证问题求解的可行性。

③ 清晰性难以保证,当框架系统中各个数据结构不一致时会影响系统的清晰性,造成推理困难。

2.2.6 黑板模型结构

黑板模型是通过抽取口语理解系统 HEARSAY-II 的特点而形成的一种功能较强的问题求解模型,能处理大量不同表达的知识,并能提供组织、协调、应用这些知识的手段。黑板模型通常由三个主要部分组成,如图 2.9 所示。

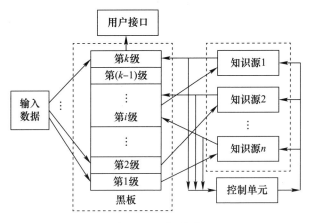

图 2.9 黑板模型

1) 黑板数据结构

黑板数据结构简称黑板,是全局性的数据结构,用于组织问题求解数据,处理知识源之间的通信。黑板模型可分为若干信息层,每一层用于描述关于问题的某一类信息。各个信息层之间形成一个松散的层次结构,高层中的黑板元素可以近似地看成是下一级若干个黑板元素的抽象。黑板上存放的可以是输入数据、部分结果、假设、候选方案,以及最终解。黑板只能由知识源来修改。根据需要黑板还可以划分为一系列子黑板。

2) 知识源

问题求解所需的领域知识划分为知识源。知识源可具有"条件—动作"的形式。条件描述了知识源可用于求解的情形,动作则描述了知识源的行为。当条件满足时,知识源被触发,其动作部分对黑板进行操作,增加或修改解元素。各个知识源是相互独立的,它们通过黑板进行通信。当黑板上的事件满足知识源触发条件时,就触发一个或多个知识源。对每一个被触发的知识源,建立一个知识源活动记录,放到一个待执行的动作表中,由控制单元进行调度。当一个记录被选中时就执行相应知识源的动作。

3) 控制单元

由黑板监督程序和调度程序组成,其作用就是决定下一步需激活的知识源或需处理的黑板信息。当一个知识源所感兴趣的黑板变化类型出现时,它的条件部分即被放入调度队列中。当一个知识源的条件部分成立时,它的动作部分即被放入调度队列中。而调度队列中的各个活动的执行次序由调度程序根据调度原则计算出的优先级确定。优先级可根据竞争原则、正确性原则、重要性原则、功效原则、目标满足性原则等来确定。因此,在问题求解的每一步,都可能是自底向上的综合、自顶向下的目标生成、假说评价等活动。这种随机地利用最好的数据与最有希望的方法的问题求解策略称为机遇问题求解。

在黑板模型中,问题求解的基本方法是将问题划分成松散连接的子问题,而知识则划分成完成各个子问题的特定知识源。通过知识源与黑板之间的相互作用逐步获得问题的解。这个过程与智能控制的思想有相似之处,因而可把黑板模型用于智能控制框架中。

黑板模型的主要优点在于它在控制上的灵活性,并能综合不同的知识表达和推理技术。

2.3 知识获取

如何获得高质量的知识是机器智能与专家系统研究的核心问题之一。知识获取是与领域专家、知识工程师以及专家系统自身都密切相关的复杂问题,是建造专家系统的关键一步,也是较为困难的一步,被称为建造专家系统的"瓶颈"。知识获取的基本任务是:对专家知识或书本知识的理解、认识、选择、抽取、汇集、分类和组织,从已有的知识和实例中产生新的知识,检查或保存以获取知识的一致性和完全性约束,尽量保证已获取的知识集合无冗余,等等。这些任务的目的是为智能系统获取知识建立起完善、有效的知识库,以满足求解问题的需要。

2.3.1 知识获取的任务

知识获取需要做以下几项工作:

1) 抽取知识

抽取知识是指把蕴含于知识源(领域专家、书本、相关论文及系统的运行实践等)中的知识经过识别、理解、筛选、归纳等抽取出来,以用于建立知识库。

2) 知识转换

知识转换是指把知识由一种表示形式转换为另一种表示形式。人类专家或科技文献中的知识通常是用自然语言、图形、表格等形式表示的,而知识库中的知识是用计算机能够识别、运用的形式表示的,两者之间有较大的差别。为了把从知识源中抽取出来的知识送入知识库供求解问题使用,需要进行知识表示形式的转换。

3) 知识输入

知识输入是指把用适当的知识表示模式表示的知识经过编辑、编译送入知识库的过程。目前,知识输入一般是通过两种途径实现:一种是利用计算机系统提供的编辑软件;另一种是用专门编制的知识编辑系统,称为知识编辑器。前一种的优点是简单,可直接拿来使用,减少了编制专门的知识编辑器的工作。后一种的优点是专门的知识编辑器可根据实际需要实现相应的功能,具有更强的针对性和适用性,更加符合知识输入的需要。

4) 知识检测

知识库的建立是通过对知识进行抽取、转换、输入等环节实现的,任何环节上的失误都会造成知识错误,直接影响到专家系统的性能。因此,必须对知识库中的知识进行检测,以便尽早发现并纠正错误。另外,经过抽取转换后的知识可能存在知识的不一致和不完整等问题,也需要通过知识检测环节来发现,并采取相应的修正措施,使专家系统的知识具有一致性和完整性。

2.3.2 知识获取方式

1) 非自动知识获取

非自动方式曾是使用较普遍的一种知识获取方式。在非自动知识获取方式中,知识获取一般分为两步进行,知识工程师首先从领域专家和有关技术文献等获取知识,然后用某种知识编辑软件输入到知识库中。

领域专家一般不熟悉知识处理,不能强求他们把自己的知识按专家系统的要求进行知识抽取和转换。另外,专家系统的设计和建造者虽然熟悉专家系统的建造技术,却不掌握专家知识。因此,需要在这两者之间有一个中介专家,他既懂得如何与领域专家打交道,能从领域专家及有关文献中抽取专家系统所需的知识,又熟悉知识处理,能把获得的知识用合适的知识表示模式或语言表示出来,这样的中介专家称为知识工程师。实际上,知识工程师的工作大多是由专家系统的设计与建造者担任。知识工程师的主要任务是:

① 与领域专家进行交谈,阅读有关文献,获取专家系统所需要的原始知识。这是一件很费力、费时的工作,知识工程师往往需要从头学习一门新的专业知识。

② 对获得的原始知识进行分析、整理、归纳,形成用自然语言表述的知识条款,然后交给领域专家审查。知识工程师与领域专家可能需要进行多次交流,直至有关的知识条款能完全确定下来。

③ 把最后确定的知识条款用知识表示语言表示出来,通过知识编辑器进行

编辑输入。

2) 自动知识获取

自动知识获取是指系统自身具有获取知识的能力,它不仅可以直接与领域专家对话,从专家提供的原始信息中"学习"到专家系统所需的知识,而且还能从系统自身的运行实践中总结、归纳出新的知识,发现知识中可能存在的错误,不断自我完善,建立起性能优良、知识完善的知识库。为达到这一目的,自动知识获取至少应具备以下能力:

① 具备识别语音、文字、图像的能力。专家系统中的知识主要来源于领域专家以及有关的多媒体文献资料等。为了实现知识的自动获取,就必须使系统能与领域专家直接对话,能够阅读和理解相关的多媒体文献资料,这就要求系统应具有识别语音、文字与图像处理的能力。只有这样,它才能直接获得专家系统所需要的原始知识。

② 具有理解、分析、归纳的能力。领域专家提供的知识通常是处理具体问题的实例,不能直接用于知识库。为了把这些实例转变为知识库中的知识,必须对实例集进行分析、归纳、综合,从中抽取专家系统所需的知识送入知识库。在非自动知识获取方式中,这一工作是由知识工程师完成的,而在自动知识获取方式中则由系统自动完成。

③ 具有从运行实践中学习的能力。在知识库初步建成投入使用后,随着应用的发展,知识库的不完备性就会逐渐暴露出来。知识的自动获取系统应能在运行实践中学习,产生新知识,纠正可能存在的错误,不断地对知识库进行更新和完善。

在自动知识获取系统中,原来需要知识工程师做的工作都由系统来完成,并且还应做更多的工作。自动知识获取是一种理想的知识获取方式,它的实现涉及人工智能的多个研究领域,如模式识别、自然语言理解、机器学习等,而且对硬件也有更高的要求。

2.3.3　知识获取的机器学习法

在基于机器学习的自动知识获取模式中,系统的学习机通过学习从知识源中获取知识,并进行积累,从而使知识库得以扩充与更新。推理机利用改进后的知识库进行推理求解,将求解的结果正确地反馈给学习机,学习机再根据反馈信息决定知识库是否需要进一步改进,从而采取恰当的学习方式和策略。

按知识源提供的信息的结构化程度不同,机器学习策略可分为以下几种类型:

① 机械学习策略。这种学习策略是最简单的,它是其他学习策略的基础。

在这种学习策略下,要求知识源提供的知识信息的模式与知识库的基本模式相同,学习机不需要做任何处理,只需把信息存入知识库中。当知识源再次将问题的前提条件提供给学习机时,学习机就可以自动地将结论检索出来,即机械式学习策略就是通过记忆来获取知识的。

② 类比式学习策略。如果系统当前要执行的任务同原来某次任务相类似,就可以适用类比学习策略。首先找出两者之间的相似处,然后根据知识源提供的信息,为当前要执行的任务假设类似的规则。这样,系统就能用这些由相似信息得到的新规则来改善当前任务的执行。

③ 扩展式学习策略。当知识源所提供的信息为概括性知识,而其中的许多细节被省略时,应利用扩展式学习策略。它会结合知识库中已有的知识,经过学习可对知识源提供的信息进行补充和整理,然后再存入知识库中。

④ 归纳式学习策略。当知识源提供的信息是以实例和数据的形式出现时,就应利用这种学习策略,学习机可从已知实例中归纳出一般性的知识。按任务的复杂性可将归纳式学习策略分成 3 类:学习单个概念或规则、学习多个概念和学习执行多个任务。

以上是知识获取的基本方式和策略。知识获取是一个不断循环和不断完善的过程,应当分几个阶段完成,虽然各个阶段的目标不同,但最终都是为知识获取的总目标服务的。这就要求知识工程师与领域专家密切配合来完成。知识获取是一项艰苦而细致的工作,应当从方法和工具多个方面进行优化,才能提高效率。

2.4 知识运用——问题求解

在人工智能系统中,利用知识表示方法表示一个待求解的问题后,还需要利用这些知识进行推理以求解问题。知识推理就是利用形式化的知识进行机器思维和求解问题的过程。

2.4.1 推理策略

1)正向推理

正向推理又称数据驱动推理,是按照由条件推出结论的方向进行的推理方式。以产生式系统为例说明正向推理的基本思想:事先准备一组初始事实并放入综合数据库,推理机根据综合数据库中的已有事实,与知识库中的知识进行匹配,形成一个当前可用的知识集;当多条知识可用时,还需按照冲突消解策略,从该知识集中选择一条知识进行推理,并将推理得到的结论作为新的事实更新至综合数据库中,成为后续推理时的已有事实。不断重复上述过程,直至得到所需要的解或者知识库中再无可匹配的知识为止。下面通过一个例子说明正向推理过程。

例 2.11 张三看到一个"有蹄""长脖子""长腿""有暗斑点"的动物,请动物分类系统告诉他"这是什么动物"。

设该动物分类系统的知识库中存储了以下规则性知识:

R1:if 动物有毛发　then　动物是哺乳动物

R2:if 动物有奶　then　动物是哺乳动物

R3:if 动物有羽毛　then　动物是鸟

R4:if 动物会飞　and　会生蛋 then 动物是鸟

R5:if 动物吃肉　then　动物是食肉动物

R6:if 动物有犀利牙齿　and　有爪 and 眼向前方 then 动物是食肉动物

R7:if 动物是哺乳动物　and　有蹄 then 动物是有蹄类动物

R8:if 动物是哺乳动物　and　反刍 then 动物是有蹄类动物

R9:if 动物是哺乳动物　and　是食肉动物 and 有黄褐色 and 有暗斑点 then 动物是豹

R10:if 动物是哺乳动物　and　是食肉动物 and 有黄褐色 and 有黑色条纹 then 动物是虎

R11:if 动物是有蹄类动物　and　有长脖子 and 有长腿 and 有暗斑点 then 动物是长颈鹿

R12:if 动物是有蹄类动物　and　有黑色条纹 then 动物是斑马

R13:if 动物是鸟 and 不会飞　and　有长脖子 and 有长腿 and 有黑白二色 then 动物是鸵鸟

R14:if 动物是鸟 and 不会飞　and　会游泳 and 有黑白二色 then 动物是企鹅

R15:if 动物是鸟 and 善飞　then　动物是信天翁

首先张三向该动物分类系统的综合数据库中存放了该动物的初始事实(数据),即"有蹄""有长脖子""有长腿""有暗斑点",然后动物分类系统开始进行从数据到结论的正向推理过程。其算法基本过程如下:

① 依次从知识库中取一条规则,用初始事实与规则中的前提事实进行匹配,即看看这些前提中的事实是否全在数据库中。若不全在,取下一条规则进行匹配;若全在,则这条规则匹配成功。假设现在从知识库中取到的规则为 R6,其前提中的事实是"有犀利牙齿""有爪""眼向前方",这些与张三在数据库中存放的"有蹄""有长脖子""有长腿""有暗斑点"显然不匹配,需要取下一条规则进行匹配。如果从知识库中恰好取到了规则 R11,其前提中的事实是"蹄类"

"有长脖子""有长腿""有暗斑点",四个事实全在数据库中,于是这条规则匹配成功。

② 将匹配成功的规则的结论部分的事实作为新的事实增加到数据库中,并记下该匹配成功的规则。此时,数据库增加了一个事实:"是长颈鹿"。

③ 用更新后的数据库中的所有事实重复步骤①和②,如此反复进行直到全部规则都被用过。

上述例子比较简单。当问题比较复杂时,知识库中可能有多条知识可用,这时会涉及知识的匹配方法和冲突消解问题。

正向推理的优点是过程比较直观,由使用者提供有用的事实信息,适合用于求解判断、设计、预测等问题。但通过以上例子我们也能体会到,正向推理可能会执行很多与解无关的操作。设想如果例子中的动物分类系统知识库中有成千上万条规则,而能够匹配的那条规则恰好排在最后,这样的推理过程效率就会很低。

2)逆向推理

逆向推理的推理方式和正向推理正好相反。基本思想是:先提出一个或一批假设(假设集)的结论,若该假设在综合数据库中,则该假设成立,如果此时假设集为空,推理结束;若假设不在综合数据库中,但可被用户证实为原始数据,则将该假设放入综合数据库,若此时假设集为空,推理结束。当假设可与知识库中的多条知识匹配时,这些能导出假设的知识就构成一个可用知识集,按照冲突消解策略,从该知识集中选择一条知识,并将其前提中的所有子条件作为新的假设放入假设集。这种从结论到数据的反向推理策略称为目标驱动策略。

下面尝试用逆向推理策略重新求解例 2.11 中张三的问题。

张三看到一个"有蹄""长脖子""长腿""有暗斑点"的动物,他提出的假设是:"这个动物可能是斑马,也可能是长颈鹿。"若动物分类系统采用逆向推理策略来验证这两个假设,其推理过程如下:

① 将问题的初始事实"有蹄""长脖子""长腿""有暗斑点"放入综合数据库,将两个假设"斑马"和"长颈鹿"作为要求验证的目标放入假设集。

② 从假设集中取出一个假设,例如"斑马",在知识库中找出结论为"斑马"的规则(这个规则应该是 R12),然后检查该规则前提中的事实"有蹄"和"有黑色条纹"是否与综合库中存放的初始事实"有蹄""长脖子""长腿""有暗斑点"相符;如果不相符,则继续从假设集中取出下一个假设"长颈鹿"。

③ 在知识库中找出结论为"长颈鹿"的规则(这个规则应该是 R11),然后检查该规则前提中的事实是否与综合库中存放的初始事实相符;如果二者相符,则"长颈鹿"的假设成立。

与正向推理进行比较可以明显看出,逆向推理的优点是推理过程中目标明确,不必寻找与目标无关的信息和知识。

3)混合推理

正向推理和逆向推理都有各自的优缺点。正向推理的推理过程比较盲目,可能会向很多无用的方向探索,因此效率较低。反向推理在寻找目标时目的性很强,但算法的优劣取决于初始目标选择的好坏。

在问题较复杂的场合,例如,已知事实不够充分,由正向推理推出的结论可信度不高,或希望得出更多结论,这时常常将正向逆向推理结合起来使用,互相取长补短,这种推理称为混合推理。混合推理有多种实现方法,常见的三种方法是先正向推理,再逆向推理;先逆向推理,再正向推理;随机选择正向推理和逆向推理。

4)冲突消解策略

当推理过程中有多条知识可用时,需要用冲突消解策略从中选出一条最佳知识用于推理。冲突消解的基本做法是按照某种策略对可用知识进行排序,常用的策略有特殊知识优先、新鲜知识优先、领域知识优先、差异性大的知识优先、上下文知识优先、前提知识优先等。

2.4.2 搜索策略

机器智能所要解决的问题多是非结构化问题,求解这类问题只能利用已有知识一步一步地摸索着前进,这个过程就是搜索。所谓推理过程,就是从待求解问题的初始状态出发去搜索一条求解路径,这条路径经过很多中间状态并逐渐向目标状态逼近,最终到达使问题得解的目标状态。搜索是推理不可分割的一部分,它直接关系到智能系统的性能和运行效率。

搜索问题中至关重要的是找到正确的搜索策略,使得能圆满地解决问题的同时整个推理过程付出的代价尽可能地小。搜索策略分为盲目搜索和启发式搜索两类,前者包括深度优先搜索和宽度优先搜索等搜索策略;后者包括局部择优搜索法(如瞎子爬山法)和最好优先搜索法(如有序搜索法)等搜索策略。

1)状态空间的图搜索

当用状态空间法表示待求解的问题时,通过推理求解问题的过程,就是在问题的状态空间中搜寻一条能够从初始状态到达目标状态的路径,这个搜寻过程就称为状态空间搜索。其本质是根据问题的实际情况不断寻找可利用的知识,从而构造一条推理路线使问题得到解决。

状态空间是用有向图表示的,因此状态空间搜索实际上是对有向图的搜索。

状态空间的图搜索就是用图 G 将全部求解过程记录下来。图搜索算法需建立两个数据结构：Open 表和 Closed 表，前者用于存放刚生成的节点，后者用于存放将要或已经扩展的节点。图搜索的基本思想是：将问题的初始状态 S_0 作为当前扩展节点对其进行扩展，生成一组子节点 M，然后检查问题的目标状态是否出现在这些子节点中；若出现则表明已搜索到问题的解，若未出现则继续按照某种搜索策略从这些子节点中选择一个节点作为当前扩展节点。上述过程不断重复，直到目标状态出现在子节点中或没有可供扩展的节点为止。

状态空间的通用图搜索算法可描述如下：

① 将初始节点 S_0 放入 Open 表，建立图 G（目前仅含 S_0）。

② 检查 Open 表是否为空，若未空则问题无解，失败退出。

③ 将 Open 表中的第一个节点取出放入 Closed 表，记该节点为节点 n。

④ 考察节点 n 是否为目标节点，若是则问题得解退出。

⑤ 扩展节点 n，生成一组子节点，将这些子节点中非节点 n 先辈的所有子节点计入集合 M，并将这些子节点作为节点 n 的子节点加入 G。

⑥ 针对 M 中子节点的不同情况，做如下处理：

a. 对未在 G 中出现过的 M 成员，设置一个指向其父节点 n 的指针，并将其放入 Open 表；

b. 对已在 G 中出现过但尚未被扩展的 M 成员，确定是否需要修改其指向父节点的指针；

c. 对已在 G 中出现过并已被扩展了的 M 成员，确定是否需要修改其后继节点指向父节点的指针。

⑦ 按某种策略对 Open 表中的节点进行排序。

⑧ 转第②步。

上述图搜索过程可用图 2.10 给出的图搜索流程表示。其中，对 Open 表中的节点如何排序取决于不同的搜索策略。

2）盲目搜索策略

盲目搜索是按照预先制定的控制策略进行搜索，而不会考虑到问题本身的特性，又称为无信息搜索。由于很多客观存在的问题都没有明显的规律可循，很多时候我们不得不采用盲目搜索策略。由于这种策略思路简单，对于一些比较简单的问题，盲目搜索确实能发挥奇效。

（1）宽度优先搜索

所谓宽度优先搜索方法是按"最早产生的节点优先扩展"的思路进行的。即节点的扩展是按它们接近起始节点的远近依次进行的。因此，在宽度优先搜索过程中，Open 表中节点的排序规则是先进先出。

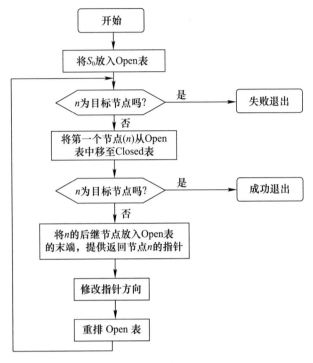

图 2.10　图搜索流程

搜索的节点是从上至下逐层检查的,只有当上一层的每一个节点都检查完毕之后,本层的节点才能开始检查。这种方法考虑了每一种可能,所以搜索过程会非常长,但如果问题的解存在的话,它可以保证最终找到最短的求解序列。

宽度优先的遍历算法如下:

① 将起始节点放到 Open 表中,如果该起始节点恰好为一目标节点,则求得一个解答。

② 如果 Open 为空表,则无解,失败退出;否则继续。

③ 将 Open 表中的第一个节点 n 移出,并将其放入 Closed 表中。

④ 扩展节点 n,如果没有后继节点,则转上述第②步。

⑤ 将节点 n 的所有后继节点放到 Open 表的末端,并提供从这些后继节点回到 n 的指针。

⑥ 如果节点 n 的任一后继节点是一个目标节点,则找到一个解答,成功退出;否则转向第②步。

以例 2.8 的八数码问题为例。要求解的问题是:给出一种八数码的初始布局(初始状态)和目标布局(目标状态),采用某种移动方法,实现从初始布局到目标布局的转变。设初始布局为 123405678,目标布局为 283164750,其中 0 表示空格。由于该问题共有多达 362880 种状态,图 2.11 只能给出一个宽度优先搜索策略的搜索路径局部示意图。

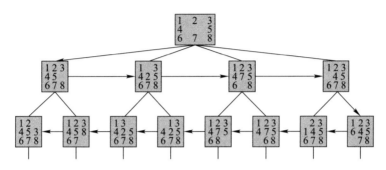

图 2.11 宽度优先搜索策略的搜索路径示意

宽度优先搜索方法有三个主要问题:一是它的存储量大。这是因为每层树上的节点数按层数的指数增加,而这些节点都得同时存储之故。二是它要求的工作量大。当最短解路径很长时特别如此,这也是因为需要考察的节点数按路径长度指数增加。三是多余或无关操作符将大大增加要开发的节点数。

宽度优先搜索不适于有多条路径通向解的情况。对这类情况用下述"深度优先搜索"方法求解可能更快。

(2) 深度优先搜索

所谓深度优先搜索(depth-first-search,DFS)方法就是按"最新产生的(最深的)节点优先扩展"的搜索方法,深度相等的节点其顺序可以任意排列。在深度优先搜索过程中,Open 表中节点的排序规则是后进先出,即总是将扩展的后继节点排在 Open 表的前端。

深度优先搜索的遍历算法如下:

① 把起始节点 S_0 放到 Open 表中,如果此节点为一目标节点,则得到一个解。

② 如果 Open 表为空表,则失败退出。

③ 把第一个节点 n 从 Open 表移到 Closed 表。

④ 如果节点 n 的深度等于最大深度,则转向②。

⑤ 扩展节点 n,产生其全部子节点,并把它们放入 Open 表的前头。如果没有子节点,则转向②。

⑥ 如果后继节点中有任一个为目标节点,则求得一解,成功退出;否则,转向②。

对深度优先算法,在实际问题中,往往采取一个深度限制,称为深度界限d_B。例如,深度界限$d_B=4$,则到深度4之后需进行回溯。

图2.12给出八数码问题的深度优先搜索策略的搜索路径示意图。

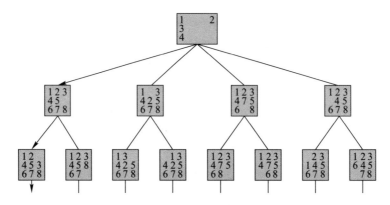

图2.12 深度优先搜索策略的搜索路径示意

与宽度优先搜索相比,深度优先搜索的特点是:①可能使用较少存储量;②深度界限d_B的设计十分重要,d_B太小则目标节点可能被丢失,太大则会需要较多的存储量;③不能保证一定能够找到解,即使能找到解,也不一定是路径最短的解。因此,深度优先搜索是一种不完备的搜索策略。

3)启发式搜索策略

如果在搜索过程中能够获得问题本身的某些启发性信息,并用这些信息来引导搜索过程尽快达到目标,这样的搜索就称为启发式搜索。启发式搜索的特点是利用问题相关的启发式信息重排Open表,而不是盲目地选择或系统地试探。启发式搜索可以通过启发性信息估计不同搜索途径对于达到目标节点的效用度,指导搜索向最有希望的方向前进,因而可以加速搜索过程,提高搜索效率。

(1)启发性信息

启发性信息与问题本身密切相关。仍然以八数码问题为例,对于多达362880种状态的复杂问题,采用盲目搜索策略显然是一种最省心但费时间的办法。如果采用启发式搜索策略,就要费心去发现问题自身的启发性信息,利用这种启发性信息进行有导向的搜索,以便快速找到问题的解。将八数码问题的状态图逐层展开后会发现:从初始状态开始,在通向目标状态的路径上,各状态的数码格局同目标状态相比较,其数码不同的位置(称为不在位数码)数量在逐渐减少。所以,数码不同的位置个数便是标志一个节点到目标节点距离远近的一个启发性信息,利用这个状态差距作为一个度量信息,就可以指导搜索,减少搜索范围,提高搜索速度。搜索过程中,越逼近目标状态,状态差距就越小,达到目标状态时差距为零,此时即搜索完成。

(2) 估价函数的定义

定义估价函数 $f(n)$ 为从初始节点 S_0 出发,约束经过节点 n 到达目标节点的最短路径代价的估值,其一般形式为

$$f(n) = g(n) + h(n)$$

式中:$g(n)$ 为从初始节点 S_0 到节点 n 的实际代价(已经发生);$h(n)$ 为 n 到目标节点 S_g 的最小代价路径的估计代价(可能发生)。$g(n)$ 的值可根据实际情况进行计算,而 $h(n)$ 的值需要根据问题自身的特性来确定,它体现了问题自身的启发信息,故又称为启发函数。显然,估价函数 $f(n)$ 是用来估计节点 n 重要性的函数,$f(n)$ 的值越小,表明路径的代价越小。

例如,八数码问题的初始状态 S_0 为 123405678,目标状态 S_g 为 283164750,将估价函数定义为

$$f(n) = d(n) + W(n)$$

式中:$d(n)$ 为节点 n 在搜索树中的深度;$W(n)$ 为节点 n 中不在位数码的数量,则初始节点的估价函数为

$$f(n) = d(n) + W(n) = 0 + 8 = 8$$

(3) A 算法与 A* 算法

定义 $f^*(n)$ 为从初始节点 S_0 出发,约束经过节点 n 到达目标节点的最短路径的代价值,$g^*(n)$ 为从初始节点 S_0 到节点 n 的最短路径的代价值,$h^*(n)$ 表示节点 n 到目标节点 S_g 的最短路径的代价值,则有

$$f^*(n) = g^*(n) + h^*(n)$$

比较 $f(n)$ 和 $f^*(n)$ 可知,$g(n)$ 是对 $g^*(n)$ 的估值,$h(n)$ 是对 $h^*(n)$ 的估值。

在图搜索过程中,若能在搜索的每一步都利用估价函数 $f(n)$ 对 Open 表中的节点进行重排,这样的搜索算法称为 A 算法。

如果对估价函数 $f(n)$ 加以限制,规定对任意节点 n 均有 $g(n) > 0$,$h(n) \leqslant h^*(n)$,即 $h(n)$ 是 $h^*(n)$ 的下界,并采用这样的估价函数 $f(n)$ 对 Open 表中的节点进行重排,则这样的启发式算法称为 A* 算法。

A* 算法的几种特殊情况:

$g(n) = d($节点深度$)$,$h(n) = 0$,A* 算法转变为宽度优先搜索;

$g(n)=0, h(n)=0$，A^*算法转变为随机搜索；

$g(n)=0, h(n)=1/d$，A^*算法转变为深度优先搜索。

2.5 知识运用——专家系统

专家系统的开发有三个基本的要素：领域专家、知识工程师和大量实例。在建立专家系统时，首先由知识工程师把各领域专家的专门知识总结出来，以适当的形式存入计算机，建立起知识库(KB)，根据这些专门知识，系统可以进行推理、判断和决策，能够解决一些只有人类专家才能解决的困难问题。

到目前为止，专家系统的发展主要经历了三代：以化学专家系统、数学专家系统为代表的第一代专家系统，其特点是：专业性较强，没有把知识库和推理机制分开，难以修改、扩充和移植。以医疗诊断专家系统、地质探矿专家系统、数学发现专家系统等为代表的第二代专家系统，其特点是：知识库和推理机制分开，系统的模块化和结构化程度较高，具有咨询解释机制，能够进行非精确推理，采用专家系统语言进行编辑。以多学科综合型专家系统、骨架型专家系统等为代表的第三代专家系统。其特点是：强调建立知识库管理系统，倾向于大规模和综合性，重视专家系统开发工具和环境的开发。特别是知识工程的发展和广泛应用已产生巨大的社会效益和经济效益，推进了专家系统的应用层次，使专家系统的理论走向更深入、广泛的领域。专家系统技术的不断发展推动了知识工程这样一门新兴的边缘学科；知识工程的发展进一步丰富了专家系统的研究内容，为专家系统找到了更广泛的应用领域。

2.5.1 专家系统概述

专家系统是一类包含知识和推理的智能计算机程序，其内部含有大量的领域专家水平的知识和经验，能够利用人类专家的知识和解决问题的方法来处理该领域的问题。知识表示、知识利用和知识获取是专家系统的三个基本问题。专家系统处理的信息是知识而不是数据；传送的信息是知识而不是字符串；信息的处理是对问题的求解和推理而不是按既定进程进行计算；信息的管理是知识的获取和利用而不是数据收集、积累和检索等。

专家系统可以解决的问题一般包括解释、预测、诊断、设计、规划、监视、修理、指导和控制等。发展专家系统的关键是表达和运用来自人类专家的对解决有关领域内的典型问题有用的事实和过程。专家系统和传统的计算机应用程序最本质的不同之处在于，专家系统所要解决的问题一般没有算法解，并且经常要在不完全、不精确或不确定的信息基础上做出结论。

2.5.2 专家系统的组成

不同的专家系统,其功能与结构都不尽相同。通常,一个以规则为基础、以问题求解为中心的专家系统,可用如图 2.13 所示的系统框图来描述。

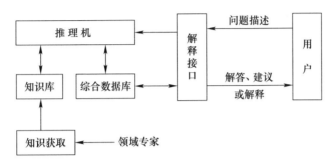

图 2.13 专家系统的基本组成

从图 2.13 可知,专家系统由知识库(knowledge base)、推理机(inference engine)、综合数据库(global database)、解释接口(explanation interface)和知识获取(knowledge acquisition)5 部分组成。

专家系统中知识的组织方式是,把问题领域的知识和系统的其他知识分离开来,后者是关于如何解决问题的一般知识或如何与用户打交道的知识。领域知识的集合称为知识库,而通用的问题求解知识称为推理机。按照这种方式组织知识的程序称为基于知识的系统,专家系统是基于知识的系统。知识库和推理机是专家系统中两个主要的组成要素。下面把专家系统的主要组成部分进行归纳。

1) 知识库

知识库是知识的存储器,用于存储领域专家的经验性知识以及有关的事实、一般常识等。知识库中的知识来源于知识获取机构,同时它又为推理机提供求解问题所需的知识。

2) 推理机

推理机是专家系统的"思维"机构,实际上是求解问题的计算机软件系统。其主要功能是协调、控制系统,决定如何选用知识库中的有关知识,对用户提供的证据进行推理,求得问题的解答或证明某个结论的正确性。

推理机的运行可以有不同的控制策略。从原始数据和已知条件推断出结论的方法称为正向推理或数据驱动策略;先提出结论或假设,然后寻找支持这个结论或假设的条件或证据,若成功则结论成立,推理成功,这种方法称为反向推理或目标驱动策略;若运用正向推理帮助系统提出假设,然后运用反向推理寻找支持该假设的证据,这种方法称为双向推理。

3) 综合数据库

综合数据库又称为全局数据库或"黑板"。它是用于存放推理的初始证据、中间结果以及最终结果等的工作存储器(working memory)。综合数据库的内容是在不断变化的。在求解问题的初始,它存放的是用户提供的初始证据。在推理过程中,它存放每一步推理所得的结果。推理机根据数据库的内容从知识库中选择合适的知识进行推理,然后又把推理结果存入数据库中,同时又可记录推理过程中的有关信息,为解释接口提供回答用户咨询的依据。

4) 解释接口

解释接口又称人—机界面,它把用户输入的信息转换成系统内规范化的表示形式,然后交给相应模块去处理,把系统输出的信息转换成用户易于理解的外部表示形式显示给用户,回答用户提出的"为什么?""结论是如何得出的?"等问题。另外,能对自己的行为做出解释,可以帮助系统建造者发现知识库及推理机中的错误,有助于对系统的调试。这是专家系统区别于一般程序的重要特征之一。

5) 知识获取

知识获取是指通过人工方法或机器学习的方法,将某个领域内的事实性知识和领域专家所特有的经验性知识转化为计算机程序的过程。早期的专家系统完全依靠领域专家和知识工程师共同合作,把领域内的知识总结归纳出来,规范化后送入知识库。对知识库的修改和扩充也是在系统的调试和验证中进行的,是一件很困难的工作。知识获取被认为是专家系统中的一个"瓶颈"问题。

目前,一些专家系统已经具有了自动知识获取的功能。自动知识获取包括两个方面:一是外部知识的获取,通过向专家提问,以接受教导的方式接收专家的知识,然后把它转换成内部表示形式存入知识库;二是内部知识获取,即系统在运行中不断从错误和失败中归纳总结经验,并修改和扩充知识库。

2.5.3 专家系统的特征及类型

1) 专家系统的基本特征

专家系统作为基于知识工程的系统具有以下一些基本特征。

① 具有专家水平的专门知识:人类专家之所以能称为专家,是由于他掌握了某一领域的专门知识,使其在处理问题时比别人技高一等。一个专家系统为了能像人类专家那样工作,必须表现专家的技能和高度的技巧以及有足够的鲁棒性。系统的鲁棒性是指无论数据是正确的还是病态的或不正确的,它都能够正确地处理,或者得到正确的结论,或者指出错误。

② 能进行有效的推理：专家系统具有启发性，能够运用人类专家的经验和知识进行启发式的搜索、试探性推理、不精确推理或不完全推理。

③ 具有透明性和灵活性：透明性是指它在求解问题时，不仅能得到正确的解答，还能知道给出该解答的依据；灵活性表现在绝大多数专家系统中都采用了知识库与推理机相分离的构造原则，彼此相互独立，使得知识的更新和扩充比较灵活方便，不会因一部分的变动而牵动全局。系统运行时，推理机可根据具体问题的不同特点选取不同的知识来构成求解序列，具有较强的适应性。

④ 具有一定的复杂性与难度：人类的知识，特别是经验性知识，大多是不精确、不完全或模糊的，这就为知识的表示和利用带来了一定的困难。另外，专家系统所求解的问题都是半结构化或非结构化且难度较大的问题，不存在确定的求解方法和求解路径，这就从客观上造成了建造专家系统的困难性和复杂性。

2）专家系统的常见类型

专家系统的类型很多，包括演绎型、经验型、工程型、工具型和咨询型等。按照专家系统所求解问题的性质，可把它分为下列几种类型。

（1）诊断型专家系统

这是根据对症状的观察与分析，推出故障的原因及排除故障方案的一类系统。其应用领域包括医疗、电子、机械、农业、经济等，如诊断细菌感染并提供治疗方案的 MYCIN 专家系统，IBM 公司的计算机故障诊断系统 DART/DASD。

（2）解释型专家系统

根据表层信息解释深层结构或内部可能情况的一类专家系统，如卫星云图分析、地质结构及化学结构分析等。

（3）预测型专家系统

根据过去和现在观测到的数据预测未来情况的系统。其应用领域有气象预报、人口预测、农业产量估计、水文预测、经济预测、军事形势的预测等，如台风路径预报专家系统 TYT。

（4）设计型专家系统

这是按给定的要求进行产品设计的一类专家系统，它广泛地应用于线路设计、机械产品设计及建筑设计等领域。

（5）决策型专家系统

这是对各种可能的决策方案进行综合评判和选优的一类专家系统，它包括各种领域的智能决策及咨询。

（6）规划型专家系统

这是用于制订行动规划的一类专家系统，可用于自动程序设计、机器人规划、交通运输调度、军事计划制订及农作物施肥方案规划等。

（7）控制型专家系统

控制专家系统的任务是自适应地管理一个受控对象或客体的全部行为,使之满足预定要求。控制专家系统的特点是,能够解释当前情况,预测未来发生的情况、可能发生的问题及其原因,不断修正计划并控制计划的执行。所以说,控制专家系统具有解释、预测、诊断、规划和执行等多种功能。

（8）教学型专家系统

这是能进行辅助教学的一类系统。它不仅能传授知识,而且还能对学生进行教学辅导,具有调试和诊断功能,要求其具有良好的人—机界面。

（9）监视型专家系统

这是用于对某些行为进行监视并在必要时进行干预的专家系统。例如,当情况异常时发出警报,可用于核电站的安全监视、机场监视、森林监视、疾病监视、防空监视等。

2.5.4 控制型专家系统

20世纪80年代,专家系统的概念和方法被引入控制领域,专家系统与控制理论相结合,尤其是启发式推理与反馈控制理论相结合,形成了专家控制系统。专家控制系统是智能控制的一个重要分支。

1）专家控制系统的特点

传统的控制系统的设计和分析是建立在精确的系统的数学模型基础上的,而实际系统由于存在复杂性、时变性、不确定性或不完全性等非线性,一般难以获得精确的数学模型。过去在研究这些系统时,必须提出并遵循一些比较苛刻的假设条件,而这些假设在应用中又往往与实际不相符合。为了提高控制性能,传统控制系统可能变得很复杂,不仅增加设备投资,而且会降低系统的可靠性。因此,自动控制的出路就在于实现控制系统的智能化,或者采用传统的和智能的混合控制方式。

专家系统是一种基于知识的系统,是对人类特有的思维方式的一种模拟。它主要面临的是各种非结构化问题,尤其是处理定性的、启发式的或不确定的知识信息,经过各种推理过程达到系统的任务目标。专家系统的技术特点为解决传统控制理论的局限性提供了重要的启示。将专家系统的理论和技术同控制理论方法与技术相结合,在未知环境下,仿效专家的智能,实现对系统的控制。

根据专家系统技术在控制系统中应用的复杂程度,可以分为专家控制系统和专家式控制器两种主要形式。专家控制系统具有全面的专家系统结构、完善的知识处理功能和实时控制的可靠性能。这种系统采用黑板等结构,知识库庞大,推理机复杂。它包括有知识获取子系统和学习子系统,人-机接口要求较高。专家式控制器,多为工业专家控制器,是专家控制系统的简化形式,针对具体的控制对象或过程,着重于启发式控制知识的开发,具有实时算法和逻辑功能。设计较小的知识库、简单的推理机制,可以省去复杂的人-机接口。由于其结构较为简单,又能满足工业过程控制的要求,因而应用日益广泛。

专家控制虽然引用了专家系统的思想和方法,但它与一般的专家系统还有重要的差别。

① 通常的专家系统只完成专门领域问题的咨询功能,它的推理结果一般用于辅助用户的决策;而专家控制则要求能对控制动作进行独立的、自动的决策,它的功能一定要具有连续的可靠性和较强的抗扰性。

② 通常的专家系统一般处于离线工作方式,而专家控制则要求在线地获取动态反馈信息,因而是一种动态系统,它应具有使用的灵活性和实时性,即能联机完成控制。

2)专家控制系统的控制要求

到目前为止的自适应控制在整个发展过程中仍存在两个显著缺点:第一,要求具有准确的装置模型;第二,不能为自适应机理设定有意义的目标。而专家控制系统不存在这些缺点,因为它避开了装置的数学模型,并且为自适应设计提供了有意义的时域目标。

专家控制系统没有统一的和固定的要求,不同的要求应由具体应用来决定。下面给出对专家控制系统的几点综合性要求:

① 决策能力强。由于专家控制系统应具有处理不确定性、不完全性和不精确性问题的能力,而这些问题难以用常规控制方法解决。这就要求专家控制系统具有不同水平的决策能力。显然,决策是基于知识的控制系统的关键能力之一。

② 运行可靠性高。对于某些特别的装置或系统,若采用专家控制器来取代常规控制器,则整个控制系统将变得非常复杂,尤其是硬件结构更为明显,其运行结果往往使系统的可靠性大为降低。因此,要求专家控制器具有较高的运行可靠性,并且需具有方便的监控能力。

③ 使用的通用性好。使用的通用性包括容易开发、便于用混合知识表示、示例多样、多种推理机制并存,以及开放式的可扩充结构等。

④ 拟人能力强。专家控制系统的控制水平必须达到人类专家的水准。

⑤ 控制与处理的灵活性。这个原则包括控制策略的灵活性、经验表示的灵活性、数据管理的灵活性、解释说明的灵活性、模式匹配的灵活性以及过程连接的灵活性等。

3）专家控制器的设计原则

根据专家控制系统的控制要求,我们可以进一步提出控制器的设计原则。

(1) 多样化的模型描述

在现有的控制理论中,控制系统的设计仅依赖于被控对象的数学解析模型。而在专家控制器的设计中,由于采用了专家系统技术,能够对各种精确的或模糊的信息进行处理,因而允许对模型采用多种形式的描述。

① 解析模型是最常用的一种描述形式,其主要表达方式有微分方程、积分方程、传递函数、状态空间表达式等。

② 规则模型特别适于描述过程的因果关系和非解析的映射关系等。它的基本形式为

$$IF(条件)THEN(结论或操作)$$

这种规则的描述方式具有较强的灵活性,可方便地对规则加以补充或修改。

③ 模糊模型适用于描述定性知识。当对象的准确数学模型不能确定,并且只掌握了被控过程的一些定性知识时,用模糊数学的方法来建立系统的输入、输出模糊集以及它们之间的模糊关系,是比较方便的。

④ 离散事件模型适用于离散系统,同时也在复杂系统的设计和分析方面得到更多的应用。

⑤ 基于模型的模型,对于基于模型的专家系统,其知识库含有不同的模型,包括心理模型(如神经网络模型和视觉知识模型等)和物理模型,而且通常是定性模型。这种方法能够进行离线预计算,减少在线计算,产生简化模型使之与所执行的任务逐一匹配。

此外,还有其他类型的描述方式,如用谓词逻辑来建立系统的因果模型,用符号矩阵来建立系统的联想记忆模型等。

在专家控制器的设计过程中,根据不同情况选择恰当的描述方式可以更好地反映过程特性,增强系统的信息处理能力。

专家控制器的一般模型可用如下形式表示:

$$U = f(C, T, I)$$

式中:f 为智能算子,其基本形式为

$$IF\ C\ AND\ T\ THEN(IF\ I\ THEN\ U)$$

式中:$C = \{c_1, c_2, \cdots, c_m\}$ 为控制器输入集;$T = \{t_1, t_2, \cdots, t_n\}$ 为知识库中的经验数据与事实集;$I = \{i_1, i_2, \cdots, i_p\}$ 为推理机构的输出集;$U = (u_1, u_2, \cdots, u_q)$ 为控制器输出集。

智能算子的基本含义是:根据输入信息 C 和知识库中的经验数据 T 与规则

进行推理,然后根据推理结果 I,输出相应的控制行为 U。

(2) 在线处理的灵巧性

在专家控制器的设计过程中,在线信息的处理与利用非常重要。在信息存储方面,对做出控制决策有意义的特征信息进行记忆,对过时的信息则加以遗忘;在信息处理方面,应把数值计算与符号运算结合起来;在信息利用方面,应对各种反映过程特性的特征信息加以提取和利用,不要只参考误差和误差的一阶导数。具备处理在线信息的灵活性将提高系统的信息处理能力和决策水平。

(3) 灵活性的控制策略

这是设计专家控制器所应遵循的一条重要原则。当工业对象本身发生时变或存在现场干扰时,要求控制器能采用不同形式的开环与闭环控制策略,通过在线获取的信息灵活地修改控制策略或控制参数,以确保获得优良的控制品质。此外,专家控制器中还应设计能对异常情况进行处理的适应性策略,以增强系统的应变能力。

(4) 决策机构的递阶性

以模拟人类为核心的智能控制,其控制器的设计应体现分层递阶的原则,即根据智能水平的不同层次构成分级递阶的决策机构。正如人的神经系统是由大脑、小脑、脑干、脊髓组成的一个分层递阶决策系统一样。

(5) 推理与决策的实时性

设计用于工业过程的专家控制器时,为了满足工业过程的实时性要求,知识库的规模不宜过大,推理机构应尽可能简单。

由于专家控制器在模型的描述上采用多种形式,就必然导致其实现方法的多样性。虽然构造专家控制器的具体方法各不相同,但归结起来,其实现方法可分为两类:一类是保留控制专家系统的结构特征,但其知识库的规模小,推理机构简单;另一类是以某种控制算法(如 PID 算法)为基础,引入专家系统技术,以提高原控制器的决策水平。专家控制器虽然功能不如专家控制系统完善,但结构较简单,研制周期短,实时性好,具有广阔的应用前景。

4) 专家控制系统的工作原理

目前,专家控制系统还没有统一的体系结构。图 2.14 是一个专家控制系统的典型结构图。

(1) 专家控制系统的工作原理

从图 2.14 可知,专家控制系统有知识基系统、数值算法库和人-机接口三个并发运行的子过程。三个运行子过程之间的通信是通过五个信箱进行的,这五个信箱即出口信箱(out box)、入口信箱(in box)、应答信箱(answer box)、解释信箱(result box)和定时器信箱(timer box)。

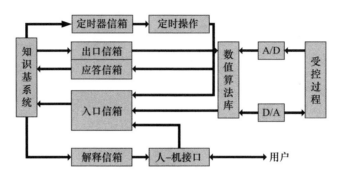

图 2.14　专家控制系统的典型结构

系统的控制器由位于下层的数值算法库和位于上层的知识基子系统两大部分组成。数值算法库包含的是定量的解析知识,进行数值计算,快速、精确,由控制、辨识和监控三类算法组成,按常规编程直接作用于受控过程,拥有最高的优先权。

控制算法根据来自知识基子系统的配置命令和测量信号计算控制信号,如 PID 算法、极点配置算法、最小方差算法、离散滤波器算法等,每次运行一种控制算法。

辨识算法和监控算法在某种意义上是从数值信号流中抽取特征信息,可以看作是滤波器或特征抽取器,仅当系统运行状况发生某种变化时,才往知识基系统中发送信息。在稳态运行期间,知识基子系统是闲置的,整个系统按传统控制方式运行。

知识基子系统位于系统上层,对数值算法进行决策、协调和组织,包含有定性的启发式知识,进行符号推理,按专家系统的设计规范编码,通过数值算法库与受控过程间接相连,连接的信箱中有读或写信息的队列。内部过程的通信功能如下:

① 出口信箱。将控制配置命令、控制算法的参数变更值以及信息发送请求从知识基系统送往数值算法部分。

② 入口信箱。将算法执行结果、检测预报信号、对于信息发送请求的答案、用户命令以及定时中断信号分别从数值算法库、人-机接口及定时操作部分送往知识基系统。这些信息具有优先级说明,并形成先进先出的队列。在知识基系统内部另有一个信箱,进入的信息按照优先级排序插入待处理信息,以便尽快处理最主要的问题。

③ 应答信箱。传送数值算法对知识基系统的信息发送请求的通信应答信号。

④ 解释信箱。传送知识基系统发出的人-机通信结果,包括用户对知识库的编辑、查询、算法执行原因、推理结果、推理过程跟踪等系统运行情况的解释。

⑤ 定时器信箱。用于发送知识基子系统内部推理过程需要的定时等待信号,供定时操作部分处理。

人-机接口子过程传播两类命令:一类是面向数值算法库的命令,如改变参数或改变操作方式;另一类是指挥知识基系统去做什么的命令,如跟踪、添加、清除或在线编辑规则等。

(2) 专家控制系统的内部组织

专家控制将系统视为基于知识的系统,系统包含的知识信息可以表示为如图2.15所示。

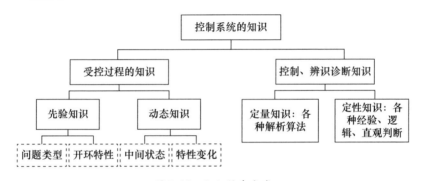

图 2.15 知识信息分类

按照专家系统的结构,有关控制知识可以分类组织,形成数据库和规则库,从而构成专家控制系统中的知识源组合。

数据库包括:

事实——已知的静态数据。例如,传感器测量误差、运行阈值、报警阈值、操作序列的约束条件、受控过程的单元组态等。

证据——测量到的动态数据。例如,传感器的输出值、仪器仪表的测试结果等。证据的类型是各异的,常常带有噪声、延迟,也可能是不完整的,甚至相互之间有冲突。

假设——由事实和证据推导得到的中间结果,作为当前事实集合的补充。例如,通过各种参数估计算法推得的状态估计等。

目标——系统的性能指标。例如,对稳定性的要求,对静态工作点的寻优,对现有控制规律是否需要改进的判断等。目标既可以是预定的,也可以是根据外部命令或内部运行状况在线地动态建立的,各种目标实际上形成了一个大的阵列。

上述控制知识的数据结构通常用框架形式表示。

规则库一般用产生式规则表示，即 IF(控制局势)THEN(操作结论)。

其中，控制局势即为事实、证据、假设和目标等各种数据项表示的前提条件，而操作结论即为定性的推理结果，它可以是对原有控制局势知识条目的更新，还可以是某种控制、估计算法的激活。

知识基系统的结构如图 2.16 所示，它由一组知识源、黑板机构和调度器三部分组成。整个知识基系统采用黑板法模型进行问题求解。黑板是一切知识源可以访问的公用数据结构。

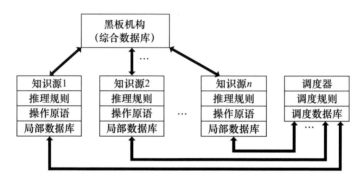

图 2.16　知识基系统的结构

黑板法(blackboard approach)是在 HEARSAY－Ⅱ语音理解系统中发展起来的一种高度结构化的问题求解模型，用于实时问题求解，即在最适当的时机运用知识进行推理。它的特点是能够决定什么时候使用知识、怎样使用知识。另外，还规定了领域知识的组织方法，其中包括知识源(KS)这种知识模型，以及数据库的层次结构等。

在图 2.16 中，知识源是与控制问题子任务有关的一些独立知识模块。可以把它们看作是不同子任务问题领域的小专家。每一个知识源有比较完整的知识库结构，包括：

推理规则——采用"IF－THEN"产生式规则，条件部分是全局数据库(黑板)或是局部数据库中的状态描述，动作或结论部分是对黑板信息或局部数据库内容的修改或添加。

局部数据库——存放与子任务相关的中间结果，用框架表示，其中各槽的值即为这些中间结果。

操作原语——一类是对全局或局部数据库内容的增添、删除和修改操作，另一类是对本知识源或其他知识源的控制操作，包括激活、中止和固定时间间隔等待或条件等待。

黑板机构——存放记录,包括事实、证据、假设和目标所说明的静态、动态数据。这些数据分别为不同的知识源所关注。通过知识源的访问,整个数据库起到在各个知识源之间传递信息的作用。通过知识源的推理,数据信息得到增删、修改、更新。

调度器的作用是根据黑板的变化激活适当的知识源,并形成有次序的调度队列。

激活知识源可以采用串行或并行激活的方式,从而形成多种不同的调度策略。

串行激活又分成相继触发、预定顺序和动态生成顺序三种方式,即

相继触发——一个激活知识源的操作结果作为另一个知识源的触发条件,自然激发,此起彼伏。

预定顺序——按控制过程的某种原理,预先编一个知识源序列,依次触发。例如,初始调节,在检测到不同的报警状态时,系统返回到稳态控制方式等情况。

动态生成顺序——对知识源的激活顺序进行在线规划。每个知识源都可以附上一个目标状态和初始状态,激活一个知识源即为系统状态的一个转移,通过逐步比较系统的期望状态与知识源的目标状态,以及系统的当前状态与知识源的初始状态,就可以规划出状态转移的序列,即动态生成了知识源的激活序列。

并行激活方式是指同时激活一个以上的知识源方式。例如,系统处于稳态控制方式时,一个知识源负责实际控制算法的执行,而另外一些知识源同时实现多方面的监控作用。

调度器的结构类似于一个知识库,其中包括一个调度数据库,用框架形式记录着各个知识源的激活状态的信息,以及某些知识源等待激活的条件信息。调度器内部的规则库包括了体现各种调度策略的产生式规则,例如:

"IF a KS is ready and no other KS is running THEN run this KS"

整个调度器的工作所需的时间信息,如知识源等待激活、彼此中断等,是由定时操作部分提供的。

(3) 专家控制的推理模型

专家控制中的问题求解机制可以表示成如下的推理模型:

$$U = f(E, K, I)$$

式中:$U = (u_1, u_2, \cdots, u_m)$为控制器的输出作用集;$E = (e_1, e_2, \cdots, e_n)$为控制器的输入集;$K = (k_1, k_2, \cdots, k_p)$为系统的数据项集;$I = (i_1, i_2, \cdots, i_n)$为具体推理机构的输出集;$f$为一种智能算子,它可以一般地表示为

IF E and K THEN (IF I THEN U)

即根据输入信息 E 和系统中的知识信息 K 进行推理,然后根据推理结果 I 确定相应的控制行为 U。

在此,智能算子 f 的含义用了产生式的形式,这是因为产生式结构的推理机能够模拟任何一般的问题求解过程。实际上,f 算子也可以基于知识表示形式来实现相应的推理方法,如语义网络、谓词逻辑等。

专家控制推理机制的控制策略一般仅仅用到正向推理是不够的。当一个结论不能自动得到推导时,就需要使用逆向推理的方式,去调用前链控制的产生式规则知识源或者过程式知识源验证这一结论。

2.6 知识图谱

众所周知,万维网(Word Wide Web)是蒂姆·伯纳斯·李(Tim Berners - Lee)于1989年提出来的全球化网页链接系统。在 Web 的基础上,伯纳斯·李又于1998年提出 Semantic Web 的概念,将网页互联拓展为实体和概念的互联。Semantic Web 问世后,很快出现了一大批著名的语义知识库。例如,谷歌的"知识图谱"搜索引擎,其强大能力来自于谷歌的共享数据库 Freebase;以 IBM 创始人托马斯·沃森名字命名的超级计算机沃森,其回答问题的强大能力得益于后端知识库 DBpedia 和 Yago,以及世界最大开放知识库 Wikidata,等等。因此,维基百科的官方词条称知识图谱为谷歌用于增强其搜索引擎功能的知识库。

互联网的发展带来网络数据内容的爆炸式增长,对人们有效获取信息和知识提出了挑战。2012年5月17日,谷歌正式提出知识图谱,其初衷是为了提高搜索引擎的能力,改善用户的搜索质量和搜索体验。随着人工智能技术的发展和应用,知识图谱以其强大的语义处理能力和开放组织能力,被广泛应用于智能搜索、智能问答、个性化推荐、内容分发等领域,为互联网时代的知识化组织和智能应用奠定了基础。

2.6.1 知识图谱的基本概念

知识图谱(knowledge graph)是用图模型来描述现实世界中存在的各种实体以及实体之间关联关系的技术方法,每个实体或概念用一个全局唯一确定的 ID 来标识,称为标识符(identifier)。知识图谱由节点和边组成,节点可以是实体,也可以是抽象的概念;边是实体的属性或实体之间的关系,巨量的边和点构成一张巨大的语义网络图。因此,知识图谱从组成结构上看有着语义网络的基因,是一种基于图的数据结构。知识图谱就是把所有不同种类的信息连接在一起而得到的一个关系网络并提供了从"关系"的角度去分析问题的能力。

知识图谱不是横空出世的新技术,而是历史上很多相关技术相互影响和继承发展的结果。除了有语义网络等技术的影子外,知识图谱的产生和演化主要归功于一种称为 Semantic Web 技术。由于 Semantic Web 的中文是"语义网",而 Semantic Network 的中文是"语义网络"或简称语义网,二者经常会被混淆。

从网页的链接到数据的链接,Web 技术正在逐步朝向 Web 之父伯纳斯·李设想中的语义网络演变。除了提升搜索引擎的能力,知识图谱技术正在语义搜索、智能问答、辅助语言理解、辅助大数据分析、推荐计算、物联网设备互联、可解释型人工智能等各个领域找到用武之地。

知识图谱可看作是一种事物关系的可计算模型,旨在从数据中发现、识别、推断事物与概念之间的复杂关系。构建和利用知识图谱需要系统地利用知识表示与知识建模、关系抽取、图数据库、自然语言处理、决策分析、机器学习等多领域的技术。

知识图谱中的最小单元是三元组,主要包括:"实体—关系—实体"和"实体—属性—属性值"等形式。每个属性-属性值对(attribute - value pair, AVP)可用来刻画实体的内在特性,而关系可用来连接两个实体,刻画它们之间的关联。图 2.17 给出一个知识图谱的例子,其中,中国是一个实体,北京是一个实体,"中国—首都—北京"是一个(实体—关系—实体)的三元组样例;北京是一个实体,人口是一种属性,2069.3 万是属性值,"北京—人口—2069.3 万"构成一个(实体—属性—属性值)的三元组样例。

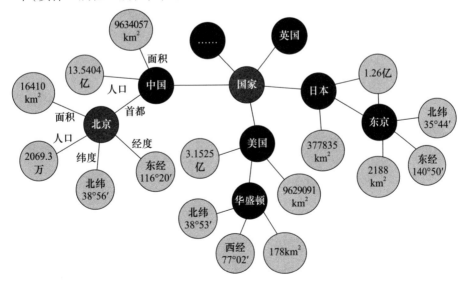

图 2.17　基于三元组的知识图谱(图片来源:http://www.sohu.com/a/196889767_151779)

实体。世界万物均由具体事物组成,这些独立存在的且具有可区别性事物就是实体。如某个人、某个城市、某种植物、某种商品等。如图的"中国""美国""日本"等。实体是知识图谱中的最基本元素,不同的实体间存在不同的关系。

内容。通常作为实体和语义类的名字、描述、解释等,可以由文本、图像、音视频等来表达。

属性和属性值。实体的特性称为属性,例如:图 2.17 中的首都这个实体有"面积""人口"两个属性;学生这个实体,有学号、姓名、年龄、性别等属性。每个属性都有相应的值域,主要有字符、字符串、整数和字符串等类型。属性值是属性在值域范围内的具体值。

概念。概念是反映事物本质属性的思维形式,常表示具有同种属性的实体构成的集合。例如,国家、民族、书籍、电脑等。

关系。在知识图谱中,关系是将若干个图节点(实体、语义类、属性值)映射到布尔值的函数。

本体(ontology)。本体一词源于哲学领域的本体论概念,后被引申到信息科学领域。在信息科学领域,本体被认为是一种"共享概念模型的明确形式化的规范说明"。其中,"概念模型"是指通过抽象客观世界中的一些现象的相关概念而得到的模型,即概念系统所蕴含的语义结构,是对某一事实结构的一组非正式的约束规则。本体可以理解和表达为一组概念(包括实体、属性和过程)、定义和关系。"明确"是指所使用的概念及使用这些概念的约束都有明确的定义;"形式化"是指本体是计算机可读的;"共享"则指本体中体现的、共同认可的知识,是相关领域公认的概念集,因此本体针对的是社会范畴而非个体之间的共识。常见的本体构成要素包括个体(实例)、类、属性、关系、函数术语、约束(限制)、规则、公理、事件等。

2.6.2 知识图谱的构建技术

构建知识图谱相当于为其建立本体。最基本的本体包括概念、概念层次、属性、属性值类型、关系、关系定义域概念集以及关系值域概念集。在此基础上,可以额外添加规则(rules)或公理(axioms)来表示模式层更复杂的约束关系。

目前大部分知识图谱建立的方法是自顶向下(top-down)和自底向上(bottom-up)相结合的方式。自顶向下的方式指通过本体编辑器(ontology editor)预先构建好本体与数据模式,再将实体加入到知识库。该构建方式需要利用一些现有的结构化知识库作为其基础知识库,例如,Freebase 项目就是采用这种方式,它的绝大部分数据是从维基百科中得到的。自底向上的方式通过各种抽取技术,从一些开放链接数据中(特别是通过搜索日志和 Web Table)提取出实体、类别、属性和关系,选择其中置信度较高的合并到知识图谱。自顶向下的方法有利于抽取新的实例,保证抽取质量,而自底向上的方法则能发现新的模式。对于知识体系较完备的领域,采用自顶向下的方法构建知识图谱即可满足要求。对于一些知识体系尚不够完备的新兴领域,只有部分知识适用于自顶向下构建,仍有大部分未成体系的数据需要采用自底向上的方法对这类知识进行基于数据驱动的方式进行构建。所以,在新兴领域构建知识图谱时,通常会将自顶向下和自底向上的构建方法相结合。

大规模知识库的构建与应用需要多种技术的支持,其技术体系架构如图2.18所示。其中虚线框内的部分为知识图谱的构建过程。知识图谱构建从最原始的数据出发,采用一系列自动或者半自动的技术手段,从原始数据库和第三方数据库中提取知识事实,并将其存入知识库的数据层和模式层,这一过程包含四类关键技术:知识表示、知识抽取、知识融合、知识推理。

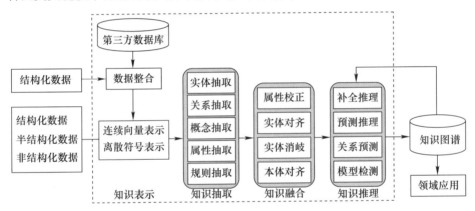

图 2.18 知识图谱的技术体系架构

1) 知识图谱的知识表示

知识图谱通常采用以三元组为基础的知识表示方法来描述实体之间的关系。近年来,以深度学习为代表的表示学习技术取得了重要的进展,可以将实体的语义信息表示为稠密低维实值向量,而知识图谱作为很多搜索问题和大数据分析系统的重要数据基础,基于向量的知识图谱表示使得这些数据更易于与深度学习模型集成。

(1) 语义网知识表示的标准语言

面向语义网的知识表示需要提供一套标准语言以描述 Web 的各种信息,而早期 Web 的标准语言 HTML 和 XML 都无法适应语义网对知识表示的要求。为此,W3C 的 RDF 工作者制定了两种关于知识图谱的国际标准 RDF 和 OWL。RDF 是 W3C 一系列语义网标准的核心,在 RDF 中知识总是以三元组的形式出现,如果将三元组的主语和宾语看作图的节点,谓语看作边,则一个 RDF 知识库可被看作一个知识图谱。OWL 是一种表达能力更强的本体语言,包括 OWL Lite、OWL DL、OWL Full 三个子语言,各子语言的表达能力递增。

(2) 知识表示学习的代表模型

虽然三元组的知识表示方法可以有效地将数据结构化,但这种基于离散符号的表达方式却越来越面临着大规模应用的挑战。将研究对象的语义信息表示为稠密低维的实值向量的形式称为表示学习。知识表示学习(knowledge representation learning,KRL)就是面向知识库中实体和关系的表示学习,通过将实体或关系投影到低维向量空间,能够实现对实体和关系的语义信息的表示,可以高效地计算实体、关系及其之间的复杂语义关联。知识表示学习的几个常用代表模型包括距离模型、单层神经网络模型、能量模型、双线性模型、张量神经网络模型、矩阵分解模型和翻译模型等。

2) 知识图谱的知识抽取

知识图谱的知识获取包括知识抽取和知识挖掘两大途径。其中知识抽取主要是面向开放的链接数据,其典型的输入是自然语言文本以及图像或者视频等多媒体内容文档。知识抽取采用自动化或者半自动化知识抽取技术抽取出可用的知识单元,包括实体、关系、属性以及事件等知识要素,因此知识抽取的子任务分别为实体抽取、关系抽取、属性抽取和事件抽取,以此为基础可形成一系列高质量的事实表达,为模式层的构建奠定基础。

(1) 实体抽取

实体抽取指从原始数据语料中自动识别出命名实体。实体是知识图谱中的最基本元素,其抽取的完整性、准确率、召回率等将直接影响到知识图谱构建的质量。实体抽取的方法有四类:①基于百科或垂直站点提取。这种方法是从诸如维基百科、百度百科、互动百科等百科类站点的标题和链接中提取实体名。其优点是可以得到开放互联网中最常见的实体名,缺点是对于中低频的覆盖率低。②基于规则与词典的实体提取方法。早期的实体抽取是在限定文本领域、限定语义单元类型的条件下进行的,主要采用的是基于规则与词典的方法,例如使用已定义的规则,抽取出文本中的人名、地名、组织机构名、特定时间等实体。③基于统计机器学习的实体抽取方法。鉴于基于规则与词典实体的局限性,机器学习中的监督学习算法被用于命名实体的抽取问题。但单纯的监督学习算法在性能上受到训练集合的限制,算法的准确率与召回率都不够理想。目前有研究者尝试将监督学习算法与规则相互结合,取得了一定的成果。④面向开放域的实体抽取方法。针对如何从少量实体实例中自动发现具有区分力的模式,进而扩展到海量文本去给实体做分类与聚类的问题。有研究者提出了一种通过迭代方式扩展实体语料库的解决方案,其基本思想是通过少量的实体实例建立特征模型,再通过该模型应用于新的数据集得到新的命名实体。

(2) 关系抽取

关系抽取与实体抽取密切相关,一般在识别出文本中的实体后再抽取实体之间可能存在的关系,目的是解决实体语义的链接问题。关系的基本信息包括参数类型以及满足该关系的元组模式等。目前,关系抽取方法可分为三类:基于模板的关系抽取、基于监督学习的关系抽取以及基于弱监督学习的关系抽取。基于模板的关系抽取方法需由领域专家手工编写模板,从文本中匹配具有特定关系的实体,适于小规模特定领域的实体关系抽取。基于监督学习的关系抽取方法将关系抽取转化为分类问题,在对大量标注样本数据进行训练的基础上进行关系抽取。基于弱监督学习的关系抽取方法需依赖大量的训练语料,当训练语料不足时,该方法可以利用少量标注数据进行模型学习。

(3) 属性抽取和属性值抽取

属性抽取的任务是为每个本体语义类构造属性列表,而属性值抽取则为一个语义类的实体附加属性值。属性抽取和属性值抽取能够形成完整的实体概念的知识图谱维度。常见的属性抽取和属性值抽取方法包括:从百科类站点中提取,从垂直网站中进行包装器归纳,从网页表格中提取,以及利用手工定义或自动生成的模式从句子和查询日志中抽取。这些方法的共同点是通过挖掘原始数据中的半结构化信息来获取属性和属性值。目前计算机知识库中的大多数属性值是通过上述方法获得的,但实际情况是只有一部分人类知识是以半结构化形式体现的,而更多的知识则隐藏在自然语言句子中,因此直接从句子中抽取信息成为进一步提高知识库覆盖率的关键。当前从句子和查询日志中抽取属性和属性值的基本手段是模式匹配和对自然语言的浅层处理。

(4) 事件抽取

事件抽取是指从自然语言文本中抽取出用户感兴趣的事件信息,并以结构化的形式呈现出来。例如,事件发生的时间、地点、发生原因、参与者等。事件抽取的任务可以分两大类:

"事件识别和抽取"是指从描述事件信息的文本中识别并抽取出事件信息并以结构化的形式呈现出来,包括发生的时间、地点、参与角色以及与之相关的动作或者状态的改变。

"事件检测和追踪"旨在将文本新闻流按照其报道的事件进行组织,为传统媒体多种来源的新闻监控提供核心技术,以便让用户了解新闻及其发展。具体而言,事件发现与跟踪包括三个主要任务:分割、发现和跟踪,将新闻文本分解为事件,发现新的事件,并跟踪以前报道事件的发展。

事件发现任务又可细分为历史事件发现和在线事件发现两种形式,前者目标是从按时间排序的新闻文档中发现以前没有识别的事件,后者则是从实时新闻流中实时发现新的事件。

3) 知识图谱融合

通过知识提取可实现从非结构化和半结构化数据中获取实体、关系以及实体属性信息的目标。但由于知识来源广泛,在语言层可能存在语法不匹配、逻辑表示不匹配、语义不匹配和语言表达能力不匹配;在模型层会存在概念化不匹配和解释不匹配。这些知识异构问题需要通过知识图谱融合来解决,以使来自不同知识源的知识在同一框架规范下通过异构数据整合、消歧、加工、推理验证、更新等步骤,形成高质量的知识库。

知识图谱融合需要解决的异构问题包括两个层面:本体层和实例层。

本体层用于描述特定领域中的抽象概念、属性、公理。本体构建的主观性和分布性特点决定了不可能构建出一个通用的、统一的本体。在知识图谱的应用中,不同应用系统之间的信息交互非常普遍且频繁,但本体异构造成了大量的信息交互问题。因此,消除本体异构是解决应用系统之间互操作障碍的关键所在。

实例层用于描述具体的实体对象和实体间的关系,包含大量的实例和数据。但同名实例可能指代不同的实体,而不同名实例可能指代同一个实体,大量的共指问题会给知识图谱的应用带来负面影响。因此,消除实例异构是解决共指问题的关键所在。

4) 知识图谱推理

知识图谱推理是基于图谱中已有的事实或关系推断出未知事实或关系的过程。推理任务存在于知识图谱生命周期的各个阶段,主要包括三类推理任务:一是通过链接预测对知识图谱进行补全,以丰富知识图谱;二是通过对知识库进行不一致检测,以清洗不正确或不一致的知识;三是在提供知识服务时,通过推理进行查询重写,以克服查询的模糊性并提升查询结果的质量。

知识图谱推理的主要技术手段可分为两大类:基于演绎的知识图谱推理和基于归纳的知识图谱推理。演绎推理是从一般到特殊的过程,即从一般性的前提出发,通过推导得到具体描述或个别结论(三段论)。通过演绎推理揭示出来的结论已经蕴含在一般性知识中,因此演绎推理不能得到新知识。知识图谱推理常用的演绎推理技术有基于描述逻辑的推理、DataLog、产生式规则等。归纳推理是从特殊到一般的推理过程。即从一类事物的大量特殊事例出发,推出该类事物的一般性结论。由于推出的结论没有包含在已有内容中,故归纳推理能得到新知识。知识图谱推理常用的归纳推理技术有路径推理、表示学习、规则学习、基于强化的推理等。

第3章 机器认知智能的实现途径:神经网络

3.1 人脑信息处理的微观结构

神经生理学和神经解剖学的研究结果表明,神经元(neuron)是脑组织的基本单元,是神经系统结构与功能的单位。据估计,人类大脑大约包含有 1.4×10^{11} 个神经元,每个神经元与大约 $10^3 \sim 10^5$ 个其他神经元相连接,构成一个极为庞大而复杂的网络,即生物神经网络。生物神经网络中各神经元之间连接的强弱,按照外部的激励信号作自适应变化,而每个神经元又随着接收到的多个激励信号的综合结果呈现出兴奋与抑制状态。大脑的学习过程就是神经元之间连接强度随外部激励信息作自适应变化的过程,大脑处理信息的结果由各神经元状态的整体效果确定。显然,神经元是人脑信息处理系统的最小单元。

3.1.1 生物神经元的结构

人脑中神经元的形态不尽相同,功能也有差异,但从组成结构来看,各种神经元是有共性的。图 3.1 给出一个典型神经元的简化结构示意图。

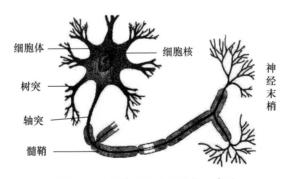

图 3.1 典型神经元简化结构示意图

神经元在结构上由细胞体、树突、轴突和突触四部分组成。

① 细胞体(cell body)。细胞体是神经元的主体,由细胞核、细胞质和细胞膜三部分构成。细胞核进行呼吸和新陈代谢等许多生化过程,细胞膜将膜内外细胞液分开。由于细胞膜对细胞液中的不同离子具有不同的通透性,使得膜内

外存在着离子浓度差,从而出现内负外正的静息电位。

② 树突(dendrite)。从细胞体向外延伸出许多突起的神经纤维,其中大部分突起较短,其分支多群集在细胞体附近形成灌木丛状,这些突起称为树突。神经元靠树突接受来自其他神经元的输入信号,相当于细胞体的输入端。

③ 轴突(axon)。由细胞体伸出的最长的一条突起称为轴突,用来传出细胞体产生的输出电化学信号。轴突的分支称为轴突末梢或神经末梢,每一条神经末梢可以向四面八方传出信号,相当于细胞体的输出端。

④ 突触(synapse)。神经元之间通过一个神经元的轴突末梢和其他神经元的细胞体或树突进行通信连接,这种连接相当于神经元之间的输入、输出接口,称为突触(图 3.2)。突触包括突触前、突触间隙和突触后三个部分。突触前是第一个神经元的轴突末梢部分,突触后是指第二个神经元的树突或细胞体等受体表面。突触在轴突末梢与其他神经元的受体表面相接触的地方有 15~50nm 的间隙,称为突触间隙,在电学上把两者断开,如图 3.3 所示。每个神经元大约有 103~105 个突触,多个神经元以突触连接即形成神经网络。

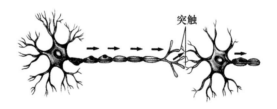

图 3.2 突触结构示意图(1)

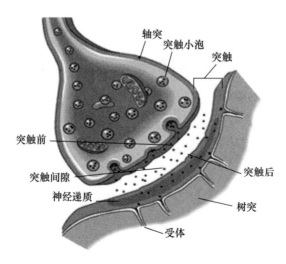

图 3.3 突触结构示意图(2)

3.1.2 生物神经元的信息处理机制

在生物神经元中,突触为输入、输出接口,树突和细胞体为输入端,接受突触点的输入信号;细胞体相当于一个微型处理器,对各树突和细胞体各部位收到的来自其他神经元的输入信号进行组合,并在一定条件下触发,产生输出信号;输出信号沿轴突传至末梢,轴突末梢作为输出端通过突触将该输出信号传向其他神经元的树突和细胞体。下面对生物神经元之间接收、产生、传递和处理信息的机理进行分析。

1)信息的产生

由于细胞膜本身对不同离子具有不同的通透性,从而造成膜内外细胞液中的离子存在浓度差。神经元在无神经信号输入时,其细胞膜内外因离子浓度差而造成的电位差为 $-70mV$(内负外正)左右,称为静息电位,此时细胞膜的状态称为极化状态(polarization),神经元的状态为静息状态。当神经元受到外界的刺激时,如果膜电位从静息电位向正偏移,称为去极化(depolarization),此时神经元的状态为兴奋状态;如果膜电位从静息电位向负偏移,称为超级化(hyperpolarization),此时神经元的状态为抑制状态。神经元细胞膜的去极化和超极化程度反映了神经元的兴奋和抑制的强烈程度。神经元产生的信息是具有电脉冲形式的神经冲动,各脉冲的宽度和幅度相同,而脉冲的间隔是随机变化的。某神经元的输入脉冲密度越大,其兴奋程度越高,在单位时间内产生的脉冲串的平均频率也越高。

2)信息的传递与接收

神经脉冲信号沿轴突传向其末端的各个分支,在轴突的末端触及突触前时,突触前的突触小泡能释放一种化学物质,称为递质。在前一个神经元发放脉冲并传到其轴突末端后,这种递质从突触前膜释放出,经突触间隙的液体扩散,在突触后膜与特殊受体相结合,改变后膜的离子通透性,从而使突触后膜电位发生变化。当兴奋性化学递质传送到突触后膜时,后膜对离子通透性的改变使流入细胞膜内的正离子增加,从而使突触后成分去极化,产生兴奋性突触后电位;当抑制性化学递质传送到突触后膜时,后膜对离子通透性的改变使流出细胞膜外的正离子增加,从而使突触后成分超极化,产生抑制性突触后电位。当突触前膜释放的兴奋性递质使突触后膜的去极化电位超过了某个阈电位时,后一个神经元就有神经脉冲输出,从而把前一神经元的信息传递给了后一神经元(图 3.4)。

从脉冲信号到达突触前膜,到突触后膜电位发生变化,有 $0.2\sim1ms$ 的时间延迟,称为突触延迟(synaptic delay)。

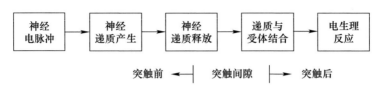

图 3.4 突触信息传递过程

3）信息的整合

神经元对信息的接收和传递都是通过突触来进行的。图 3.5 表明，单个神经元可以与多达数千个其他神经元的轴突末梢形成突触连接，接受从突触前各个轴突传来的脉冲输入。这些输入到达神经元的不同部位，对神经元影响的权重不同。在同一时刻产生的刺激所引起的膜电位变化，大致等于各单独刺激引起的膜电位变化的代数和，这种累加求和称为空间整合。另外，各输入脉冲抵达神经元的先后时间也不一样。由一个脉冲引起的突触后膜电位很小，但在其持续时间内有另一脉冲相继到达时，总的突触后膜电位增大。这种现象称为时间整合。

输入一个神经元的信息在时间和空间上常呈现一种复杂多变的形式，神经元需要对它们进行积累和整合加工，从而决定其输出的时机和强弱。正是神经元的这种时空整合作用，才使得由亿万个神经元形成的神经系统执行生物中枢神经系统的各种复杂的信息处理功能。

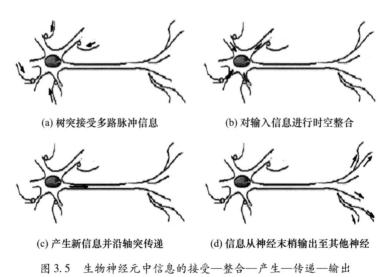

图 3.5 生物神经元中信息的接受—整合—产生—传递—输出

3.1.3 生物神经网络

由多个生物神经元以确定方式和拓扑结构相互连接即形成生物神经网络。

研究表明,生物神经网络系统是一种有层次的、多单元的动态信息处理系统,网络中各神经元之间连接的强弱,根据外部的激励信号作自适应变化,而每个神经元又随着接收到的多个激励信号的综合结果呈现出兴奋与抑制状态。大脑的学习过程就是神经元之间连接强度随外部激励信息作自适应变化的过程,大脑处理信息的结果由各神经元状态的整体效果确定。显然,生物神经网络的功能不是单个神经元信息处理功能的简单叠加。每个神经元都有许多突触与其他神经元连接,任何一个单独的突触连接都不能完全表现一项信息。只有当它们集合成总体时才能对刺激的特殊性质给出明确的答复。由于神经元之间突触连接方式和连接强度的不同并且具有可塑性,神经网络在宏观上呈现出千变万化的复杂的信息处理能力。

对照以人为基本单位的人类社会我们会发现,社会的网络连接与生物神经网络的网络连接有异曲同工之妙。人与人之间的联系强度不是固定不变的,而是随着各种刺激信息作自适应变化,从而使社会整体上呈现出一定时期的社会风气、社会思潮和社会现象。以微信为例,在这个巨大的信息传播网络中,每个人都如同一个具有信息处理能力的神经元,同时又与其他人(父子、母子、兄弟姐妹、同学、邻居、同事、上下级、师生、好友等)形成远近亲疏动态变化的连接关系,从而形成各自的朋友圈;十几亿个这样的朋友圈盘根错节、交叉互动,形成一个分布并行的动态信息传播巨网。

3.2 人工神经网络基础

3.2.1 人工神经元模型

根据前面对生物神经网络的介绍可知,神经元及其突触是神经网络的基本器件,因此,模拟生物神经网络应首先模拟生物神经元。在人工神经网络中,神经元常被称为"处理单元",或从网络的观点出发称为"节点"。人工神经元是对生物神经元的一种形式化描述,它对生物神经元的信息处理过程进行抽象,并用数学语言予以描述;对生物神经元的结构和功能进行模拟,并用模型图予以表达。

1)神经元的建模

心理学家 McCulloch 和数学家 W. Pitts 在分析总结神经元基本特性的基础上首先提出了 M-P 模型,该模型经过不断改进后,形成目前广泛应用的形式,即神经元模型,该模型可用图 3.6 示意表示。

由图 3.6(a)表明,人工神经元具有多输入、单输出(图中每个输入的大小用

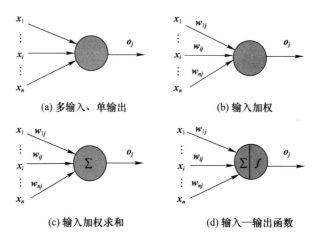

图 3.6 神经元模型示意图

确定数值 x_i 表示)。图 3.6(b) 中对神经元的每一个输入都有一个加权系数 w_{ij},称为权重值,其正负模拟了生物神经元中突触的兴奋和抑制,其大小则代表了突触的不同连接强度。图 3.6(c) 表示组合输入信号的"总和值",对应于生物神经元的膜电位。图 3.6(d) 表示神经元激活与否取决于某一阈值 T,输出与输入之间的对应关系可用某种激活函数(又称转移函数或变换函数)f 来表示,这种函数一般都是非线性的。

2) 神经元的数学模型

上述内容可用一个数学表达式进行抽象与概括。令 $x_i(t)$ 表示 t 时刻神经元 j 接收的来自神经元 i 的信息输入,$o_j(t)$ 表示 t 时刻神经元 j 的信息输出,则神经元 j 的状态可表达为

$$o_j(t) = f\left\{ \left[\sum_{i=1}^{n} w_{ij} x_i(t) \right] - T_j \right\} = f(\boldsymbol{W}_j^\mathrm{T} \boldsymbol{X}) \qquad (3.1)$$

式中:T_j 为神经元 j 的阈值;w_{ij} 为神经元 i 到 j 的突触连接系数或称权重值;$\boldsymbol{W}_j$ 和 $\boldsymbol{X}$ 均为列向量,定义为 $\boldsymbol{W}_j = (w_1 \ w_2 \cdots w_n)^\mathrm{T}$,$\boldsymbol{X} = (x_1 \ x_2 \cdots x_n)^\mathrm{T}$

3) 神经元的激活函数

采用不同激活函数的神经元,具有不同的信息处理特性。神经元的激活函数反映了神经元输出与其激活状态之间的关系,最常用的转移函数有三种形式:阈值型转移函数、Sigmoid 函数和概率型函数。

3.2.2 人工神经网络模型

神经网络常采用两种分类方式。

根据神经元之间连接方式,可将神经网络结构分为两大类:

① 层次型结构的神经网络将神经元按功能分成若干层,如输入层、中间层(也称为隐层)和输出层,各层顺序相连,如图3.7所示。输入层各神经元负责接收来自外界的输入信息,并传递给中间各隐层神经元;隐层是神经网络的内部信息处理层,负责信息变换,根据信息变换能力的需要,隐层可为设计一层或多层;最后一个隐层传递到输出层各神经元的信息经进一步处理后即完成一次信息处理,由输出层向外界(如执行机构或显示设备)输出信息处理结果。

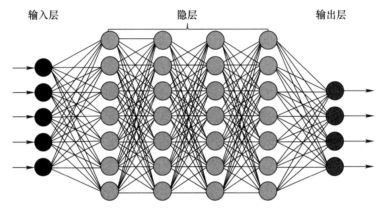

图3.7 层次型网络结构示意

② 互连型网络结构中任意两个节点之间都可能存在连接路径,其中全互连型网络中的每个节点均与所有其他节点连接,如图3.8所示。

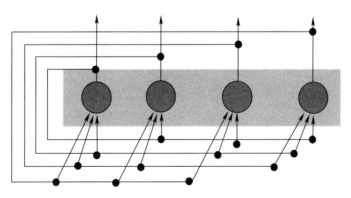

图3.8 全互连型网络结构示意

根据神经网络内部信息传递方向来分,可分为两种类型:

① 前馈型网络,单纯前馈型网络的结构特点与图3.7中所示的分层网络完全相同,前馈是因网络信息处理的方向是从输入层到各隐层再到输出层逐层进

行而得名。

②反馈型网络,单纯反馈型网络的结构特点与图3.9中的网络结构完全相同,称为反馈网络是指其信息流向的特点。

上面介绍的分类方法、结构形式和信息流向只是对目前常见的网络结构的概括和抽象。实际应用的神经网络可能同时兼有其中一种或几种形式。例如,从连接形式看,层次网络中可能出现局部的互连(图3.9);从信息流向看,前馈网络中可能出现局部反馈(图3.10)。

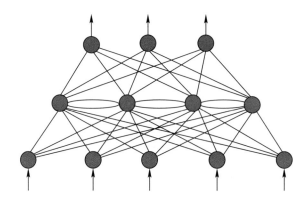

图3.9 层内有连接的层次型网络结构

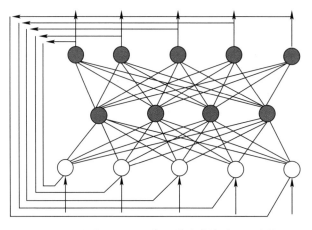

图3.10 输出—输入间有反馈的前馈型网络结构

3.2.3 人工神经网络的学习

1) 人工神经网络的学习

人类具有学习能力,人的知识和智慧是在不断的学习与实践中逐渐形成和发展起来的。关于学习,可定义为:"根据与环境的相互作用而发生的行为改变,其结果导致对外界刺激产生反应的新模式的建立。"

学习过程离不开训练,学习过程就是一种经过训练而使个体在行为上产生较为持久改变的过程。例如,游泳等体育技能的学习需要反复的训练才能提高,数学等理论知识的掌握需要通过大量的习题进行练习。一般来说,学习效果随着训练量的增加而提高,这就是学习的进步。

在大脑中,要建立功能性的神经元连接,突触的形成是关键。神经元之间的突触联系,其基本部分是先天就有的,但其他部分是由于学习过程中频繁地给予刺激而成长起来的。突触的形成、稳定与修饰均与刺激有关,随着外界给予的刺激性质不同,能形成和改变神经元间突触联系。

人工神经网络的功能特性由其连接的拓扑结构和突触连接强度,即连接权值决定。神经网络全体连接权值可用一个矩阵 W 表示,它的整体反映了神经网络对于所解决问题的知识存储。神经网络能够通过对样本的学习训练,不断改变网络的连接权值以及拓扑结构,以使网络的输出不断地接近期望的输出。这一过程称为神经网络的学习或训练,其本质是可变权值的动态调整。改变权值的规则称为学习规则或学习算法(也称训练规则或训练算法),在单个处理单元层次,无论采用哪种学习规则进行调整,其算法都十分简单。但当大量处理单元集体进行权值调整时,网络就呈现出"智能"特性,其中有意义的信息就分布地存储在调节后的权值矩阵中。

网络的运行一般分为训练和工作两个阶段。训练学习的目的是为了从训练数据中提取隐含的知识和规律,并存储于网络中供工作阶段使用。

2) 人工神经网络的学习算法

神经网络的学习算法很多,根据一种广泛采用的分类方法,可将神经网络的学习算法归纳为有导师学习、无导师学习和灌输式学习三类。

有导师学习也称为有监督学习,这种学习模式采用的是纠错规则。在学习训练过程中需要不断给网络成对提供一个输入模式和一个期望网络正确输出的模式,后者称为"教师信号"(在机器学习中称为"标签"或"标注")。将神经网络的实际输出同期望输出进行比较,当网络的输出与期望的教师信号不符时,根据差错的方向和大小按一定的规则调整权值,以使下一步网络的输出更接近期望结果。对于有导师学习,网络在能执行工作任务之前必须先经过学习,当网络对于各种给定的输入均能产生所期望的输出时,即认为网络已经在导师的训练下"学会"了训练数据集中包含的知识和规则,可以用来进行工作了。

无监督学习也称为无导师学习,学习过程中网络能根据特有的内部结构和学习规则,在输入信息流中发现可能存在的模式和规律,同时能根据网络的功能和输入信息调整权值,这个过程称为网络的自组织,其结果是使网络能对属于同一类的模式进行自动分类。

在有导师学习中,提供给神经网络学习的外部指导信息越多,神经网络学会并掌握的知识越多,解决问题的能力也就越强。但是,有时神经网络所解决的问题的先验信息很少,甚至没有,这种情况下无导师学习就显得更有实际意义。

灌输式学习是指将网络设计成能记忆特别的例子,以后当给定有关该例子的输入信息时,例子便被回忆起来。灌输式学习中网络的权值不是通过训练逐渐形成的,而是通过某种设计方法得到的。权值一旦设计好即一次性"灌输"给神经网络不再变动,因此网络对权值的"学习"是"死记硬背"式的,而不是训练式的。

可以认为,一个神经元是一个自适应单元,其权值可以根据它所接收的输入信号、它的输出信号以及对应的监督信号进行调整。日本著名神经网络学者Amari于1990年提出一种神经网络权值调整的通用学习规则,该规则的图解表示如图3.11所示。

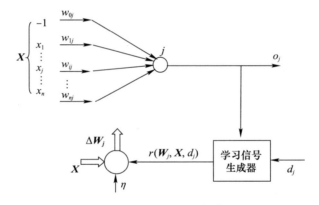

图 3.11　权值调整的图解表示

图中的神经元 j 是神经网络中的某个节点,其输入用向量 X 表示,该输入可以来自网络外部,也可以来自其他神经元的输出。第 i 个输入与神经元 j 的连接权值用 w_{ij} 表示,连接到神经元 j 的全部权值构成了权向量 W_j。应当注意的是,该神经元的阈值 $T_j = w_{0j}$,对应的输入分量 x_0 恒为 -1。图中,$r = r(W_j, X, d_j)$ 代表学习信号,该信号通常是 W_j 和 X 的函数,而在有导师学习时,它也是教师信号 d_j 的函数。通用学习规则可表达为:权向量 W_j 在 t 时刻的调整量 $\Delta W_j(t)$ 与 t 时刻的输入向量 $X(t)$ 和学习信号 r 的乘积成正比。用数学式表示为

$$\Delta W_j = \eta r[W_j(t), X(t), d_j(t)] X(t) \tag{3.2}$$

式中：η 为正数，称为学习常数，其值决定了学习速率。不同的学习规则对 $r(\boldsymbol{W}_j,\boldsymbol{X},d_j)$ 有不同的定义，从而形成各种各样的神经网络。表 3.1 对常用学习算法作一简要介绍。

表 3.1 常用学习规则一览表

学习规则	权值调整		权值初始化	学习方式	变换函数
	向量式	元素式			
Hebbian	$\Delta \boldsymbol{W}_j = \eta f(\boldsymbol{W}_j^T \boldsymbol{X})\boldsymbol{X}$	$\Delta w_{ij} = \eta f(\boldsymbol{W}_j^T \boldsymbol{X}) x_i$	0	无导师	任意
离散感知器	$\Delta \boldsymbol{W}_j = \eta [d_j - \mathrm{sgn}(\boldsymbol{W}_j^T \boldsymbol{X})]\boldsymbol{X}$	$\Delta w_{ij} = \eta [d_j - \mathrm{sgn}(\boldsymbol{W}_j^T \boldsymbol{X})] x_i$	任意	有导师	二进制
连续感知器 δ 规则	$\Delta \boldsymbol{W}_j = \eta (d_j - o_j) f(\mathrm{net}_j)\boldsymbol{X}$	$\Delta w_{ij} = \eta (d_j - o_j) f(\mathrm{net}_j) x_i$	任意	有导师	连续
最小均方 (LMS)	$\Delta \boldsymbol{W}_j = \eta (d_j - \boldsymbol{W}_j^T \boldsymbol{X})\boldsymbol{X}$	$\Delta w_{ij} = \eta (d_j - \boldsymbol{W}_j^T \boldsymbol{X}) x_i$	任意	有导师	任意
相关 (Correlation)	$\Delta \boldsymbol{W}_j = \eta d_j \boldsymbol{X}$	$\Delta w_{ij} = \eta d_j x_i$	0	有导师	任意
胜者为王 (Winner-take-all)	$\Delta \boldsymbol{W}_m = \eta (\boldsymbol{X} - \boldsymbol{W}_m)$	$\Delta W_m = \eta (x_i - w_{im})$	随机、归一化	无导师	连续
外星 (Outstar)	$\Delta \boldsymbol{W}_j = \eta (\boldsymbol{d} - \boldsymbol{W}_j)$	$\Delta w_{kj} = \eta (d_k - w_{kj})$	0	有导师	连续

3.2.4 人工神经网络的基本特点与类脑智能

人工神经网络是基于对人脑组织结构、活动机制的初步认识提出的一种新型信息处理体系。通过模仿脑神经系统的组织结构以及某些活动机理，人工神经网络可呈现出脑式信息处理的许多特征，并表现出人脑的一些基本功能。

1）神经网络的基本特点

下面从结构、性能和能力三个方面介绍神经网络的基本特点。

① 结构特点——信息处理的并行性、信息存储的分布性、信息处理单元的互连性、结构的可塑性。人工神经网络是由大量简单处理元件相互连接构成的高度并行的非线性系统，具有大规模并行性处理特征。虽然每个处理单元的功能十分简单，但大量简单处理单元的并行活动使网络呈现出丰富的功能并具有较快的速度。结构上的并行性使神经网络的信息存储必然采用分布式方式，即信息不是存储在网络的某个局部，而是分布在网络所有的连接权中。一个神经网络可存储多种信息，其中每个神经元的连接权中存储的是多种信息的一部分。

当需要获得已存储的知识时,神经网络在输入信息激励下采用"联想"的办法进行回忆,因而具有联想记忆功能。神经网络内在的并行性与分布性表现在其信息的存储与处理都是空间上分布、时间上并行的。

② 性能特点——高度的非线性、良好的容错性和计算的非精确性。神经元的广泛互联与并行工作必然使整个网络呈现出高度的非线性特点。而分布式存储的结构特点会使网络在两个方面表现出良好的容错性:一方面,由于信息的分布式存储,当网络中部分神经元损坏时不会对系统的整体性能造成影响,这一点正如人脑中每天都有神经细胞正常死亡而不会影响大脑的功能一样;另一方面,当输入模糊、残缺或变形的信息时,神经网络能通过联想恢复完整的记忆,从而实现对不完整输入信息的正确识别,这一特点就像人脑可以对不规范的手写字进行正确识别一样。神经网络能够处理连续的模拟信号以及不精确的、不完全的模糊信息,因此给出的是次优的逼近解而非精确解。

③ 能力特点——自学习、自组织与自适应性。自适应性是指一个系统能改变自身的性能以适应环境变化的能力,它是神经网络的一个重要特征。自适应性包含自学习与自组织两层含义。神经网络的自学习是指当外界环境发生变化时,经过一段时间的训练或感知,神经网络能通过自动调整网络结构参数,使得对于给定输入能产生期望的输出,训练是神经网络学习的途径,因此经常将学习与训练两个词混用。神经系统能在外部刺激下按一定规则调整神经元之间的突触连接,逐渐构建起神经网络,这一构建过程称为网络的自组织(或称重构)。神经网络的自组织能力与自适应性相关,自适应性是通过自组织实现的。

2) 神经网络的类脑智能

人工神经网络是借鉴生物神经网络而发展起来的新型智能信息处理系统,由于其结构上"仿造"了人脑的生物神经系统,因而其功能上也具有了某种智能特点。下面对神经网络的基本功能进行简要介绍。

(1) 联想记忆

由于神经网络具有分布存储信息和并行计算的性能,因此它具有对外界刺激信息和输入模式进行联想记忆的能力。这种能力是通过神经元之间的协同结构以及信息处理的集体行为实现的。神经网络是通过其突触权值和连接结构来表达信息的记忆,这种分布式存储使得神经网络能存储较多的复杂模式和恢复记忆的信息。神经网络通过预先存储信息和学习机制进行自适应训练,可以从不完整的信息和噪声干扰中恢复原始的完整信息,这一能力使其在图像复原、图像和语音处理、模式识别、分类等方面具有巨大的潜在应用价值。

联想记忆有两种基本形式:自联想记忆与异联想记忆。

具有自联想记忆的网络中预先存储(记忆)多种模式信息,当输入某个已存储模式的部分信息或带有噪声干扰的信息时,网络能通过动态联想过程回忆起该模式的全部信息。

具有异联想记忆的网络中预先存储了多个模式对,每一对模式均由两部分组成,当输入某个模式对的一部分时,即使输入信息是残缺的或叠加了噪声的,网络也能回忆起与其对应的另一部分。

(2) 非线性映射

在客观世界中,许多系统的输入与输出之间存在复杂的非线性关系,对于这类系统,往往很难用传统的数理方法建立其数学模型。设计合理的神经网络通过对系统输入、输出样本对进行自动学习,能够以任意精度逼近任意复杂的非线性映射。神经网络的这一优良性能使其可以作为多维非线性函数的通用数学模型。该模型的表达是非解析的,输入、输出数据之间的映射规则由神经网络在学习阶段自动抽取并分布式存储在网络的所有连接中。具有非线性映射功能的神经网络应用十分广泛,几乎涉及所有领域。

(3) 分类与识别

神经网络对外界输入样本具有很强的识别与分类能力。对输入样本的分类实际上是在样本空间找出符合分类要求的分割区域,每个区域内的样本属于一类。传统分类方法只适合解决同类相聚、异类分离的识别与分类问题。但客观世界中许多事物(例如,不同的图像、声音、文字等)在样本空间上的区域分割曲面是十分复杂的,相近的样本可能属于不同的类,而远离的样本可能同属一类。神经网络可以很好地解决对非线性曲面的逼近,因此比传统的分类器具有更好的分类与识别能力。

(4) 目标优化

目标优化是指在已知的约束条件下,寻找一组参数组合,使由该组合确定的目标函数达到最小值。某些类型的神经网络可以把待求解问题的可变参数设计为网络的状态,将目标函数设计为网络的能量函数。神经网络经过动态演变过程达到稳定状态时对应的能量函数最小,从而其稳定状态就是问题的最优解。这种目标优化过程不需要对目标函数求导,其结果是网络自动给出的。

(5) 知识处理

知识是人们从客观世界的大量信息以及自身的实践中总结归纳出来的经验、规则和判据。当知识能够用明确定义的概念和模型进行描述时,计算机进行知识处理具有极快的处理速度和很高的运算精度。而在很多情况下,知识常常无法用明确的概念和模型表达,或者概念的定义十分模糊,甚至解决问题的信息不完整、不全面,对于这类知识处理问题,神经网络获得知识的途径与人类似,也是从对象的输入、输出信息中抽取规律而获得关于对象的知识,并将知识分布在网络的连接中予以存储。一方面,神经网络的知识抽取能力使其能够在没有任何先验知识的情况下自动从输入数据中提取特征、发现规律,并通过自组织过程将自身构建成适合于表达所发现的规律;另一方面,人的先验知识可以大大提高神经网络的知识处理能力,两者相结合会使神经网络智能得到进一步提升。

3.3 常用神经网络模型、算法与功能

3.3.1 多层感知器网络

1) 感知器原理

1958年,美国心理学家Frank Rosenblatt提出一种称为感知器(perceptron)的单层神经网络。感知器模拟人的视觉接受环境信息,并由神经冲动进行信息传递。感知器研究中首次提出了自组织、自学习的思想,而且对所能解决的问题存在着收敛算法,并能从数学上严格证明,因而对神经网络的研究起了重要推动作用。

(1) 单层感知器模型

单层感知器是指只有一层处理单元的感知器,如果包括输入层在内,应为两层。其拓扑结构如图3.12所示。

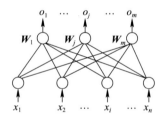

图3.12 单层感知器拓扑结构

图中输入层为感知层,有 n 个神经元节点,这些节点只负责引入外部信息,自身无信息处理能力,每个节点接收一个输入信号,n 个输入信号构成输入列向量 X。输出层为处理层,有 m 个神经元节点,每个节点均具有信息处理能力,m 个节点向外部输出处理信息,构成输出列向量 O。两层之间的连接权值用权值列向量 W_j 表示,m 个权向量构成单层感知器的权值矩阵 W。3个列向量分别表示为

$$X = (x_1, x_2, \cdots, x_i, \cdots, x_n)^T$$
$$O = (o_1, o_2, \cdots, o_i, \cdots, o_m)^T$$

$$W_j = (w_{1j}, w_{2j}, \cdots, w_{ij}, \cdots, w_{nj})^T, \quad j = 1, 2, \cdots, m$$

离散型单计算层感知器的转移函数一般采用符号函数。由神经元数学模型知，对于处理层中任一节点，其输出为

$$o_j = \text{sgn}\left(\sum_{i=0}^{n} w_{ij} x_i\right) = \text{sgn}(W_j^T X)$$

（2）单层感知器的功能

为便于直观分析，考虑单计算节点感知器的情况。不难看出，单计算节点感知器实际上就是一个 M-P 神经元模型，由于采用了符号转移函数，又称为符号单元。其输出为

$$o_j = \begin{cases} 1, & W_j^T X > 0 \\ -1, & W_j^T X < 0 \end{cases}$$

下面讨论单计算节点感知器的功能。设输入向量 $X = (x_1, x_2, \cdots, x_n)^T$，则 n 个输入分量在几何上构成一个 n 维空间。由方程

$$W_{1j} x_1 + w_{2j} x_2 + \cdots + w_{nj} - T_j = 0$$

可定义一个 n 维空间上的超平面。将不同的样本代入该方程，一些样本使其大于0，另一些样本则使其小于0，因此该超平面可以将输入样本分为两类。通过以上分析可以看出，一个最简单的单计算节点感知器具有分类功能。其分类原理是将分类知识存储于感知器的权向量（包含阈值）中，由权向量确定的分类判决界面将输入模式分为两类。

（3）感知器的局限性

如果两类样本可以用直线、平面或超平面分开，称为线性可分，否则为线性不可分。由感知器分类的几何意义可知，由于分类判决方程是线性方程，因而它只能解决线性可分问题而不可能解决线性不可分问题。由此可知，单计算层感知器的局限性是：仅对线性可分问题具有分类能力。

（4）多层感知器

单层感知器只能解决线性可分问题，而大量的分类问题是线性不可分的。克服单层感知器这一局限性的有效办法是，在输入层与输出层之间引入隐层作为输入模式的"内部表示"，将单层感知器变成多层感知器（multi-layer perceptron，MLP）。提高感知器分类能力的另一个途径是，采用非线性连续函数作为神经元节点的转移函数。

2）多层感知器的数学模型

多层感知器是典型的多层前馈网络，以图3.13所示的单隐层网络的应用最

为普遍。一般习惯将单隐层前馈网称为三层前馈网或三层感知器,所谓三层包括了输入层、隐层和输出层。

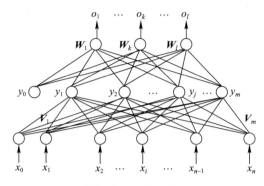

图 3.13　三层前馈网

三层前馈网中,输入向量为 $X=(x_1,x_2,\cdots,x_i,\cdots,x_n)^{\mathrm{T}}$,图中 $x_0=-1$ 是为隐层神经元引入阈值而设置的;隐层输出向量为 $Y=(y_1,y_2,\cdots,y_j,\cdots,y_m)^{\mathrm{T}}$,图中 $y_0=-1$ 是为输出层神经元引入阈值而设置的;输出层输出向量为 $O=(o_1,o_2,\cdots,o_k,\cdots,o_l)^{\mathrm{T}}$;期望输出向量为 $d=(d_1,d_2,\cdots,d_k,\cdots,d_l)^{\mathrm{T}}$。输入层到隐层之间的权值矩阵用 V 表示,$V=(V_1,V_2,\cdots,V_j,\cdots,V_m)$,其中列向量 V_j 为隐层第 j 个神经元对应的权向量;隐层到输出层之间的权值矩阵用 W 表示,$W=(W_1,W_2,\cdots,W_k,\cdots,W_l)$,其中列向量 W_k 为输出层第 k 个神经元对应的权向量。下面分析各层信号之间的数学关系。

对于输出层,有

$$o_k = f(\mathrm{net}_k), \quad k=1,2,\cdots,l \tag{3.3}$$

$$\mathrm{net}_k = \sum_{j=0}^{m} w_{jk} y_j, \quad k=1,2,\cdots,l \tag{3.4}$$

对于隐层,有

$$y_j = f(\mathrm{net}_j), \quad j=1,2,\cdots,m \tag{3.5}$$

$$\mathrm{net}_j = \sum_{i=0}^{n} v_{ij} x_i, \quad j=1,2,\cdots,m \tag{3.6}$$

式(3.3)和式(3.5)中,转移函数 $f(x)$ 均为单极性 Sigmoid 函数

$$f(x) = \frac{1}{1+\mathrm{e}^{-x}} \tag{3.7}$$

$f(x)$ 具有连续、可导的特点,且有

$$f'(x) = f(x)[1-f(x)] \tag{3.8}$$

根据应用需要,也可以采用双极性 Sigmoid 函数(或称双曲线正切函数)

$$f(x) = \frac{1-e^{-x}}{1+e^{-x}} \tag{3.9}$$

式(3.1)~式(3.5)共同构成了三层感知器的数学模型。

3) BP 学习算法

多层感知器的训练常采用误差反向传播算法。BP 算法的基本思想是,学习过程由信号的正向传播与误差的反向传播两个过程组成。正向传播时,输入样本从输入层传入,经各隐层逐层处理后,传向输出层。若输出层的实际输出与期望的输出(教师信号)不符,则转入误差的反向传播阶段。误差反传是将输出误差以某种形式通过隐层向输入层逐层反传,并将误差分摊给各层的所有单元,从而获得各层单元的误差信号,此误差信号即作为修正各单元权值的依据。这种信号正向传播与误差反向传播的各层权值调整过程,是周而复始地进行的。权值不断调整的过程,也就是网络的学习训练过程。此过程一直进行到网络输出的误差减少到可接受的程度,或进行到预先设定的学习次数为止。

下面以三层前馈网为例介绍 BP 学习算法,然后将结论推广到一般多层前馈网的情况。

当网络输出与期望输出不等时,存在输出误差 E,定义如下:

$$E = \frac{1}{2}(d-O)^2 = \frac{1}{2}\sum_{k=1}^{l}(d_k - o_k)^2 \tag{3.10}$$

将以上误差定义式展开至输入层,有

$$E = \frac{1}{2}\sum_{k=1}^{l}\left\{d_k - f\left[\sum_{j=0}^{m} w_{jk} f(\text{net}_j)\right]\right\}^2 = \frac{1}{2}\sum_{k=1}^{l}\left\{d_k - f\left[\sum_{j=0}^{m} w_{jk} f\left(\sum_{i=0}^{n} v_{ij} x_i\right)\right]\right\}^2 \tag{3.11}$$

由式(3.11)可以看出,网络输入误差是各层权值 w_{jk}、v_{ij} 的函数,因此调整权值可改变误差 E。

调整权值的原则显然是使误差不断地减小,因此应使权值的调整量与误差的梯度下降成正比,即

$$\Delta w_{jk} = -\eta \frac{\partial E}{\partial w_{jk}}, \quad j=0,1,2,\cdots,m; \quad k=1,2,\cdots,l \tag{3.12a}$$

$$\Delta v_{ij} = -\eta \frac{\partial E}{\partial v_{ij}}, \quad i=0,1,2,\cdots,n; \quad j=1,2,\cdots,m \tag{3.12b}$$

式中负号表示梯度下降,常数 $\eta \in (0,1)$ 表示比例系数,反映了训练速率。

经推导得到三层前馈网的 BP 学习算法权值调整计算公式为

$$\Delta w_{jk} = \eta \delta_k^o y_j = \eta (d_k - o_k) o_k (1 - o_k) y_j \qquad (3.13a)$$

$$\Delta v_{ij} = \eta \delta_j^y x_i = \eta \left(\sum_{k=1}^{l} (d_k - o_k) o_k (1 - o_k) w_{jk} \right) y_j (1 - y_j) x_i \qquad (3.13b)$$

3.3.2 动态反馈网络

反馈网络是指有一个或多个反馈环的神经网络。美国加州理工学院物理学家 J. J. Hopfield 教授于 1982 年提出一种单层反馈神经网络,后来人们将这种反馈网络称作 Hopfield 网。反馈网络有三类基本功能:联想记忆、优化、动态信号处理。离散型 Hopfield 网络(DHNN)具有联想记忆功能,连续型 Hopfield 网络(CHNN)具有优化功能,用于动态信号与系统处理的反馈网络常称为递归网络。

1) 离散型 Hopfield 网络

离散型 Hopfield 网络的拓扑结构如图 3.14 所示,这是一种单层全反馈网络,共有 n 个神经元。其特点是任一神经元的输出 x_j 均通过连接权 w_{ij} 反馈至所有神经元 x_j 作为输入。每个神经元均设有一个阈值 T_j,以反映对输入噪声的控制。

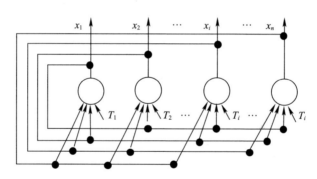

图 3.14 DHNN 网的拓扑结构

DHNN 网中的每个神经元都有相同的功能,其输出称为状态,用 x_j 表示,所有神经元状态的集合就构成反馈网络的状态 $X(t) = [x_1(t), x_2(t), \cdots, x_n(t)]^T$。网络状态初始值就是网络的输入,表示为 $X(0) = [x_1(0), x_2(0), \cdots, x_n(0)]^T$。反馈网络在外界输入激发下,从初始状态进入动态演变过程,其间网络中每个神经元的状态在不断变化,变化规律由下式规定

$$x_j = \operatorname{sgn}(\operatorname{net}_j) = \begin{cases} 1, & \operatorname{net}_j \geq 0 \\ -1, & \operatorname{net}_j < 0 \end{cases} \quad j = 1, 2, \cdots, n \qquad (3.14)$$

式中 net_j 为净输入

$$\text{net}_j = \sum_{i=1}^{n}(w_{ij}x_i - T_j) \quad j=1,2,\cdots,n \quad (3.15)$$

对于 DHNN 网，一般有 $w_{ii}=0, w_{ij}=w_{ji}$。

反馈网络稳定时每个神经元的状态都不再改变，此时的稳定状态就是网络的输出，表示为

$$\lim_{t\to\infty} X(t)$$

(1) 网络的工作方式

网络的异步工作方式是一种串行方式。网络运行时每次只有一个神经元 i 按下式进行状态的调整计算，其他神经元的状态均保持不变，即

$$x_j(t+1) = \begin{cases} \text{sgn}[\text{net}_j(t)], & j=i \\ x_j(t), & j\neq i \end{cases} \quad (3.16)$$

网络的同步工作方式是一种并行方式，所有神经元同时调整状态，即

$$x_j(t+1) = \text{sgn}[\text{net}_j(t)], \quad j=1,2,\cdots,n \quad (3.17)$$

(2) 网络的稳定性与吸引子

反馈网络能存储若干个预先设置的稳定点(状态)的网络。在网络结构满足一定条件的前提下，经若干次循环之后，网络最终将会稳定在某一预先设定的稳定点。设 $X(0)$ 为网络的初始激活向量，它仅在初始瞬间 $t=0$ 时作用于网络，起原始推动作用。$X(0)$ 移去之后，网络处于自激状态，即由反馈回来的向量 $X(1)$ 作为下一次的输入取而代之。

由网络工作状态的分析可知，DHNN 网实质上是一个离散的非线性动力学系统。网络从初态 $X(0)$ 开始，若能经有限次递归后，其状态不再发生变化，则称该网络是稳定的。如果网络是稳定的，它可以从任一初态收敛到一个稳态。利用 Hopfield 网的稳态，可实现联想记忆功能。Hopfield 网在拓扑结构及权矩阵均一定的情况下，能存储若干个预先设置的稳定状态；而网络运行后达到哪个稳定状态将与其初始状态有关。初态可视为记忆模式的部分信息，网络演变的过程可视为从部分信息回忆起全部信息的过程，从而实现联想记忆功能。

网络达到稳定时的状态 X 称为网络的吸引子。一个动力学系统的最终行为是由它的吸引子决定的，吸引子的存在为信息的分布存储记忆和神经优化计算提供了基础。如果把吸引子视为问题的解，那么从初态朝吸引子演变的过程便是求解计算的过程。若把需记忆的样本信息存储于网络不同的吸引子，当输入含有部分记忆信息的样本时，网络的演变过程便是从部分信息寻找全部信息，即联想回忆的过程。

定义 3.1 若网络的状态 X 满足 $X = f(WX - T)$,则称 X 为网络的吸引子。

定理 3.1 对于 DHNN 网,若按异步方式调整网络状态,且连接权矩阵 W 为对称阵,则对于任意初态,网络都最终收敛到一个吸引子。

定理 3.2 对于 DHNN 网,若按同步方式调整状态,且连接权矩阵 W 为非负定对称阵,则对于任意初态,网络都最终收敛到一个吸引子。

(3) 网络的权值设计。

通用的权值设计方法是采用外积和法。设给定 P 个模式样本 $X_p, p = 1, 2, \cdots, P, x \in \{-1, 1\}^n$,并设样本两两正交,且 $n > P$,则权值矩阵为记忆样本的外积和

$$W = \sum_{p=1}^{P} X^p (X^p)^T \tag{3.18}$$

若取 $w_{ii} = 0$,式(3.18)应写为

$$W = \sum_{p=1}^{P} \left[X^p (X^p)^T - I \right] \tag{3.19}$$

式中:I 为单位矩阵。式(3.19)写成分量元素形式,有

$$w_{ij} = \begin{cases} \sum_{p=1}^{P} x_i^p x_j^p, & i \neq j \\ 0, & i = j \end{cases} \tag{3.20}$$

按以上外积和规则设计的 W 阵必然满足对称性要求。

需要指出的是,有些非给定样本也是网络的吸引子,它们并不是网络设计所要求的解,这种吸引子称为伪吸引子。

2) 连续型 Hopfield 网络

连续型 Hopfield 网络中的所有神经元都同步工作,各输入、输出量均是随时间连续变化的模拟量,这就使得 CHNN 比 DHNN 在信息处理的并行性、实时性等方面更接近于实际生物神经网络的工作机理。CHNN 可以用常系数微分方程来描述,但用模拟电子线路来描述,则更为形象直观,易于理解也便于实现。

(1) CHNN 的拓扑结构

图 3.15 给出了基于模拟电子线路的 CHNN 的拓扑结构,可以看出 CHNN 模型可与电子线路直接对应,每一个神经元可以用一个运算放大器来模拟,神经元的输入与输出分别用运算放大器的输入电压 u_j 和输出电压 v_j 表示,$j = 1, 2, \cdots, n$,而连接权 w_{ij} 用输入端的电导表示,其作用是把第 i 个神经元的输出反馈到第 j 个神经元作为输入之一。每个运算放大器均有一个正相输出和一个反相输出。与正相输出相连的电导表示兴奋性突触,而与反相输出相连的电导表示

抑制性突触。另外,每个神经元还有一个用于设置激活电平的外界输入偏置电流 I_j,其作用相当于阈值。

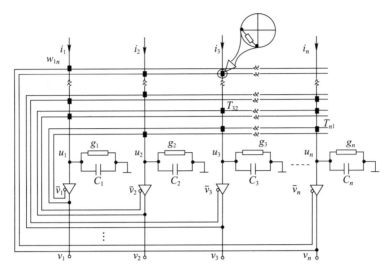

图 3.15 CHNN 的拓扑结构

C_j 和 $1/g_j$ 分别为运放的等效输入电容和电阻,用来模拟生物神经元的输出时间常数。根据基尔霍夫定律可写出以下方程

$$c_j \frac{\mathrm{d}u_j}{\mathrm{d}t} + g_j u_j = \sum_{i=1}^{n}(w_{ij}v_i - u_j) + I_j$$

对上式移项合并,并令 $\sum_{i=1}^{n} w_{ij} + g_j = \frac{1}{R_j}$,则有

$$c_j \frac{\mathrm{d}u_j}{\mathrm{d}t} = \sum_{i=1}^{n} w_{ij} v_i - \frac{u_j}{R_j} + I_j \tag{3.21}$$

CHNN 中的转移函数为 S 型函数

$$v_j = f(u_j) \tag{3.22}$$

利用其饱和特性可限制神经元状态 v_j 的增长范围,从而使网络状态能在一定范围内连续变化。联立式(3.21)、式(3.22)可描述 CHNN 网的动态过程。

(2) 能量函数与稳定性分析

定义 CHNN 的能量函数为

$$E = -\frac{1}{2}\sum_{j=1}^{n}\sum_{i=1}^{n} w_{ij} v_i v_j - \sum_{j=1}^{n} v_j I_j + \sum_{j=1}^{n} \frac{1}{R_j}\int_{0}^{v_j} f^{-1}(v)\mathrm{d}v \tag{3.23}$$

写成向量式为

$$E = -\frac{1}{2} \boldsymbol{V}^\mathrm{T} \boldsymbol{W} \boldsymbol{V} - \boldsymbol{I}^\mathrm{T} \boldsymbol{V} + \sum_{j=1}^{n} \frac{1}{R_j} \int_0^{v_j} f^{-1}(v) \mathrm{d}v \qquad (3.24)$$

式中：f^{-1} 为神经元转移函数的反函数。对于式(3.23)所定义的能量函数，存在以下定理。

定理 3.3 若神经元的转移函数 f 存在反函数 f^{-1}，且 f^{-1} 是单调连续递增的，同时网络权值对称，即 $w_{ij}=w_{ji}$，则由任意初态开始，CHNN 网络的能量函数总是单调递减的，即 $\frac{\mathrm{d}E}{\mathrm{d}t} \leq 0$。当且仅当 $\frac{\mathrm{d}v_j}{\mathrm{d}t}=0$ 时，有 $\frac{\mathrm{d}E}{\mathrm{d}t}=0$，因而网络最终能够达到稳态。

当图 3.16 中的运算放大器接近理想运放，式(3.23)中的积分项可以忽略不计，网络的能量函数可写为

$$E = -\frac{1}{2} \sum_{j=1}^{n} \sum_{i=1}^{n} w_{ij} v_i v_j - \sum_{j=1}^{n} v_j I_j \qquad (3.25)$$

由定理 3.3 可知，随着状态的演变，网络的能量总是降低的。只有当网络中所有节点的状态不再改变时，能量才不再变化，此时到达能量的某一局部极小点或全局最小点，该能量点对应着网络的某一个稳定状态。

Hopfield 网用于联想记忆时，正是利用了这些局部极小点来记忆样本，网络的存储容量越大，说明网络的局部极小点越多。然而在优化问题中，局部极小点越多，网络就越不容易达到最优解而只能达到较优解。

3）递归网络神经网络

用于动态信号处理的递归网络依时序响应外部的输入信号，在输入–输出非线性映射方面比静态映射网络有着更大的应用范围，在非线性动态系统建模与预测、通信信道自适应平衡、语音处理、设备控制、故障诊断等方面得到广泛应用。递归网络的结构布局有多种形式，但共同特点是结合一个静态多层感知器并利用多层感知器的非线性映射能力。

递归网络的反馈可以是局部的或全局的，给定多层感知器作为基本模块，反馈可以有不同的形式，例如，从多层感知器的输出层反馈到输入层，或从隐层反馈到输入层。当感知器有多个隐层时，反馈的可能形式将更为丰富，下面简要介绍三种递归网络常用模型。

（1）输入、输出递归网络通用模型

图 3.16 给出一种在静态多层感知器基础上加入延时单元的通用递归网络模型。其中，外部单输入信号和网络的单输出信号都通过延迟单元展成空间表

示后再送给多层感知器作为输入。

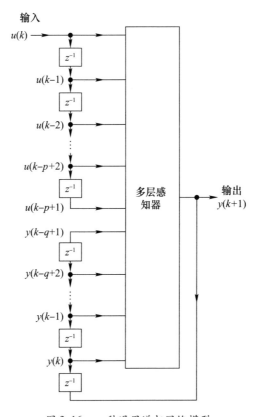

图3.16 一种通用递归网络模型

图 3.16 中的递归网络模型也可以称为有外部输入的非线性自回归模型(nonlinear autoregressive with exogenous inputs model,NARX)。网络的输入层接受两类信号,根据到控制系统中的习惯,来自网络外部的输入表示为 $u(k),u(k-1),\cdots,u(k-p+1)$,来自网络输出的反馈信号表示为 $y(k),y(k-1),\cdots y(k-q+1)$,网络作为非线性系统的动态描述为

$$y(k+1) = F(y(k),\cdots y(k-q+1),x(k),\cdots x(k-p+1)) \quad (3.26)$$

(2) Elman 网络模型

J. L. Elman 于 1990 年提出一种简单的递归网络模型,如图 3.17 所示。该网络输入层接受两种信号:一种是外加输入 $U(k)$;另一种是来自隐层的反馈信号 $X^c(k)$(相当于系统中的状态变量),将接受反馈的节点称为联系单元(context unit),$X^c(k)$ 表示联系单元在时刻 k 的输出;隐层输出为 $X(k+1)$,输出层输出为 $Y(k+1)$。当输出节点采用线性转移函数时,有以下方程

隐单元： $X(k+1)=F(X^c(k),U(k))$

联系单元： $X^c(k)=X(k-1)$

输出单元： $Y(k+1)=WX(k+1)$

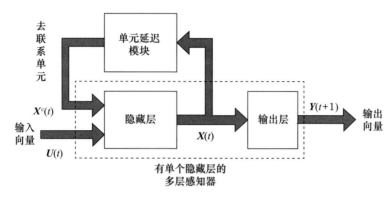

图 3.17 Elman 的递归网络模型

(3) 递归多层感知器模型

递归多层感知器(recurrent multilayer perceptron,RMLP)模型如图 3.18 所示。该模型有一个或多个隐层,每一个计算层均对其邻近层有一个反馈。

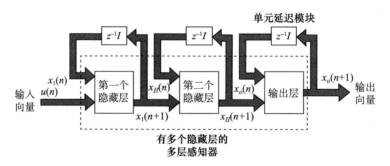

图 3.18 递归多层感知器模型

第一个隐层的输出用向量 $X_I(k)$ 表示,第二个隐层的输出用向量 $X_{II}(k)$ 表示,依此类推。输出层的输出用向量 $X_o(k)$ 表示。RMLP 对输入的动态响应可用下列联立方程组描述

$$X_I(k+1)=F_I(X_I(k),U(k))$$
$$X_{II}(k+1)=F_{II}(X_{II}(k),X_I(k))$$
$$\vdots$$
$$X_o(k+1)=F_o(X_o(k),X_K(k))$$

式中:$F_{\mathrm{I}}(\cdot,\cdot),F_{\mathrm{II}}(\cdot,\cdot),\cdots,F_{\mathrm{o}}(\cdot,\cdot)$分别为各隐层和输出层节点的转移函数;$K$为隐层数。

从以上介绍可知,针对动态系统的递归网络是在多层感知器基础上增加延时和反馈单元而形成的,其学习算法有以下两种方式:

① 分时段(epochwise)训练。在不同的时段内,待模拟的系统可以从许多不同的初始状态出发并达到不同的稳态,因此每一个"时段"对应于普通多层感知器的一个训练模式。在某一给定时段内,递归网络的训练从一个初始状态出发到达一个新的状态后停止,然后对于下一个时段训练又从一个新的初始状态出发。分时段训练适合于对动态系统的有限状态的模拟,用于离线训练的场合。

② 连续训练。对于需要在线学习的情况或无法区分时段的情况,网络学习和信号处理必须同时进行,学习过程永不停止。例如,采用递归网络对语音信号建模。

3.3.3 自组织特征映射网络

自组织神经网络的无监督学习方式更类似于人类大脑中生物神经网络的学习,其最重要的特点是通过自动寻找样本中的内在规律和本质属性,自组织、自适应地改变网络参数与结构。这种学习方式大大拓宽了神经网络在模式识别与分类方面的应用。

自组织网络结构上属于层次型网络,有多种类型,其共同特点是都具有竞争层。最简单的网络结构具有一个输入层和一个竞争层。输入层负责接受外界信息并将输入模式向竞争层传递,起"观察"作用,竞争层负责对该模式进行"分析比较",找出规律以正确归类。这种功能是通过竞争机制实现的。

1) 竞争学习的概念

(1) 基本概念:分类、聚类与相似性

分类是在类别标签的指导下,将待识别的输入样本分配到各自的模式类中去。无标签样本的分类称为聚类,聚类的目的是将相似的样本划归一类,而将不相似的分离开,其结果实现了模式样本的类内相似性和类间分离性。由于无导师学习的训练样本中不含有期望输出,因此对于某一输入模式样本应属于哪一类并没有任何先验知识。对于一组输入模式,只能根据它们之间的相似程度分为若干类,因此相似性是输入模式的聚类依据。

(2) 相似性测量

神经网络的输入模式用向量表示,比较不同模式的相似性可转化为比较两个向量的距离,因而可用模式向量间的距离作为聚类判据。

为了描述两个输入模式的相似性,常用的方法是计算其欧式距离,即

$$\|X - X_i\| = \sqrt{(X - X_i)^T (X - X_i)} \qquad (3.27)$$

两个模式向量的欧式距离越小,两个向量越接近,因此认为这两个模式越相似,当两个模式完全相同时其欧式距离为零。

描述两个模式向量的另一个常用方法是计算其夹角的余弦,即

$$\cos\psi = \frac{X^T X_i}{\|X\| \|X_i\|} \qquad (3.28)$$

两个模式向量越接近,其夹角越小,余弦越大。当两个模式向量方向完全相同时,其夹角余弦为1。余弦法适合模式向量长度相同或模式特征只与向量方向相关的相似性测量。

(3) 侧抑制与竞争

实验表明,在人眼的视网膜、脊髓和海马中存在一种侧抑制现象,即当一个神经细胞兴奋后,会对其周围的神经细胞产生抑制作用。这种侧抑制使神经细胞之间呈现出竞争,开始时可能多个细胞同时兴奋,但一个兴奋程度最强的神经细胞对周围神经细胞的抑制作用也越强,其结果使其周围神经细胞兴奋度减弱,从而该神经细胞是这次竞争的"胜者",而其他神经细胞在竞争中失败。

(4) 向量归一化

不同的向量有长短和方向的区别,向量归一化的目的是将向量变成方向不变长度为1的单位向量。二维和三维单位向量可以在单位圆和单位球上直观表示。单位向量进行比较时,只需比较向量的夹角。向量归一化按下式进行

$$\hat{X} = \frac{X}{\|X\|} = \left(\frac{x_1}{\sqrt{\sum_{j=1}^{n} x_j^2}} \quad \cdots \quad \frac{x_n}{\sqrt{\sum_{j=1}^{n} x_j^2}} \right)^T \qquad (3.29)$$

式中归一化后的向量用^标记。

2) 自组织特征映射网

1981年芬兰Helsink大学的T. Kohonen教授提出一种自组织特征映射网(self-organizing feature map, SOFM),又称Kohonen网。Kohonen认为,一个神经网络接受外界输入模式时,将会分为不同的对应区域,各区域对输入模式具有不同的响应特征,而且这个过程是自动完成的。自组织特征映射正是根据这一看法提出来的,其特点与人脑的自组织特性相类似。

(1) SOFM网络原理

SOFM网共有两层,输入层神经元数与样本维数相等,输出层为竞争层,神经元的排列有一维线阵、二维平面阵和三维栅格阵等多种形式。

输出层按一维阵列组织的SOFM网是最简单的自组织神经网络,其结构如

图 3.19(a)所示,输出层只标出相邻神经元间的侧向连接。输出按二维平面组织是 SOFM 网最典型的组织方式,输出层的每个神经元同周围的神经元侧向连接,排列成棋盘状平面,结构如图 3.19(b)所示。

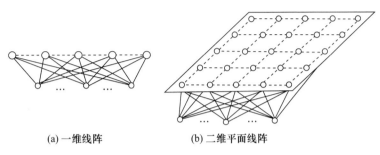

(a) 一维线阵　　　　(b) 二维平面线阵

图 3.19　SOFM 网的输出阵列

SOFM 网的运行分训练和工作两个阶段。训练阶段,对网络随机输入训练集中的样本,输出层将有某个神经元产生最大响应而获胜。获胜神经元周围的神经元因侧向相互兴奋作用也产生较大响应,于是将获胜神经元及其邻域内的所有神经元所连接的权向量均向输入向量方向作不同的程度调整,调整力度依邻域内各神经元距获胜神经元的远近而逐渐衰减。网络通过自组织方式,用大量训练样本调整网络的权值,最后使输出层各神经元对应的权向量成为各输入模式类的中心向量,而且可在输出层形成反映样本模式类分布的特征图。

SOFM 网训练结束后,输出层各神经元与各输入模式类的特定关系就完全确定了,因此可用作模式分类器。当输入一个模式时,网络输出层代表该模式类的特定神经元将产生最大响应,从而将该输入自动归类。

(2) Kohonen 学习算法

对应于上述运行原理的学习算法称为 Kohonen 算法,按以下步骤进行:

① 初始化。对输出层各权向量赋小随机数并进行归一化处理,得到 $\hat{W}_j, j = 1, 2, \cdots, m$;建立初始优胜邻域 $N_{j^*}(0)$;学习率 η 赋初始值。

② 接受输入。从训练集中随机选取一个输入模式 X^p 并进行归一化处理,得到 $\hat{X}^p, p \in \{1, 2, \cdots, P\}$。

③ 寻找获胜神经元。计算 $\hat{X}^p$ 与 $\hat{W}_j$ 的点积,$j = 1, 2, \cdots, m$,点积最大的为获胜神经元 j^*;如果输入模式未经归一化,则 $\hat{X}^p$ 与 $\hat{W}_j$ 的欧式距离最小的为获胜神经元。

④ 定义权值调整域 $N_{j^*}(t)$。以 j^* 为中心确定 t 时刻的权值调整域,一般初始邻域 $N_{j^*}(0)$ 较大,训练过程中 $N_{j^*}(t)$ 随训练时间逐渐收缩。

⑤ 调整权值。对调整域 $N_{j^*}(t)$ 内的所有神经元调整权值:

$$w_{ij}(t+1) = w_{ij}(t) + \eta(t,N)[x_i^p - w_{ij}(t)], \quad i=1,2,\cdots,n; j \in N_{j*}(t)$$
(3.30)

式中：$\eta(t,N)$ 为训练时间 t 和邻域内第 j 个神经元与获胜神经元 j^* 之间的拓扑距离 N 的函数，该函数一般有以下规律：

$$t \uparrow \rightarrow \eta \downarrow, N \uparrow \rightarrow \eta \downarrow$$

很多函数都能满足以上规律，例如可构造如下函数：

$$\eta(t,N) = \eta(t)e^{-N}$$
(3.31)

式中：$\eta(t)$ 可采用 t 的单调下降函数。

⑥ 结束检查。SOFM 网的训练何时结束是以学习率是否衰减到零或某个预定的正小数为条件，不满足结束条件则回到步骤②。

（3）SOFM 网络的功能特点

特点之一是保序映射，即能将输入空间的样本模式类有序地映射在输出层上。

特点之二是数据压缩，数据压缩是指将高维空间的样本在保持拓扑结构不变的条件下映射到低维空间。在这方面，SOFM 网具有明显的优势。无论输入样本空间是多少维的，其模式样本都可以在 SOFM 网输出层的某个区域得到响应。SOFM 网经过训练后，在高维空间相近的输入样本，其输出层响应神经元的位置也接近。因此对于任意 n 维输入空间的样本，均可通过映射到 SOFM 网的一维或二维输出层上完成数据压缩。

特点之三是特征抽取，从特征抽取的角度看高维空间样本向低维空间的映射，SOFM 网的输出层相当于低维特征空间。在高维模式空间，很多模式的分布具有复杂的结构，从数据观察很难发现其内在规律。当通过 SOFM 网映射到低维输出空间后，其规律往往一目了然，因此这种映射就是一种特征抽取。高维空间的向量经过特征抽取后可以在低维特征空间更加清晰地表达，因此映射的意义不仅是单纯的数据压缩，更是一种规律发现。

3）SOFM 网的设计基础

SOFM 网输入层的设计与 BP 网相似，而输出层的设计以及网络参数的设计比 BP 网复杂得多，是网络设计的重点。

（1）输出层设计

输出层的设计涉及两个问题，一个是神经元数的设计；另一个是神经元排列的设计。神经元数与训练集样本有多少模式类有关。如果神经元数少于模式类数，则不足以区分全部模式类，训练的结果势必将相近的模式类合并为一类。这种情况相当于对输入样本进行"粗分"。如果神经元数多于模式类数，一种可能是将类别分得过细,而另一种可能是出现"死神经元",即在训练过程中,某个神经元从未获胜过且远离其他获胜神经元,因此他们的权向量从未得到过调整。在解决分类问题时,如果对类别数没有确切信息,宁可先设置较多的输出神经元,以便较好地映射样本的拓扑结构,如果分类过细再酌情减少输出神经元。"死神经元"问题一般可通过重新初始化权值得到解决。

输出层的神经元排列成哪种形式取决于实际应用的需要,排列形式应尽量直观反映出实际问题的物理意义。例如,对于旅行路径类的问题,二维平面比较直观;对于一般的分类问题,一个输出神经元就能代表一个模式类,用一维线阵意义明确且结构简单;而对于机器人手臂控制问题,按三维栅格排列的输出神经元更能反映出手臂运动轨迹的空间特征。

（2）权值初始化问题

SOFM 网的权值一般初始化为较小的随机数,这样做的目的是使权向量充分分散在样本空间。但在某些应用中,样本整体上相对集中于高维空间的某个局部区域,权向量的初始位置却随机地分散于样本空间的广阔区域,训练时必然是离整个样本群最近的权向量被不断调整,并逐渐进入全体样本的中心位置,而其他权向量因初始位置远离样本群而永远得不到调整,如此训练的结果可能使全部样本聚为一类。解决这类问题的思路是尽量使权值的初始位置与输入样本的大致分布区域充分重合。当初始权向量与输入模式向量整体上呈混杂状态时,会大大提高训练速度。

根据上述思路,一种简单易行的方法是从训练集中随机抽出 m 个输入样本作为初始权值,即

$$W_j(0) = X^{K_{\text{ram}}}, \quad j = 1, 2, \cdots, m \tag{3.32}$$

式中:K_{ram} 为输入样本的顺序随机数,$K_{\text{ram}} \in \{1, 2, \cdots, P\}$。因为任何 $X^{K_{\text{ram}}}$ 一定是输入空间某个模式类的成员,各个权向量按式(3.32)初始化后从训练一开始就分别接近了输入空间的各模式类,占据了十分有利的"地形"。另一种可行的办法是先计算出全体样本的中心向量

$$\bar{X} = \frac{1}{P} \sum_{p=1}^{P} X^p \tag{3.33}$$

在该中心向量基础上叠加小随机数作为权向量初始值,也可将权向量的初始位置确定在样本群中。

（3）优胜邻域 $N_{j*}(t)$ 的设计

优胜邻域 $N_{j*}(t)$ 的设计原则是使邻域不断缩小,这样输出平面上相邻神经元对应的权向量之间既有区别又有相当的相似性,从而保证当获胜神经元对某

一类模式产生最大响应时,其邻近神经元也能产生较大响应。邻域的形状可以是正方形、六边形或圆形。

优胜邻域的大小用邻域半径 $r(t)$ 表示,$r(t)$ 的设计目前还没有一般化的数学方法,通常凭借经验选择。下面给出两种计算式:

$$r(t) = C_1\left(1 - \frac{t}{t_m}\right) \tag{3.34}$$

$$r(t) = C_1 \exp(-B_1 t/t_m) \tag{3.35}$$

式中:C_1 为与输出层神经元数 m 有关的正常数;B_1 为大于 1 的常数;t_m 为预先选定的最大训练次数。

为使网络训练更充分,可设定收缩时间间隔 T_1 和 ΔT_1。网络每训练 T_1 轮,令优胜邻域 $N_{j^*}(t)$ 收缩 1 圈(即以获胜神经元为中心,上下左右各收缩一个神经元),然后令 $T_1 \leftarrow T_1 + \Delta T_1$ 以延长收缩间隔时间。

(4) 学习率 $\eta(t)$ 的设计

$\eta(t)$ 是网络在时刻 t 的学习率,在训练开始时 $\eta(t)$ 可以取值较大,之后以较快的速度下降,这样有利于很快捕捉到输入向量的大致结构。然后 $\eta(t)$ 又在较小的值上缓降至趋于 0 值,这样可以精细地调整权值使之符合输入空间的样本分布结构,按此规律变化的表达式如下:

$$\eta(t) = C_2 \exp(-B_2 t/t_m) \tag{3.36}$$

式中:C_2 为 0~1 之间的常数;B_2 为大于 1 的常数。

还有一种 $\eta(t)$ 随训练时间线性下降至 0 值的规律

$$\eta(t) = C_2\left(1 - \frac{t}{t_m}\right) \tag{3.37}$$

3.3.4 径向基函数网络

径向基函数(radical basis function,RBF)神经网络是常用的前馈网络之一。从函数逼近的角度看,RBF 网络是局部逼近网络,而多层感知器(包括 BP 网络)是全局逼近网络,造成两种网络不同的原因在于网络中隐层单元对输入量的处理方式不同,多层感知器使用内积,而 RBF 网络采用距离。全局逼近网络中的一个或多个可调参数(权值和阈值)对任何一个输出都有影响,对于每个输入、输出数据对,网络的每一个连接权均需进行调整,从而导致学习速度很慢,对于有实时性要求的应用来说常常是不可容忍的;局部逼近网络对输入空间的某个局部区域只有少数几个连接权影响网络的输出,对于每个输入、输出数据对,只有少量的连接权需要进行调整,从而使它具有学习速度快的优点,这一点对于有实时性要求的应用来说至关重要。

1) 基于径向基函数技术的函数逼近与内插

理解 RBF 网络的工作原理可从两种不同的观点出发:①当用 RBF 网络解决非线性映射问题时,用函数逼近与内插的观点来解释,对于其中存在的不适定(ill posed)问题,可用正则化理论来解决;②当用 RBF 网络解决复杂的模式分类任务时,用模式可分性观点来理解比较方便,其潜在合理性基于 Cover 关于模式可分的定理。下面阐述基于函数逼近与内插观点的工作原理。

1963 年,Davis 提出高维空间的多变量插值理论。径向基函数技术则是 20 世纪 80 年代后期,Powell 在解决"多变量有限点严格(精确)插值问题"时引入的,目前径向基函数已成为数值分析研究中的一个重要领域。

考虑一个由 N 维输入空间到一维输出空间的映射。设 N 维空间有 P 个输入向量 $X^p, p=1,2,\cdots,P$,它们在输出空间相应的目标值为 $d^p, p=1,2,\cdots,P$,P 对输入—输出样本构成了训练样本集。插值的目的是寻找一个非线性映射函数 $F(X)$,使其满足下述插值条件:

$$F(X^p) = d^p, \quad p=1,2,\cdots,P \tag{3.38}$$

式中:函数 F 描述了一个插值曲面。所谓严格插值或精确插值是一种完全内插,即该插值曲面必须通过所有训练数据点。

采用径向基函数技术解决插值问题的方法是,选择 P 个基函数,每一个基函数对应一个训练数据,各基函数的形式为

$$\phi(\|X - X^p\|), \quad p=1,2,\cdots,P \tag{3.39}$$

式中:基函数 φ 为非线性函数;训练数据点 X^p 是 φ 的中心。基函数以输入空间的点 X 与中心 X^p 的距离作为函数的自变量。由于距离是径向同性的,故函数 φ 被称为径向基函数。基于径向基函数技术的插值函数定义为基函数的线性组合

$$F(X) = \sum_{p=1}^{P} w_p \phi(\|X - X^p\|) \tag{3.40}$$

将式(3.39)的插值条件代入式(3.40),得到 P 个关于未知系数 $w^p, p=1,2,\cdots,P$ 的线性方程组

$$\begin{cases} \sum_{p=1}^{P} w^p \phi(\|X^1 - X^p\|) = d^1 \\ \sum_{p=1}^{P} w^p \phi(\|X^2 - X^p\|) = d^2 \\ \quad\quad\vdots \\ \sum_{p=1}^{P} w^p \phi(\|X^P - X^p\|) = d^P \end{cases} \tag{3.41}$$

令 $\phi_{ip} = \phi(\|X^i - X^p\|), i=1,2,\cdots,P; p=1,2,\cdots,P$，则上述方程组可改写为

$$\begin{bmatrix} \varphi_{11} & \varphi_{12} & \cdots & \varphi_{1P} \\ \varphi_{21} & \varphi_{22} & \cdots & \varphi_{2P} \\ \vdots & \vdots & & \vdots \\ \varphi_{P1} & \varphi_{P2} & \cdots & \varphi_{PP} \end{bmatrix} \begin{bmatrix} w_1 \\ w_2 \\ \vdots \\ w_p \end{bmatrix} = \begin{bmatrix} d^1 \\ d^2 \\ \vdots \\ d^p \end{bmatrix} \tag{3.42}$$

令 $\boldsymbol{\Phi}$ 表示元素为 φ_{ip} 的 $P \times P$ 阶矩阵，$\boldsymbol{W}$ 和 $\boldsymbol{d}$ 分别表示系数向量和期望输出向量，式(3.42)还可写成下面的向量形式

$$\boldsymbol{\Phi W} = \boldsymbol{d} \tag{3.43}$$

式中：$\boldsymbol{\Phi}$ 为插值矩阵。若 $\boldsymbol{\Phi}$ 为可逆矩阵，就可以从式(3.43)中解出系数向量 $\boldsymbol{W}$，即

$$\boldsymbol{W} = \boldsymbol{\Phi}^{-1}\boldsymbol{d} \tag{3.44}$$

Micchelli 定理给出了保证插值矩阵可逆性的条件：对于一大类函数，如果 $X^1, X^2, \cdots, X^p$ 各不相同，则 $P \times P$ 阶插值矩阵是可逆的。

大量径向基函数满足 Micchelli 定理，如式(3.45)~式(3.47)所示，其曲线形状分别如图 3.20 所示。

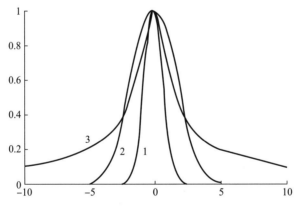

图 3.20 三种常用的径向基函数

(1) Gauss(高斯)函数

$$\phi(r) = \exp\left(-\frac{r^2}{2\sigma^2}\right) \tag{3.45}$$

(2) Reflected sigmoidal(反演 S 型)函数

$$\phi(r) = \frac{1}{1 + \exp\left(\dfrac{r^2}{\sigma^2}\right)} \tag{3.46}$$

（3）Inverse multiquadrics（拟多二次）函数

$$\phi(r) = \frac{1}{(r^2 + \sigma^2)^{\frac{1}{2}}} \quad (3.47)$$

式(3.45)~式(3.47)中的 σ 称为该基函数的扩展常数或宽度，从图 3.20 可以看出，径向基函数的宽度越小，就越具有选择性。

2）正则化 RBF 神经网络

（1）正则化 RBF 网络的结构

正则化 RBF 网络的结构如图 3.21 所示。其特点是：网络具有 N 个输入节点，P 个隐节点，l 个输出节点；网络的隐节点数等于输入样本数，隐节点的激活函数常具有式(3.45)所示的高斯形式，并将所有输入样本设为径向基函数的中心，各径向基函数取统一的扩展常数。

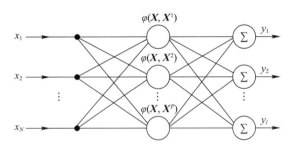

图 3.21 正则化 RBF 网络结构

设输入层的任一节点用 i 表示，隐层的任一节点用 j 表示，输出层的任一节点用 k 表示。对各层的数学描述如下：$\mathbf{X} = (x_1, x_2, \cdots, x_N)^T$ 为网络输入向量；$\varphi_j(\mathbf{X})(j=1,2,\cdots,P)$，为任一隐节点的激活函数，称为"基函数"，一般选用高斯函数；W 为输出权矩阵，其中 $w_{jk}, j=1,2,\cdots,P; k=1,2,\cdots,l$，为隐层第 j 个节点与输出层第 k 个节点间的突触权值；$\mathbf{Y} = (y_1, y_2, \cdots, y_l)^T$ 为网络输出；输出层神经元采用线性激活函数。

当输入训练集中的某个样本 $\mathbf{X}^p$ 时，对应的期望输出 d^p 就是教师信号。为了确定网络隐层到输出层之间的 P 个权值，需要将训练集中的样本逐一输入一遍，从而可得到式(3.41)中的方程组。网络的权值确定后，对训练集的样本实现了完全内插，即对所有样本误差为 0，而对非训练集的输入模式，网络的输出值相当于函数的内插，因此径向基函数网络可用作函数逼近。

（2）正则化 RBF 网络的特点

① 正则化网络是一种通用逼近器，只有要足够的隐节点，它可以以任意精度逼近紧集上的任意多元连续函数。

② 具有最佳逼近特性,即任给一个未知的非线性函数 f,总可以找到一组权值使得正则化网络对于 f 的逼近优于所有其他可能的选择。

③ 正则化网络得到的解是最佳的,所谓"最佳"体现在同时满足对样本的逼近误差和逼近曲线的平滑性。

(3) 正则化 RBF 网络的学习算法

当采用正则化 RBP 网络结构时,隐节点数即样本数,基函数的数据中心即为样本本身,只需考虑扩展常数和输出节点的权值。

径向基函数的扩展常数可根据数据中心的散布而确定,为了避免每个径向基函数太尖或太平,一种选择方法是将所有径向基函数的扩展常数设为

$$\delta = \frac{d_{\max}}{\sqrt{2P}} \tag{3.48}$$

式中:$d_{\max}$ 为样本之间的最大距离;P 为样本的数目。

输出层的权值常采用最小均方算法(LMS),LMS 算法的输入向量即隐节点的输出向量。权值调整公式为

$$\Delta \boldsymbol{W}_k = \eta(d_k - \boldsymbol{W}_k^{\mathrm{T}}\boldsymbol{\Phi})\boldsymbol{\Phi} \tag{3.49a}$$

$\Delta \boldsymbol{W}_k$ 的各分量为

$$\Delta w_{jk} = \eta(d_k - \boldsymbol{W}_k^{\mathrm{T}}\boldsymbol{\Phi})\phi_j, \quad j=0,1,\cdots,P; k=1,2,\cdots,l \tag{3.49b}$$

权值可初始化为任意值。

3) 广义 RBF 神经网络

(1) 模式的可分性

首先通过研究模式的可分性来深入了解 RBF 网络作为模式分类器是如何工作的。

若 N 维输入样本空间的样本模式是线性可分的,总存在一个用线性方程描述的超平面,使两类线性可分样本截然分开。若两类样本是非线性可分的,则不存在一个这样的分类超平面。但根据 Cover 定理,非线性可分问题可能通过非线性变换获得解决。Cover 定理可以定性地表述为:将复杂的模式分类问题非线性地投射到高维空间比投射到低维空间更可能是线性可分的。

设 F 为 P 个输入模式 $\boldsymbol{X}^1, \boldsymbol{X}^2, \cdots, \boldsymbol{X}^P$ 的集合,其中每一个模式必属于两个类 F_1 和 F_2 中的某一类。若存在一个输入空间的超曲面,使得分别属于 F_1 和 F_2 的点(模式)分成两部分,就称这些点的二元划分关于该曲面是可分的;若该曲面为线性方程 $\boldsymbol{W}^{\mathrm{T}}\boldsymbol{X}=0$ 确定的超平面,则称这些点的二元划分关于该平面是线性可分的。设有一组函数构成的向量 $\phi(\boldsymbol{X}) = [\phi_1(\boldsymbol{X}), \phi_2(\boldsymbol{X}), \cdots, \phi_M(\boldsymbol{X})]$,将原来 N 维空间的 P 个模式点映射到新的 M 空间($M>N$)相应点上,如果在该 M 维

φ 空间存在 M 维向量 W,使得

$$\begin{cases} W^T\phi(X) > 0, & X \in F^1 \\ W^T\phi(X) < 0, & X \in F^2 \end{cases}$$

则由线性方程 $W^T\varphi(X)=0$ 确定了 M 维 φ 空间中的一个分界超平面,这个超平面使得映射到 M 维 φ 空间中的 P 个点在 φ 空间是线性可分的。而在 N 维 X 空间,方程 $W^T\varphi(X)=0$ 描述的是 X 空间的一个超曲面,这个超曲面使得原来在 X 空间非线性可分的 P 个模式点分为两类,此时称原空间的 P 个模式点是可分的。

在 RBF 网络中,将输入空间的模式点非线性地映射到一个高维空间的方法是,设置一个隐层,令 $\varphi(X)$ 为隐节点的激活函数,并令隐节点数 M 大于输入节点数 N 从而形成一个维数高于输入空间的高维隐(藏)空间。如果 M 够大,则在隐空间输入是线性可分的,从隐层到输出层,可采用与单层感知器类似的解决线性可分问题的算法。

Cover 定理关于模式可分性思想的要点是"非线性映射"和"高维空间"。事实上,对于不太复杂的非线性模式分类问题,有时仅使用非线性映射就可以使模式在变换后的同维空间变得线性可分。

(2) 广义 RBF 网络

由于正则化网络的训练样本与"基函数"是一一对应的,当样本数 P 很大时,实现网络的计算量将大得惊人,此外 P 很大则权值矩阵也很大,求解网络的权值时容易产生病态问题(ill conditioning)。为解决这一问题,可减少隐节点的个数,即 $N<M<P$,N 为样本维数,P 为样本个数,从而得到广义 RBF 网络。

广义 RBF 网络的基本思想是:用径向基函数作为隐单元的"基",构成隐含层空间。隐含层对输入向量进行变换,将低维空间的模式变换到高维空间内,使得在低维空间内的线性不可分问题在高维空间内线性可分。

图 3.22 为 $N-M-l$ 结构的广义 RBF 网络,即网络具有 N 个输入节点,M 个隐节点,l 个输出节点,且 $M<P$。$X=[x_1,x_2,\cdots,x_N]^T$ 为网络输入向量;$\varphi_j(X)$ ($j=1,2,\cdots,M$),为任一隐节点的激活函数,称为"基函数",一般选用格林 (Green) 函数;W 为输出权矩阵,其中 $w_{jk}(j=1,2,\cdots,M;k=1,2,\cdots,l)$,为隐层第 j 个节点与输出层第 k 个节点间的突触权值;$T=[T_1,T_2,\cdots,T_l]^T$ 为输出层阈值向量;$Y=(y_1,y_2,\cdots,y_l)^T$ 为网络输出;输出层神经元采用线性激活函数。

与正则化 RBF 网络相比,广义 RBF 网络有以下几点不同:

① 径向基函数的个数 M 与样本的个数 P 不相等,且 M 常常远小于 P。
② 径向基函数的中心不再限制在数据点上,而是由训练算法确定。

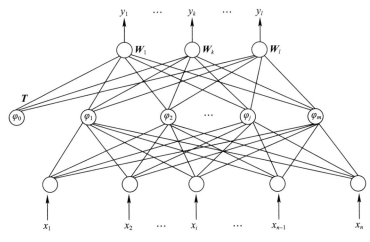

图 3.22 广义 RBF 网络

③ 各径向基函数的扩展常数不再统一,其值由训练算法确定。

④ 输出函数的线性中包含阈值参数,用于补偿基函数在样本集上的平均值与目标值之平均值之间的差别。

(3) 广义 RBF 网络的设计方法

广义 RBP 网络的设计包括结构设计和参数设计。结构设计主要解决如何确定网络隐节点数的问题,参数设计一般需考虑包括三种参数:各基函数的数据中心、扩展常数、输出节点的权值。

根据数据中心的取值方法,广义 RBF 网的设计方法可分为两类。

第一类方法:数据中心从样本输入中选取。一般来说,样本密集的地方中心点可以适当多些,样本稀疏的地方中心点可以少些;若数据本身是均匀分布的。中心点也可以均匀分布。总之,选出的数据中心应具有代表性。径向基函数的扩展常数是根据数据中心的散布而确定的,为了避免每个径向基函数太尖或太平,一种选择方法是将所有径向基函数的扩展常数设为

$$\delta = \frac{d_{\max}}{\sqrt{2M}} \quad (3.50)$$

式中:$d_{\max}$ 为所选数据中心之间的最大距离;M 为数据中心的数目。

第二类方法:数据中心的自组织选择。常采用各种动态聚类算法对数据中心进行自组织选择,在学习过程中需对数据中心的位置进行动态调节,常用的方法是 K - means 聚类,其优点是能根据各聚类中心之间的距离确定各隐节点的扩展常数。由于 RBF 网的隐节点数对其泛化能力有极大的影响,因此寻找能确定聚类数目的合理方法,是聚类方法设计 RBF 网时需首先解决的问题。除聚类

算法外,还有梯度训练方法、资源分配网络(RAN)等。

3.4 深度神经网络

深度神经网络是深度学习(deep learning,DL)的基础,多层感知器是 DL 模型的典型范例。从理论上看,传统的多层感知器模型有很好的特征表达能力,但由于计算能力不足、训练数据缺乏、梯度弥散等原因,使其一直无法取得突破性进展。近十几年来,各种 DL 模型被相继提出。包括堆栈式自动编码器(stacked auto-encoder,SAE)、限制玻耳兹曼机(restricted boltzmann machine,RBM)、深度信念网络(deep belief network,DBN)、循环神经网络(recurrent neuralnetwork,RNN)、卷积神经网络(convolutional neural network,CNN)等。其中,随着训练数据的增长和计算能力的提升,CNN 开始在各领域中得到广泛应用。

3.4.1 深度神经网络的生物学基础

人类的视觉系统包含不同的视觉神经元,这些神经元与瞳孔所受的刺激(系统输入)之间存在着某种对应关系(神经元之间的连接参数),即受到某种刺激后(对于给定的输入),某些神经元就会活跃(被激活)。从低层的信息抽象出边缘、角之后,再进行组合,形成高层特征抽象。大脑神经系统的工作其实是不断将低级抽象传导为高级抽象的过程,高层特征是低层特征的组合,越到高层特征就越抽象。

事实上,诸如语音识别、图像识别和语义理解中的语音、图像、文本等训练任务本身就具有天然的层次结构。实验结果发现,图片分割出的碎片往往可以表达为一些基本碎片的组合,而这些基本碎片组合都是不同物体、不同方向的边缘线。这说明可以通过有效的特征提取,将像素抽象成更高级的特征。类似的结果也适用于语音特征。表 3.2 给出几种任务领域的特征层次结构。

表 3.2 几种任务领域的特征层次结构

任务领域	原始输入	浅层特征	中层特征	高层特征	训练目标
语音	样本	频段、声音	音调、音素	单词	语音识别
图像	像素	线条、纹理	图案、局部	物体	图像识别
文本	字母	单词、词组	短语、句子	段落、文章	语义理解

以图像识别为例,图像的原始输入是像素,相邻像素组成线条,多个线条组成纹理,进一步形成图案,图案构成了物体的局部,直至整个物体的样子。不难发现,可以找到原始输入和浅层特征之间的联系,再通过中层特征,一步一步获

得和高层特征的联系。想要从原始输入直接跨越到高层特征,无疑是困难的。

3.4.2 深度神经网络概述

深度神经网络是包含多个隐藏层的神经网络,每一层都可以采用监督学习或非监督学习进行非线性变换,实现对上一层的特征抽象。通过逐层的特征组合方式,深度神经网络将原始输入转化为浅层特征、中层特征、高层特征直至最终的任务目标。显然,深度神经网络是最接近人类大脑的智能信息处理框架,但由于深度网络包含多个隐层,直接采用误差反传算法往往导致在传播梯度的过程中,随着传播深度的增加,梯度的幅度会急剧减小,导致权值更新非常缓慢,不能有效学习。

2006年,多伦多大学的Geoffery Hinton教授采用非监督的逐层贪心训练算法实现了对深度信念网络的训练,开深度神经网络训练之先河。深度神经网络包含多个隐层,构成这些隐层的基本组件有自编码器、稀疏自动编码器、受限玻耳兹曼机、卷积神经网络。

目前,深度网络的学习算法包括有监督学习、无监督学习以及半监督学习。在深度学习中,往往需要进行无监督学习来聚类或抽取特征,或者对权值进行预训练,或者逐层训练网络,而不是同时训练所有权值,误差反传算法则往往起到微调权值的作用。由于网络模型不同,训练算法也有一定差异,下面将重点介绍Hinton所给出的方法,其核心是引入了逐层初始化的思想。

如图3.23所示,深度网络由若干层组成,从输入开始经过若干隐层(即编码器,coder)后进行输出。这些编码器的作用是对输入特征的逐层抽取,从低层到高层。为使得抽取的特征确实是输入的抽象表示,且没有丢失太多信息,在编码后再引入一个解码器(decoder)重新生成输入,据此与原输入进行比较以调整编码器和解码器的权值。这个编码→解码过程正是一个认知→生成过程。

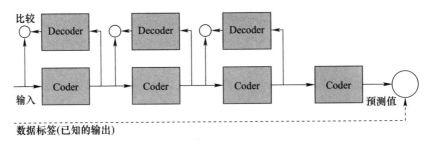

图3.23 逐层初始化算法

以此类推,第一次编码器的输出再送到下一层的编码器中,执行类似的操作,直至训练出最高层模型。整个编码过程相当于对输入特征逐层进行抽象或特征变换。

逐层初始化完成后,就可以用有标签的数据,采用反向传播算法对模型进行自上而下的整体有监督训练了。这一步可看作对多层模型整体的精细调节。逐层初始化方法通过对输入特征的有效表征和抽象,从而将模型参数的初始位置放在一个比较接近全局最优的位置,以获得较好的效果。

其他深度学习算法的实现形式虽然不同,但核心都是利用多个隐层逐层抽取输入特征,例如,从图像的像素开始逐层抽取线条→纹理→图案→局部等特征,以期能够获得输入特征的更有意义的表示,完成分类或其他复杂任务。

3.4.3 卷积神经网络的概念与原理

卷积网络的每层由多个二维平面组成,每个平面由多个独立神经元组成。

1) 局部连接

卷积网络的两个相邻层之间的连接是局部连接模式,即第 m 层的隐层单元只与第 $m-1$ 层的输入单元的局部区域有连接,每个神经元只感受 $m-1$ 层的局部特征,称为局部感知野。

研究表明,图像的空间分布具有局部相邻的像素联系紧密、距离较远的像素相关性较弱的特点。因此,每个神经元只需要对局部进行感知,没必要对全局图像进行感知,若要获得全局的信息可在更高层将局部的信息综合起来即可。图 3.24 给出两种连接情况示意。

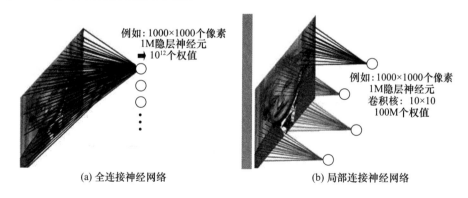

图 3.24 全连接和局部连接示意

设待识别的图像为 1000×1000 的像素,每个像素点作为一个输入,设隐层神经元个数为 1000000。在图 3.24(a) 的全连接中,若每个神经元都与每个像素点相连,则神经元对应的权值总数就是 $1000 \times 1000 \times 1000000 = 10^{12}$ 个。在图 3.24(b) 的局部连接中,若每个神经元只和 10×10 个像素值相连,则权值的

个数为 $10 \times 10 \times 1000000 = 10^8$，减少为原来的万分之一。

2) 卷积特征提取

两个矩阵(图像与权向量)的对应分量相乘后求和的结果相当于进行卷积操作，这时权值参数相当于对输入的像素值进行了某种特征提取。在自然图像中，图像某一部分的统计特性极可能与其他部分是一样的，这也意味着这一部分学习的特征也能用在另一部分上，所以对于这个图像上的所有位置，可以使用同样的学习特征。例如，当从一个大尺寸图像中随机选取一个 3×3 的小块作为样本，并且从这个小块样本中学习到了一些特征，这时就可以把从这个 3×3 样本中学习到的特征作为探测器，应用到这个图像的其他地方中去。通过这个特征值与原本的大尺寸图像作卷积，从而在这个大尺寸图像上的任一位置可以获得一个不同的激活值。图 3.25 展示了一个 3×3 的卷积核在 5×5 的图像上做卷积的过程。

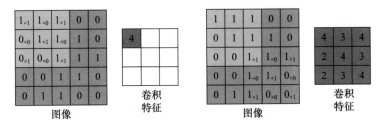

图 3.25 卷积特征提取

设该卷积核为

$$\begin{matrix} 1 & 0 & 1 \\ 0 & 1 & 0 \\ 1 & 0 & 1 \end{matrix}$$

用该卷积核在图像上从左至右、从上至下进行卷积操作，即用卷积核中的权值与局部感知野中对应的原始像素值相乘，再将 3×3 个乘积相加，得到一个激活值。卷积核以遍历的方式将图像中符合条件的部分筛出来形成一个卷积特征图(矩阵)。卷积特征图上的每个值都是一个激活值，从卷积特征图的激活值可以看出，图像上那些 3×3 的小块区域与卷积核越相似，其激活值就越大。

若图像大小为 $n \times n$，卷积核大小为 $m \times m$，则卷积特征图的大小为 $(n-m+1) \times (n-m+1)$。

3) 权值共享

可以看出，如果神经元对应的权值都不同的话，参数仍然非常多。为解决这个问题，可以采用权值共享(shared weights)，即不同的神经元可采用相同的权值。例如,在上面的局部连接中,隐层一共1000000个神经元,每个神经元都对应100个参数,若这1000000个神经元的100个参数都是相等的,则参数的数量就变为100了。也就是所有神经元共享这100个权值参数。从特征提取的角度看待权值共享,即将这100个参数(即卷积操作)看作是与位置无关的提取特征方式。

4) 池化

理论上讲,可以用所有提取得到的特征去训练分类器,但这样做的计算量会非常大。例如,对于一个 96×96 像素的图像,卷积核大小为 8×8,则卷积特征为 $(96-8+1) \times (96-8+1) = 7921$ 维,若有400个卷积核,则每个图像样例都会得到 $7921 \times 400 = 3168400$ 维的卷积特征向量。学习一个拥有超过300万特征输入的分类器十分不便,并且容易出现过拟合。

为此,考虑将图像不同位置的特征进行聚合统计,如计算平均值或最大值,可以明显降低维度。这种聚合的操作就称为池化(pooling),有时也称为平均池化或者最大池化(取决于计算池化的方法)。具体操作方法是,将卷积特征矩阵划分为数个大小为 $a \times b$ 的不相交区域,然后用这些区域的平均值或最大值作为池化后的卷积特征。这些池化后的特征便可以用来做分类。

池化层可对提取到的特征信息进行降维,简化网络计算复杂度,并在一定程度上避免过拟合的出现;此外,池化具有平移不变性,即使图像有小的位移,提取到的特征依然会保持不变。例如,当卷积层的输出特征图大小为 4×4 时,如果池化单元的大小为 2×2 时,则经过池化层处理后,输出数据的大小为 2×2,数据量减少到池化前的1/4(图3.26)。

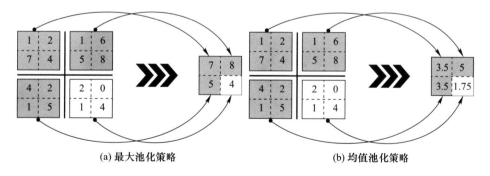

(a) 最大池化策略　　　　　　　　(b) 均值池化策略

图 3.26　池化的降维作用

5) 多卷积核

在实际应用中,图像有多个不同的统计特征,需要采用多个卷积提取不同的特征。每个卷积核将原始图像转换为一个卷积特征图,称为原始图像的一个通道,多个特征图构成一个特征矩阵。

3.4.4 卷积神经网络的模型与学习算法

1) CNN 完整模型

CNN 模型是一个多层神经网络,其简化示意图由图 3.27 所示。网络包括输入层、卷积层、池化层和输出层。输入层直接接收二维图像输入;卷积层和池化层一般设置多层;输出层一般为一维线阵,用于分类,在最后一个输出层之前可以再加几层一维线阵。

卷积层由多个二维平面组成,每个二维平面由多个神经元组成,用来进行卷积特征映射;池化层同样由多个二维平面组成,每个二维平面由多个神经元组成,用来进行池化操作。

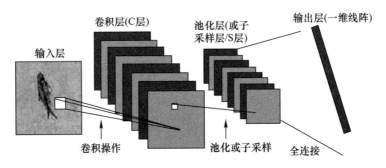

图 3.27 CNN 模型示意图

为更直观地理解,图 3.28 给出一个 5×5 像素的图像,感受野为 2×2,则输入层采用 5×5 个神经元进行感知,第一隐层某一个映射平面的每个神经元只与输入层一个 2×2 的区域进行连接,卷积核为 2×2,所需权值为 4 个,则隐层需要 $(5-2+1) \times (5-2+1) = 4 \times 4$ 个神经元。所谓权值共享是指这一个映射平面的每个神经元节点对应的一组权向量相同,因此这一层需要训练的权值只有 4 个。一般来说,映射平面的输出通常是在做卷积运算后进行池化,如果池化区间选 2×2,则将映射平面划分为 4 个不相交的区域,每个区域取最大值或者平均值即可得到输出,因此池化层需要 4 个神经元。

特征映射层的激活函数为

$$x_j^l = f\left(\sum_{i \in M_j} x_i^{l-1} \times W_{ij}^l + b_j^l \right) \tag{3.51}$$

式中: x_j^l 为第 l 层的输入,即 $l-1$ 层的输出; M_j 为选择的输入映射层的集合(一般有多个卷积核,因此每一层有多个映射平面,除了第一个卷积层选 1 个以外,其

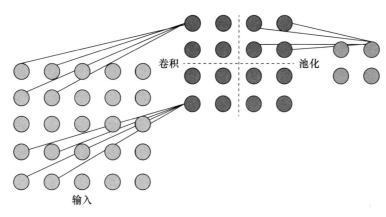

图 3.28 卷积和池化过程

他卷积层一般选多个如两个或三个);W 和 b 为权值(卷积核)和偏置。

2) CNN 的学习

① 卷积层的学习。CNN 的学习算法与 BP 网络类似,采用误差反传算法,分为两个阶段进行。

向前传播阶段:首先从样本集中取一个样本对(x, Y_p),将 x 输入网络进行卷积计算和池化计算;然后计算相应的实际输出 O_p。

误差的反向传播阶段:计算实际输出 O_p 与相应的理想输出 Y_p 的差,逐层递推至各层计算权值误差梯度,按极小化误差的方法调整权矩阵。

② 池化层的学习。在池化层,如果采用最大值池化方法,该层可以不用训练。在正向传播中,$K \times K$ 的块被降为一个值。这样,在误差反向传播中,该值对应的神经元成为误差传播的途径,这个误差就反传给它的来源处进行权值调节。如果仍采用加权方式,则仍按照连续函数求导的方式求取误差梯度。

3.5 神经网络的泛化能力

大多数情况下,我们不仅要求神经网络对现有训练集具有较好的拟合能力,也要求它能够对训练集以外的同分布数据做出较好的预测,这就与神经网络的泛化能力有关。本节分析提高泛化能力的原理和途径,给出估计泛化误差的方法。

3.5.1 泛化能力的定义

神经网络模型设计常常需要满足多种不同的要求,例如,具有较好的泛化(推广)能力、易于硬件实现、训练速度快等。其中泛化能力最为重要,是衡量神经网络性能优劣的一个重要方面,这是因为建立神经网络模型的一个重要目标是通过对已知环境信息的学习,掌握其中的规律,从而对新的环境信息做出正确的预测。

泛化能力的定义如下:它是指经训练(学习)后的预测模型对未在训练集中出现(但服从统一规律)的样本做出正确反映的能力。学习不是简单地记忆已经学过的输入,而是通过对有限数量训练样本的学习,得到隐含在样本中的内在规律性。例如,对有监督学习的网络,通过对已有样本的学习,将样本与标签之间的非线性映射关系提取出来并存储在权值矩阵中;在其后的工作阶段,当向网络输入训练时未曾见过的非样本数据(与训练集同分布)时,网络也能完成由输入空间向输出空间的正确映射。

神经网络的泛化能力与其对于独立的检验数据(test data)的预测功能密切相关,下面讨论神经网络预测模型的一般描述,给出影响泛化能力的因素和提高泛化能力的途径方法。

1) 神经网络预测模型的一般描述

神经网络具有泛化能力通常表现在能够进行预测,即掌握已有数据的内在规律后,对新的情况做出预测,如天气预报、地震预报、价格预测、不同表情下人脸的识别等。建立预测模型的目的是通过已有的样本,给出输入与输出之间的计算关系(公式或算法表示),以便据此用输入来确定(估计、预测)输出。如图 3.29 所示,被研究的系统由一些可被观测的变量描述,其中一组变量 X 为输入变量;另一组变量 Y 为输出变量。G 是示例发生器,它以某一未知但固定的概率分布函数 $P(X)$ 独立地、同分布地产生变量 X,f 是 X 和 Y 之间存在的映射关系。在理想条件下,$Y=f(X)$,但实际问题中,有些影响 Y 的因素可能观测不到,即 Y 中可能含有噪声。LM 代表能够学习样本规律的某种神经网络模型。

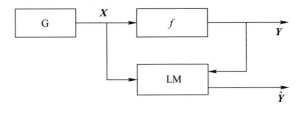

图 3.29 预测建模

预测模型的优化就是选定某种类型的模型(函数集)类型,用相应的学习算法,依据 X 和 Y 来确定模型的参数,从而给出一个最优的估计 $\hat{Y}$。尽管在不同的模型框架下,学习方法从形式上有所不同,但从学习过程的本质上来讲,学习过程是一个从给定的函数集中选择一个适当函数的过程,它以最佳可能方式满足给定的品质准则。

具体而言,观测到的数据集 D 中的训练对为 $z_i(x_i,y_i)(i=1,2,\cdots,N)$,满足概率分布 $P(z)$;所要优化的预测模型为 $\{g(z,\alpha),\alpha\in\Lambda\}$($\alpha$ 是集合 Λ 中的自由参数,对神经网络模型而言可以是激活函数参数、节点数、权值等)时,定义模型品质准则函数(统计学中称为风险泛函):

$$R(\alpha) = \int L(z,g(z,\alpha))\mathrm{d}P(z), \alpha \in \Lambda \qquad (3.52)$$

其中

$$Q(z,\alpha) = L(z,g(z,\alpha)) \qquad (3.53)$$

为误差损失函数,$R(\alpha)$ 在此处是误差损失函数的数学期望。对定量预测问题,误差损失函数典型的选择是均方误差或绝对误差:

$$L(z,g(z,\alpha)) = \begin{cases} (Y-g(z,\alpha))^2, & \text{均方误差} \\ |Y-g(z,\alpha)|, & \text{绝对误差} \end{cases} \qquad (3.54)$$

学习的目的就是在函数集 $\{g(z,\alpha),\alpha\in\Lambda\}$ 中寻找一个使 $R(\alpha)$ 值最小的函数(实际上是确定 α 的值)。对神经网络而言,如果风险泛函的最小值是在 α_0 取得的,那么该神经网络 $\{g(z,\alpha_0),\alpha_0\in\Lambda\}$ 即是优化好的预测模型,这时它就可以根据 X 的值给出输出 Y 的估计值 $\widehat{Y}=g(X,\alpha_0)$。

然而现在存在的问题是,式(3.54)中概率分布 $P(z)$ 未知,因此由有限个样本点来恢复未知函数关系不可能完全精确,即便风险值相同存在的解也不唯一,这在统计学上被认为是一个不适定问题。因此,根据已有数据是否可以建立符合设计要求的神经网络模型,模型的泛化能力能达到什么程度,如何提高模型的泛化能力是设计者在应用神经网络解决实际问题前需要考虑的问题。统计学习界和机器学习界对这些问题进行了大量的理论和实践研究,形成了一些较为成熟的理论。其中,在什么条件下可以根据经验数据来优化 α_0,这是经验风险最小化原则解决的问题。另外,由于经验风险一致收敛的条件是在样本量无穷大条件下成立的,然而在实际问题中这一条件是无法满足的,过分追求经验风险最小可能导致预测模型泛化能力下降;为了控制模型的泛化能力,还需要在经验风险最小化的基础上考虑样本容量,这就是结构风险最小化原则要解决的问题。除此之外,对误差损失函数的"偏差—方差分解"也是研究神经网络泛化能力的一个重要方向。

2) 研究神经网络泛化能力的理论基础

一般说来,神经网络模型的泛化能力决定于三个主要因素,即问题本身的复杂程度、参数 α 的范围以及样本量的大小。经验风险最小化原则侧重于样本,结构风险最小化原则侧重于模型的复杂度,从不同的角度研究神经网络的泛化能力。而误差损失函数的"偏差—方差分解"是解释许多方法能够提高或降低神经网络泛化能力的重要依据。

(1) 经验风险最小化原则

经验风险最小化原则解决在样本概率分布 $P(z)$ 未知时,什么条件下可以根据经验数据来优化 α_0。现在 $P(z)$ 未知,但得到了根据 $P(z)$ 独立地随机抽取出的观测样本 $z_i(i=1,2,\cdots,N)$,所以要构造经验风险泛函

$$R_{emp}(\alpha) = \frac{1}{N}\sum_{i=1}^{N}Q(z_i,\alpha), \alpha \in \Lambda \tag{3.55}$$

式(3.55)将各个样本出现的概率设为相同,这就无需知道 $P(z)$。

假定风险泛函 $R(\alpha) = \int L(z,g(z,\alpha))\mathrm{d}P(z)$ 的最小值是在 $Q(z,\alpha_0)$ 上取得的,即参数 α 为 α_0 时 $R(\alpha)$ 最小;经验风险泛函是在 $Q(z,\alpha_{emp})$ 上取得的,即参数 α 为 α_{emp} 时 $R_{emp}(\alpha)$ 最小。此时,需要解决的问题是:在什么条件下,可以将 $Q(z,\alpha_{emp})$ 作为 $Q(z,\alpha_0)$ 的一个近似,即 α_{emp} 作为 α_0 的一个近似。通过证明可以得到经验风险最小化的基本原理,即在经验风险 $R_{emp}(\alpha)$ 一致收敛于真正的风险 $R(\alpha)$ 的条件下,$R(\alpha_{emp})$ 依概率收敛于真正的风险 $R(\alpha)$ 的可能最小值。一致收敛是指:

$$P\left\{\sup_{\alpha \in \Lambda}|R(\alpha) - R_{emp}(\alpha)| > \varepsilon\right\} \to 0, 当 N \to \infty 时 \tag{3.56}$$

此条件是经验风险具有一致收敛的充要条件。所谓经验风险最小化的一致性可以这样理解:当样本趋于无穷时,使经验风险最小化的 α_{emp} 对应的期望风险,也差不多是最小。

这个原则在理论上奠定了经验风险最小化的可行性,如果不知道样本的概率分布,而可以获得的样本任意多(同时也有足够的计算资源来处理这些样本),则可计算任一点 x 对应的 y(由 x 在任意的体积周围处对应 y 的均值,体积允许趋于 0)。对于一个实际问题来说,N 不可能无穷大,这就要求神经网络预测模型能够通过对有限样本的学习,可以对未知样本进行较好的预测,即具有较好的泛化能力。

这一原则指出:一般而言,神经网络若具有较好的泛化能力应该有较多的样本可供学习,当样本量不足的时候,可以根据样本特性进行虚拟构造以增加样本数。但有些时候样本量非常小且很难扩展,为提高模型的泛化能力,可以用结构风险最小化(SRM)原则作为指导。

(2) 结构风险最小化原则

结构风险最小化(SRM)原则在最小化经验风险的基础上,通过函数集的容

量(vapnik – chermovenkis 维, VC 维)来找到一个函数,它对于固定数量的数据可以达到保证风险的最小值。对神经网络模型,简单来说,就是要控制模型的复杂度。VC 维理论提供了复杂度的一般度量,并给出乐观性的相关界限。

如果 N/M 训练样本数目 N 与神经网络模型的 VC 维 M 之比, N/M 较小(如小于20),则称该样本集为小样本集。可以证明,对于来自具有有限 VC 维 M 的完全有界函数集 $0 \leq Q(z, \alpha) \leq B, \alpha \in \Lambda$ 的所有函数(B 是 $Q(z, \alpha) = L(z, g(z, \alpha))$ 的上界),(加性)不等式

$$R(\alpha) \leq R_{\text{emp}}(\alpha) + \frac{B\varepsilon(N)}{2}\left(1 + \sqrt{1 + \frac{4R_{\text{emp}}(\alpha)}{B\varepsilon(N)}}\right) \tag{3.57}$$

至少依 $1 - \eta$ 的概率成立,其中

$$\varepsilon(N) = 4\frac{M\left(\ln\frac{2N}{M} + 1\right) - \ln\eta/4}{N} \tag{3.58}$$

利用上述不等式可以控制基于固定数量经验数据最小化风险泛函的过程。控制这一过程的最简单的方法是最小化经验风险值。不等式(3.57)的右端为风险的上界(即保证风险 $R_b(\alpha)$),它由两项组成,其中一项是经验风险,因此它随着经验风险值的减小而减小。这就是经验风险最小化原则对于大样本集经常能给出好结果的原因。

如果 N/M 较大,实际风险值由经验风险值来决定。因此,为了最小化实际风险,只需最小化经验风险。然而,如果 N/M 较小,小的经验风险值并不能保证有小的实际风险值。在这种情况下,必须同时考虑不等式的两项,以最小化不等式的右端。第一项取决于函数集的某一个特定函数,而对于固定数量的观测数据来说,第二项主要取决于整个函数集的 VC 维。

(3)偏差—方差分解

对模型复杂度和泛化能力的研究还可以从误差函数的"偏差—方差分解"的角度进行研究。下面以回归和曲线拟合为例,给出预测误差函数表达式的偏差—方差分解。假定 $Y = f(X) + \varepsilon$,即期望输出中有噪声 ε,满足均值 $E(\varepsilon) = 0$,方差 $\text{Var}(\varepsilon) = \sigma_\varepsilon^2$,使用均方误差损失函数,可以导出在任意输入点 X 上,神经网络进行拟合的输出 $\hat{Y}$ 的误差:

$$\begin{aligned}\text{Err}(X; D) &= E_D[(g(X; D) - f(X))^2] \\ &= \sigma_\varepsilon^2 + (E_D[g(X; D)] - f(X))^2 + E_D[g(X; D) - E_D[g(X; D)]]^2 \\ &= \sigma_\varepsilon^2 + \text{Bias}^2(g(X; D)) + \text{Var}(g(X; D)) \\ &= \text{不可约的误差} + \text{偏差}^2 + \text{方差} \end{aligned} \tag{3.59}$$

第一项是神经网络目标输出在真正值$f(X)$附近的方差,这是噪声所引起的,除非$\sigma_\varepsilon^2=0$,否则无论神经网络对$f(X)$估计得多好,也无法避免;第二项是"偏差"(平方),代表的是神经网络估计值与真实值之间的差异,一个小的偏差意味着可以从数据集D中较准确地估计出$f(X)$,这与经验风险最小原则是一致的;第三项是方差项,代表的是神经网络估计值在其本身期望均值附近的平方差,它反映了一个模型对数据的敏感度,即一个小的"方差"意味着神经网络的估计值不随训练集的波动而发生较大的波动。

式(3.59)标明均方误差可以用偏差项和方差项的和的形式表示。"偏差"项度量的是模型与真实系统之间匹配的"准确性"和"质量":一个高的偏差意味着坏的匹配;而"方差"项度量的是模型与真实系统之间匹配的"精确性"和"特定性":一个高的方差意味着弱匹配。设计者需要注意的是,"偏差和方差两难"或者"偏差和方差折中"是一个普遍的现象:一个模型学习算法如果逐渐提高对训练数据的适应性(例如,设计更多的权值),那么它将趋向于更小的偏差,但可能导致更大的方差;反之,如果一个模型的参数较少(通常对应较大的偏差),那么数据拟合的性能就不会太好,但拟合的程度不会随数据集的变化而变化太大(较低的方差)。换言之,随着模型复杂度的增加,方差趋于增加,偏差趋于减小;随着模型复杂度的降低,情况相反。

通常设计者希望选择如此的模型复杂度:在偏差和方差之间权衡,使泛化误差最小。泛化误差的一个最简单的估计是训练误差,但事实上训练误差是个糟糕的估计,它不能恰当地解释模型的复杂性。图3.30展示了泛化误差和训练误差随模型复杂度变化的典型特点。当提高模型的复杂度时,它能够更严格地拟合数据,训练误差趋向于减小;然而对训练数据的过分拟合,即一味减小训练误

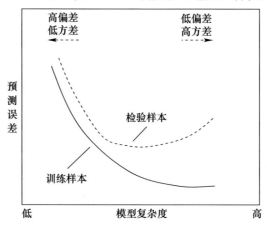

图3.30 泛化误差和训练误差随模型复杂度的变化

差会导致泛化能力下降,即不能很好地拟合检验样本;反之,若模型不够复杂,它对训练数据拟合度不高,训练误差很大,而泛化能力也不好。由此图也可以看到,模型复杂度的选择非常重要,如何选择取决于我们对神经网络泛化能力的深入认识和选择合适的模型评估方法。

在神经网络的训练过程中,可以同时降低偏差和方差,但不会得到零偏差和零方差,即训练到了一定程度时,二者无法同时下降。只有一种情况例外,就是预先知道所要解决问题的答案。

类似地,对于分类问题可以得到其边界误差是边界偏差项和方差项的组合。

总之,对偏差和方差的考察使研究者在建立模型时需要注意:尽可能地寻找关于解形式的精确的先验知识,利用尽可能多的训练样本,考虑神经网络模型的复杂度。

3.5.2 影响神经网络的泛化能力的因素

尽管神经网络可以具备泛化能力,但很多设计者在应用神经网络时都发现,获得好的泛化能力并非易事,它涉及的方面非常复杂。影响神经网络泛化能力的因素包括问题本身、样本和模型参数,本节主要阐述神经网络具有泛化能力的一些基本必要条件、噪声的影响以及网络训练中存在的两种状态"欠拟合"和"过拟合"与神经网络泛化能力之间的关系。

1) 神经网络具有泛化能力的必要条件

需要进行预测(泛化)的例子应该与训练集中的例子有一定的相似性(即同分布)。因此,要获得好的泛化能力应该至少具备以下三个条件。

第一个必要条件是:输入量必须选择那些对输出影响大的变量,即包含有目标输出中的充分信息。这样才能够存在一个具有期望精度的数学函数来拟合输入、输出之间的映射关系。学习一个不存在的函数对于神经网络来说是不可能完成的任务。例如,如果想预测某地区的房屋价格,仅仅有历史价格是不够的,应该全面而细致地掌握该地区的经济水平、教育水平、社会治安、自然环境等方面的数据。通常来说,为神经网络确定合适的输入以及足够的训练数据非常重要,这方面花费的时间往往比训练神经网络花费的时间要多得多。

第二个必要条件是:对于回归问题/函数拟合问题,神经网络试图学习的函数最好是光滑的。所谓光滑是指,当输入量发生较小的变化时,输出量的变化也比较小。对于连续的函数,其光滑性意味着输出对输入的一阶导数是连续和有界的。对于一些非常不光滑的函数,例如,由随机数产生器或加密算法产生的函数,神经网络很难具有好的泛化能力。如何改善学习不连续函数或光滑性差的函数的神经网络的泛化能力?一种方法是将不连续的函数分段表示成有限个连续函数;另外,可以通过对输入空间进行非线性变换来增强函数的光滑性和网络的泛化能力。

第三个必要条件是:训练样本应该足够多并具有代表性。这一问题可以从"内推"和"外推"的角度进行解释。"内推"法用于预测训练样本所覆盖区域内部的数据,"外推"法用于预测训练样本覆盖区域外部的数据。而在训练样本覆盖区域中样本分布稀疏的区域,也需要采用"外推"法。"内推"可以获得较为可靠的结果,而"外推"通常很难保证可靠性。因此,我们应该采集充分的训练数据来避免使用"外推"。

总之,若输入-输出函数光滑,且检验样本的输入与训练样本的输入接近,那么检验样本的输出就接近于训练样本的输出。如果具有充足的训练样本,则在整个样本空间,每一个检验样本的附近都有足够数目的训练样本,此时通过合适的训练,神经网络就在整个样本空间具有较好的泛化能力。另外,加入先验知识可以提高"外推"的可靠性和网络的泛化能力。例如,如果输入-输出之间呈现的是线性关系,则采用线性模型更为合适,此时"外推"在线性模型上要比在非线性模型上具有更高的可靠性,这样神经网络模型也可以获得较好的泛化能力。

2) 噪声的影响

如果神经网络的输出中含有噪声,无论训练样本数目的大小如何,泛化误差(均方形式)也不会低于噪声的方差。而神经网络输入中的噪声则限制了神经网络的泛化精度,其影响程度与神经网络所学习的函数性质有关:如果神经网络所学习的函数在输入空间上非常平坦,则输入噪声对模型泛化能力的影响就较小;如果非常陡峭,则输入噪声将大大降低网络的泛化能力。

通常假定噪声的均值为零,而方差有限。另外,在许多实例中,噪声常被假定为独立的,或者符合某种随机模型。对噪声做出必要的假定有理论意义上的必要,这可以帮助研究者更好地选择算法或分析数据。例如,若在目标输出中含有独立的且方差有限的噪声,则神经网络采用最小二乘方法训练较好。

噪声是一把双刃剑:从偏差—方差分解公式看出,实际数据中含有噪声限制了泛化能力的精确度;另外,如果训练集较小,加入人为噪声可以平滑曲线。总之,对噪声了解得越多,设计者就越能够更有效地训练网络。

3) 欠拟合和过拟合

神经网络在训练中容易陷入两种状态:欠拟合和过拟合。如果一个神经网络不足够复杂,则令它完全探测到复杂数据集中的信号就非常困难,这就会导致欠拟合。一个神经网络若过于复杂则可能会将信号连同噪声一起进行拟合,这就会导致过拟合。过拟合会使多数神经网络的预测远远偏出训练数据的范围,即便没有噪声,过拟合也会使多层感知器做出糟糕的预测。可以从偏差和方差的角度分析神经网络的这两种状态:欠拟合会使输出产生较大的偏差,而过拟合则产生较大的方差。欠拟合和过拟合都会使得神经网络的泛化能力下降。

避免过拟合最好的办法是使用大量的训练数据,例如:对于有噪声的数据,若其数量达到权值总数的 30 倍以上时,就可以大大减轻过拟合的程度;对于无噪声的数据,若其数量达到权值总数的 5 倍就可视为比较充足。但需要注意,不能为避免过拟合而任意减少权值的数目,因为这会导致神经网络过于简单,拟合精度差,导致欠拟合现象的出现。

当给定固定数量的训练数据时,至少有 6 种方法可以避免或减轻欠拟合和过拟合的程度,以获得较好的泛化能力,即:

① 模型选择(model selection),② 在输入样本中加入人为噪声(jittering),③ 提前停止(early stopping),④ 权值衰减(weight decay),⑤ 贝叶斯学习(Bayesian learning),⑥ 神经网络集成(neural network ensemble)。前 5 种方法具有较好的理论基础,最后一种还没有统一完整的理论作为支撑,但它是当前机器学习界研究的热点之一。

神经网络模型的复杂性与权值的数目和大小都有关。模型选择方法侧重于权值的数目,包括隐层节点数和隐层个数。训练样本数目一定的情况下,网络的权值越多,过拟合就将输出噪声放大得越多。上面列出的其他方法则直接或间接地考虑权值的大小。减小权值的大小相当于减小起作用的权值的数目,例如采用权值衰减和提前停止。

过拟合不仅和隐层的数目有关,而且若以下条件之一存在,也会出现在不含隐层的神经网络上。

① 输入变量的维数相对于训练样本数来说太多,这也意味着权值数目较大。一般而言,对于有噪声的数据,训练样本数应该至少是输入变量维数的 10 倍;对于无噪声的数据,训练样本数也应该至少是输入变量维数的 2 倍。

② 输入变量的相关性较高。这通常在统计学中被称为"多维非线性",由于这会使得矩阵出现"病态",从而会导致权值的数值非常大。

可以通过统计学方法处理这些问题,比如岭回归和偏最小二乘法来减少输入变量的维数和相关性。

其他影响神经网络模型泛化能力的因素还包括初始权值、训练算法、训练时间等。

3.5.3 提高神经网络的泛化能力的方法

提高神经网络的泛化能力往往与避免过拟合这一问题连在一起。欠拟合会降低神经网络的泛化能力,但通过增加网络的复杂度、改进学习算法或增加训练时间就可以避免"欠拟合",而"过拟合"程度的控制就较为复杂,先验知识的缺乏,样本量的有限和含有噪声,这些使得网络很容易陷入"过拟合"。实际上,模型的成功在于特定的模型及其算法与特定的问题相匹配,而不是避免"过拟合"技术带来的好处,有时,避免"过拟合"的做法会导致更差的效果。但是,许多研究者仍旧依据避免"过拟合"这一原则,其原因可以从奥卡姆(Occam)剃刀原理来解释,它暗示着人们在解决问题的时候,如果能够用简单的方法达到"满意"的效果时,就不再采用更为复杂的方法。因此,在神经网络模型设计中,倾向于在满足要求的前提下,权值和节点数越少越好。以下是给定样本的情况下,提高泛化能力的几种方法,主要是从样本和模型参数调整的角度来做出的改进。

1) 模型结构选择

对于多层前馈网络来说,模型结构选择的核心问题是选择隐层的个数和隐层节点的个数。这可以通过"试凑"的方法,也可以通过修剪和构造的方法。

(1) 隐层数的合理选择

有些网络不需要隐层,比如已经获得了广泛应用的线性和广义线性网络。即便要用神经网络学习一个中度非线性问题,如果数据量很少且含有噪声时,使用一个线性模型也比使用非线性模型要具有更好的泛化能力。

例如,对于含有 step/threshold/Heaviside 激活函数的多层感知器,含有两个隐层就具有较好的非线性处理能力。而对于在隐层含有连续非线性激活函数的多层感知器来说,理论已经证明,含有一个隐层和任意多的隐层节点数的多层感知器具有拟合任意非线性函数的能力。但没有任何理论指出对于给定问题,究竟需要多少隐层节点数。

如果只含有一个输入,可以就使用一个隐层,而对于多个输入,问题就变得比较复杂。对于一些复杂的函数,特别是含有多个波峰波谷的目标函数,采用两个隐层是有必要的。第二个隐层中的每一个节点可以使网络拟合其中一个波峰或波谷,这样其拟合精度就比较高。然而,使用两个隐层使网络更容易陷入局部最小点,此时使用随机化初始权值和其他全局优化方法就显得非常重要。当权值数目远远小于训练样本数目时,具有双隐层网络所产生的局部极小具有严重的尖峰和毛刺,仅有的好处是对标准 BP 算法而言,由于 BP 算法收敛非常缓慢,这种尖峰和毛刺在实际的训练时间内并不会太明显。多于两个隐层的网路可以用于一些特定的问题如双螺旋问题和 ZIP 代码辨识。

(2) 隐层节点数的选择

隐层节点数是否最优取决于以下因素:①输入和输出层节点数的个数;②训练样本的个数;③目标输出中的噪声;④神经网络所要学习的函数或分类问题的

复杂程度;⑤网络的结构;⑥隐层节点采用的激活函数;⑦训练算法;⑧正则化。多数情况下,除了训练多个网络并估计它们的泛化误差的方法外,没有更好的方法来确定最优的隐层节点数。

根据"偏差—方差两难"的结论可以得出,如果隐层节点数过少,易造成神经网络欠拟合和高偏差,这样训练误差和泛化误差就会很大;如果隐层节点数过多,训练误差可能很低,但易造成神经网络过拟合和高方差,这样泛化误差仍会很大。

确定神经网络参数的一个更明智的做法是考虑是否使用提前停止或一些正则化方法。如果没有使用,设计者应采用不同的隐层节点数试验多次(即试凑法),估计每一个网络的泛化误差后,选择泛化误差估计值最小的网络对应的节点数。训练算法也对隐层节点数的选择产生影响。例如,对于 BP 网络,使用一些传统的优化算法(如共轭梯度法、Levenberg – Marquardt 方法)时,隐层节点数比训练样本数多就很容易造成过拟合;然而,使用在线的标准 BP 算法时,即使采用比训练样本数多的隐层节点数,神经网络仍然很难使训练误差达到最优点附近;增加权值的数目会使标准 BP 算法更容易找到局部最优,即特大型的网络可以同时降低训练误差和泛化误差。

如果设计者使用提前停止方法,那么应使用较多的隐层节点数来避免较差的局部最优,但不宜超过训练样本数;如果设计者使用权值衰减和贝叶斯估计,也可以使用较多的节点,这里建议权值的数目少于训练样本数的一半。

2)训练集扩展方法

当训练集很小时,通过某种方式构造一个虚拟或替代的训练集,来增加训练集的数目,可以提高神经网络的泛化能力。其中,最易实现的方法是在输入加入人为噪声,其他还有基于 K – L 信息度量法扩展网络训练集方法等。

在输入加入人工噪声的作用是增加训练样本的数目和使曲线平滑,从而提高了神经网络的泛化能力。

(1)增加训练样本的数目

当训练集很小时,可以构造一个虚拟或替代的训练集,在没有具体的特定的信息时,增加训练样本数的一个自然的假设是给输入信号中加入噪声信号(例如高斯噪声,对归一化的数据,噪声的方差应小于 1,如可以取 0.1),而目标信号不变,这样就可以获得新的训练数据。假定有 N 个训练样本,分别为 $z^\mu = (x^\mu, y^\mu)$,$\mu = 1, 2, \cdots, N$,根据密度函数($\rho(\xi^\mu)$)得到样本输入噪声向量,这样可以构造出来新的训练样本为 $z^\mu_{new} = (x^\mu + \xi^\mu, y^\mu)$,$\mu = 1, 2, \cdots, N$。此方法之所以有效的原因是由于神经网络要学习的函数大多数是光滑的。换言之,如果两个样本的输入非常接近那么他们的期望输出也非常近似。这意味着可以抽取任一训练样本在其输入加入微小噪声来产生新的训练样本。只要该噪声足够小,则可以假定其期望输出改变量很小,因此可以使用同一目标输出。这样,训练样本的增加会增强训练性能。

(2) 平滑曲线

该方法中输入量改变而目标输出量没有改变,这就平滑了神经网络要学习的曲线,这样网络权值不至于过大,网络复杂度也获得了控制,网络的泛化能力就会有所提高。这与权值衰减和岭回归等正则化方法类似。但需要注意的是,过多的输入噪声会产生无用信息,而过少的输入噪声则起的作用有限。

3) 提前停止

提前停止训练可以减轻神经网络过拟合的程度,其核心思想是通过估计泛化误差来确定训练的停止时刻,即估计的泛化误差不再下降时即停止训练,提前停止训练可以使权值的值不会调整得过大,从而控制了神经网络模型的复杂度。该方法的基本步骤如下:

① 将所有数据分为训练集和验证集;
② 选取较多的隐层神经元;
③ 设定较小的随机初始权值;
④ 使用较小的学习率;
⑤ 在训练过程中阶段性地计算验证集上的误差;
⑥ 当验证误差开始上升时停止训练。

值得注意的是,验证误差并不能较好地估计泛化误差。为获得泛化误差的无偏估计的一种方法是在第三个数据集(检验集,在整个训练过程中不使用)上运行网络来计算误差,作为泛化误差的一个估计值。

提前停止方法有如下优点:

① 训练速度快;
② 已成功应用于权值数目超过样本数目的情况;
③ 只需要设计者确定验证集所占的百分比。

4) 权值衰减

权值衰减是正则化方法中的一种。所谓正则化方法是针对问题的不适定提出的。样本有限时,恢复输入、输出之间的函数关系是个不适定问题。为找到可用的解,可以通过在优化函数上加入约束或惩罚项以获得可用的解。

权值衰减是在误差函数中加入对权值惩罚项。例如 $\sum_i \frac{w_i^2}{w_i^2 + c^2}$ 或 $c * \sum_i w_i^2$,其中 w_i 为第 i 个权值,c 为用户定义的衰减常数。权值惩罚项的作用就是惩罚大的权值,使权值收敛到绝对值较小的范围中去,其他正则化方法中的惩罚项可能不仅是权值。若采用过大的权值会产生以下结果:使输出函数曲面非常粗糙,甚至近似不连续;如果输出层激活函数不进行与训练数据同幅度的限幅,则可能导致输出远远偏离训练数据范围,导致输出方差过大。有时候,权值大小对泛化能力的影响程度要大于权值数目的影响。

另外,当训练集容量较小时,神经网络模型的泛化能力受衰减常数 c 的影响较大。为此,要选择合适的衰减常数。确定衰减常数的一个方法是:采用不同的衰减常数进行训练,找出使泛化误差估计最小的衰减常数即可。

使用权值衰减方法时还应该注意将样本的输入、输出进行归一化。另外,网络中不同的权值(比如从输入到隐层的权值,隐层到隐层的权值,隐层到输出层的权值)需要不同的衰减常数,如何调节这些常数以获得较低的泛化误差需要大量的计算。所幸,比权值衰减更好的方法是贝叶斯学习,它可以对衰减常数进行有效的估计。

5) 贝叶斯学习

用于训练多层感知器的传统方法在统计学上可以解释为一种最大似然估计的变形实现。其思想是找到一组权值来尽可能地拟合训练数据(某些改进方法会加入权惩罚项来避免过拟合)。贝叶斯学派的出发点则与传统的频率论有所不同,在学习中使用概率来表达学习中的不确定性。在看到数据之前,用一个先验分布来表达数据的不确定性,并在看到数据之后允许参与的不确定性用后验分布形式表示。

贝叶斯分析方法的特点是使用概率去表示所有形式的不确定性,用概率规则来实现学习和推理。贝叶斯学习的结果表示为随机变量的概率分布,它可以理解为我们对不同可能性的信任程度。贝叶斯学派的起点是贝叶斯的两项工作:贝叶斯定理和贝叶斯假设。贝叶斯定理将事件的先验概率与后验概率联系起来。假定观测变量 X 取 x 的概率密度表示为 $p(x)$,如果 $p(x)$ 依赖于未知参数 θ,则密度函数表示为 $p(x|\theta)$。设 x、θ 的联合概率分布密度为 $p(x,\theta)$,参数 θ 的边际密度为 $p(\theta)$,通过观测向量获得未知参数向量的估计,贝叶斯定理记作:

$$p(\theta|x) = \frac{\pi(\theta)*p(x|\theta)}{p(x)} = \frac{\pi(\theta)*p(x|\theta)}{\int \pi(\theta)*p(x|\theta)\mathrm{d}\theta} \quad (\pi(\theta) \text{ 是 } \theta \text{ 的先验分布})$$

从上式可以看出,对未知参数向量的估计综合了它的先验信息和样本信息,而传统的参数估计方法如最大似然估计,只从样本数据获取信息。贝叶斯方法对未知参数向量估计的一般过程为:

① 将未知参数看成是随机向量;

② 根据以往对参数 θ 的知识,确定先验分布 $\pi(\theta)$;

③ 计算后验分布密度，做出对未知参数 θ 的推断。

在第②步，如果没有任何以往的知识来帮助确定 $\pi(\theta)$，贝叶斯提出可以采用均匀分布作为其分布，即参数在它的变化范围内，取到各个值的机会是相同的，称这个假定为贝叶斯假设。贝叶斯假设在直觉上易于被人们所接受，然而它在处理无信息先验分布，尤其是未知参数无界的情况时却遇到了困难。经验贝叶斯估计把经典的方法和贝叶斯方法结合在一起，用经典的方法获得样本的边际密度 $p(x)$，然后通过下式来确定先验分布 $\pi(\theta)$：

$$p(x) = \int_{-\infty}^{+\infty} \pi(\theta) * p(x|\theta) d\theta$$

贝叶斯定理的计算学习机制是将先验分布中的期望值与样本均值按各自的精度进行加权平均，精度越高者其权值越大。在先验分布为共轭分布的前提下，可以将后验信息作为新一轮计算的先验，用贝叶斯定理与进一步得到的样本信息进行综合。多次重复这个过程后，样本信息的影响越来越显著。由于贝叶斯方法可以综合先验信息和后验信息，既可避免只使用先验信息可能带来的主观偏见和缺乏样本信息时的大量盲目搜索与计算，也可避免只使用后验信息带来的噪声影响。因此，适用于具有概率统计特征的数据采掘和知识发现问题，尤其是样本难以取得或代价昂贵的领域。合理准确地确定先验，是贝叶斯方法进行有效学习的关键问题。目前先验分布的确定依据只是一些准则，没有可操作的完整理论。在许多情况下先验分布的合理性和准确性难以评价。对于这些问题还需要进一步深入研究。

6）神经网络集成

神经网络集成是指对同一问题用多个神经网络进行学习，集成在某一输入下的输出由构成集合的各个网络的输出共同决定。神经网络集成提出的主要目的是为了解决单个网络存在的问题。

神经网络集成的研究始于 Hansen 和 Salamon 在 1990 年的工作，他们提出可以简单地通过训练多个神经网络并将其结果进行结合，就能显著地提高神经网络系统的泛化能力。由于认识到神经网络集成所蕴涵的巨大潜力和应用前景，在 Hansen 和 Salamon 之后，大量的研究者投身于此研究。从 20 世纪 90 年代中期开始，神经网络集成成为国际机器学习和神经计算界一个相当活跃的研究热点。

神经网络集成实现方法的研究主要集中在两个方面，即如何生成集成中的个体网络以及怎样将多个神经网络的输出结论进行结合。建立个体网络的关键在于个体之间有一定的"差异度"。那么，在个体网络的生成方面，可以采用

Maclin等提出的改变初始权值的方法;Cherkauer、Opitz等提出的改变网络拓扑结构的方法;Hampshire等提出的改变目标函数的方法;改变训练数据的方法如Boosting算法、Bagging算法等。其中,Bagging和Boosting算法是其中比较有效的方法。在结论生成方面,回归分析中最常用的方法是线性结合方法,即简单平均或加权平均;分类中最常用的方法是投票法,包括绝对多数投票法(某分类成为最终结果当且仅当有超过半数的神经网络输出结果为该分类)和相对多数投票法(某分类成为最终结果当且仅当输出结果为该分类的神经网络的数目最多)。

第4章　机器行为智能的实现途径：感知－动作系统

感知－动作系统的概念是由行为主义学派提出的。行为主义学派是人工智能领域最晚出现的学派，又称进化主义（evolutionism）或控制论学派（cyberneticsism），与符号主义、连接主义共同形成 AI 界的三大流派。1991 年，行为主义学派的代表人物布鲁克斯（Brooks）发表了经典论文 Intelligence without representation，提出了"无须知识表示和推理的智能系统"。布鲁克斯认为，人类水平的智能实在是太复杂了，在人们能够拥有足够的关于简单水平智能的实践经验之前，必将无法理解如何正确分解人类水平的智能。因此，探讨并论证了实现人工智能的另外一种方法：对智能行为的模拟。

关于智能行为，布鲁克斯提出三个主要观点：

① 智能行为无须明确使用符号主义 AI 建议的那类表示方法就能够产生。

② 智能行为无须使用符号主义 AI 建议的那类精确的抽象推理就能够产生。

③ 智能是某种复杂系统自然产生的属性。

行为主义学派认为，智能行为产生于主体与环境的交互过程中。主体根据环境刺激产生相应的反应，同时通过特定的反应来陈述引起这种反应的情景或刺激。因此，可以将复杂的行为分解成若干个简单的行为，用对简单行为的快速反馈来替代传统人工智能中的精确的数学模型，从而达到适应复杂、不确定和非结构化的客观环境的目的。目前，行为主义学派所采用的结构上动作分解的方法、处理上分布并行的方法以及由底至上的求解方法，已成为智能机器领域的研究热点。

行为主义学派的代表性成果首推布鲁克斯团队研制的六足行走机器昆虫。布鲁克斯认为要求机器人像人一样去思维太困难了，在做出一个像样的机器人之前，不如先做一个像样的机器虫，由机器虫慢慢进化，或许可以做出机器人。于是他在美国麻省理工学院（MIT）的人工智能实验室成功研制了一个由 150 个传感器和 23 个执行器构成的、能实现 6 足行走的机器人实验系统。该实验系统是一个基于感知－动作模式模拟昆虫行为的控制系统，其基本思想是动作分解而非传统的功能分解,因此可以用简单的有限状态机方法将感知器和执行器有机集成,形成行为产生器。虽然该机器虫不具有类人的推理、规划能力,但其应付复杂环境的能力却大大超过了原有的机器人,在非结构化的自然环境下,具有灵活的防撞功能和漫游功能。

4.1 感知-动作系统概述

感知-动作系统本质上是一种模拟人类或其他生物智能行为的智能主体(agent),能够自主地适应客观环境而不依赖于设计者制定的规则或数学模型。从机器智能的角度看,智能主体就是智能机器人。

4.1.1 感知-动作型智能主体

行为主义的思想认为,智能主体只有在真实环境中通过反复学习才能学会处理各种复杂情况,最终学会在未知环境中运行。

智能主体通常具有以下四种能力:

① 自主性。智能主体运行时对自身行为和内部状态有一定的控制权,具有在没有人类或其他系统的指导和干预下自主发起动作的能力。

② 反应性。智能主体具有感知其所处环境,并对环境发生的变化及时做出动作反应的能力。

③ 社会性。智能主体具有通过某种通信语言与其他智能主体(或人)进行交互的能力。

智能主体的抽象结构如图4.1所示。

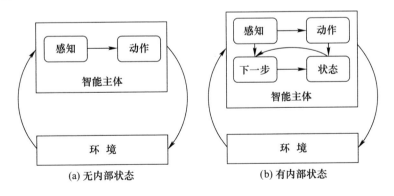

图 4.1 感知-动作型智能主体的抽象结构

感知-动作系统通常包含以下四个功能模块:

① 用于存储待模拟系统的刺激－响应关系集合的知识库。

② 能够感知(观测并识别)系统输入的刺激模式,并将该刺激模式与刺激－响应关系集合库中的刺激模式进行匹配以确定其具体类型。

③ 具有相应的动作机构(相当于人体的效应器官)来模拟智能系统对于相关刺激的响应。

④ 系统输入的刺激模式类型一旦确定就直接启动系统的动作机构产生相应的响应动作。

由上述功能模块实现的感知－动作系统的对智能行为的模拟过程如图 4.2 所示。

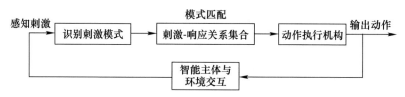

图 4.2　感知－动作系统的智能行为模拟过程

4.1.2　智能主体的协调机制

感知－动作系统作为一种模拟智能行为的智能主体,其核心能力在于系统与所处环境之间的精确联系、系统内部各组成要素之间的相互配合以及多个系统之间的相互协作,而寻求合适的协调机制则是实现这种能力的技术保障。

1) 智能主体与环境间的协调

智能主体对外界环境刺激做出的反应可分为习得性反应和非习得性反应。习得性反应是智能主体在与环境不断交互过程中通过学习获得的;非习得性反应是一种连锁的习得性反应,最终形成具有遗传性的本能。这种使智能主体与环境相适应的协调机制实际上就是一种学习机制。实现主体通过与环境的交互学习动作行为的主要方法包括进化计算和强化学习。

采用进化计算方法为智能主体赋予学习能力主要采用两类方法:一种是采用进化计算建立主体从感知到动作的映射规则,驱动动作执行机构产生相应的动作。最著名的例子是 John Helland 提出的基于遗传算法的"学习分类器系统"(learning classifier system,LCS)。该方法将基于遗传算法的规则发现机制与信用分配增强学习机制相结合,实现了自适应独立在线学习。另一种更广泛采用的方法是在主体内部建立一个行为模型,并采用进化计算驱动该模型进而产生相应于环境的动作行为。例如,采用有限状态机(FSM)建立主体的行为模型,使用进化计算方法驱动行为模型的进化。再如,利用神经网络建立主体行为模型,通过遗传算法对网络参数及拓扑结构进行优化,等等。

强化学习是在没有环境模型的情况下,用对简单控制效果的评估作为反馈进行学习的方法。在强化学习过程中,由环境提供的强化信号是对动作好坏的一种评价,尤其适用于基于行为智能主体的学习过程。

2) 智能主体内部状态间的协调

基于感知-动作框架的智能主体的构建方法是将动作分解成几个具有相互独立状态的专用模块,如避障、漫游、探险等。每一专用模块由传感装置(感知器)直接映射到执行装置(效应器),没有中枢控制系统的作用(图4.3)。虽然各状态之间没有干扰,但极易产生冲突,造成主体无所适从。为了解决上述问题,早期布鲁克斯采用了包容结构的方法,即相邻模块结合时采用抑制和禁止节点。抑制节点加在输入端,控制输入信号,必要时可以进行修改。禁止节点加在输出端,在一定时间里禁止特定信号的输出。由于这种简单的行为组合不具备学习功能,使主体很难完成复杂的动作。为此,在内部状态协调方面引入了进化计算和强化学习等机制,其核心是适应度函数的选取。

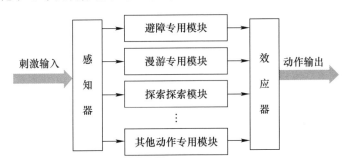

图4.3 行为主义学派的智能系统框架

3) 智能主体间的协调

多主体系统中的协调问题是指多个主体为了以和谐一致的方式工作而进行交互的过程。协调是为了避免主体之间的死锁和活锁。死锁指多个主体无法进行各自的下一步动作,活锁是指多个主体不断工作却无任何进展的状态。

传统人工智能在多机器人系统实施协调时,通常建立一个集中式计算机控制系统,针对目标任务集中组织规划并产生各个机器人控制器的输入指令,控制各机器人的动作达到协作目的。感知-动作系统则从主体特性出发,认为主体具有自治能力和自发行为,即主体不但可以主动与其他主体进行交互。而且可以对其他主体的交互请求给予响应或拒绝。这种由底向上的设计方法首先定义各分散自主的主体,然后研究怎样完成一个或几个主体的任务求解,目前被广泛应用。此外,还有基于"互惠利他"行为策略的强化学习,通过加强各主体的彼此协作获得稳定性能;通过协调进化构造机器人社会;通过遗传算法实现多主体的协作;等等。这些具有高度协调能力的多主体系统(multi-agent system, MAS)更加适合动态、开放的环境,体现了智能主体的社会性。

4.1.3 智能主体的行为智能模拟技术

经过几十年的发展,很多前沿技术理论不断地渗透到行为主义学派的研究中,使以该方法设计的感知-动作系统具有更为复杂的智能行为及协同工作的能力。这些技术主要包括主体技术、软计算和面向主体编程等。

1) 主体技术

主体技术将人工智能领域中的多个分支领域统一起来,通过从感知外部环境到实施行动并对外部环境施加影响的过程,形成一个相互联系的整体,使主体成为一个具有类人智能行为特点的机器人。

在主体概念的框架内利用主体技术开发动作-感知系统,可以建立以下四种主体类型:

① 简单反应型主体。通过其内部的"If condition Then action"规则实现从感知到动作的映射。

② 具有内部状态的反应型主体。内部状态作为历史因素与当前的感知共同产生一个被更新的当前状态,据此指导主体如何动作。

③ 基于目标的主体。主体通过学习、进化计算和强化学习,能够调整内部状态以获得能够到达目标的动作。

④ 基于效用的主体。主体内部具有清晰的效用评价函数,能够对不同的动作过程所获得的利益进行比较,做出理性的决定。

2) 软计算

软计算包括模糊逻辑、神经计算、遗传算法、概率推理和部分学习理论等技术。这些技术密集集成便形成了软计算的核心。通过协同工作,可以保证软计算有效利用人类知识,处理不精确及不确定情况,对未知或变化的环境进行学习和调节,以提高性能。

在基于行为主义的主体框架中,主要采用了遗传算法、增强强化学习和神经网络等计算方法的结合。例如,目前比较先进的方法是以神经网络构建主体的行为模型,通过组合遗传算法和强化学习获得环境知识和适应函数或评价函数,并据此调整网络结构和参数,从而产生能适应环境并完成认准目标任务的动作行为。

3) 面向主体编程

面向主体编程(agent oriented programming, AOP)是一种关于计算的框架。

相对于面向对象(OOP)中的对象而言,主体是一个力度更大、智能性更高,具有一定自主性的实体。

AOP 与 OOP 的相似之处在于,二者都具有实体性和封装状态,可以执行某种动作和方法,通过消息进行通信。二者的主要区别有三点:一是在决定是否执行对象的方法时决定权不同,主体系统的决定权在接受请求的主体,而面向对象系统的决定权在主动调用方法的对象;二是主体具有灵活的行为能力(反应的、预动的、社会的),而对象不具有这样的属性;三是主体具有并行工作特点,而对象并不具有这种特点。

4) 感知-动作系统的设计原则

目前已有许多基于行为主义思想设计的感知-动作系统,能够满足人类多方面的要求。这些系统的成功主要归功于 Barry 提出的三个基本设计原则:简单性原则、无状态原则和高冗余性原则。

简单性原则是指运用快速反馈代替精确的计算,允许通过简单的估算或比较来产生复杂的动作,同时分解的行为之间的相互作用要尽可能小或平行。这种设计方法能使系统简化、开放和更适应环境,而不仅适用于某一特定模型,因而具有设计与现实相匹配的优点。

无状态原则规定设计时必须使系统的内部状态与外在环境保持同步,这就要求所保留的状态不能在系统中长时间起作用。这种设计原则提高了系统的可改变性,使系统更易完善,对环境的变化和其他失误的适应能力更强。

高冗余性原则是使系统能与不确定因素共存,而不是消除不确定因素。由不确定因素所造成的矛盾、冲突和不一致为智能系统的学习和进化提供了多样化选择,使其更加强壮。

4.2 遗传算法原理

遗传算法是一种基于优胜劣汰、自然选择、适者生存和基因遗传思想的优化算法,20 世纪 60 年代产生于美国的密歇根大学。而 John H. Holland 教授 1975 年出版的 "*Adaptation in Natural and Artificial Systems*" 一书通常认为是遗传算法的经典之作,该书给出了遗传算法的基本定理,并给出了大量的数学理论证明。David E. Goldberg 教授 1989 年出版的 "*Genetic Algorithms*" 一书通常认为是对遗传算法的方法、理论及应用全面系统的总结。从 1985 年起,国际上开始举行遗传算法的国际会议,以后则更名为进化计算的国际会议,参加的人数及收录文章的数量、广度和深度逐次扩大。遗传算法已成为人们用来解决高度复杂问题的一个新思路和新方法。目前遗传算法已被广泛应用于许多实际问题,如函数优化、自动控制、图像识别、机器学习、人工神经网络、分子生物学、优化调度等许多领域中的问题。

4.2.1 遗传算法的基本原理与主要特点

1) 遗传算法的基本原理

遗传算法的基本原理是基于达尔文的进化论和孟德尔的基因遗传学原理。进化论认为每一物种在不断的发展过程中都是越来越适应环境。物种的每个个体的基本特征被后代所继承,但后代又不完全同于父代,这些新的变化若适应环境,则被保留下来。在某一环境中也是那些更能适应环境的个体特征能被保留下来,这就是适者生存的原理。遗传学说认为遗传是作为一种指令码封装在每个细胞中,并以基因的形式包含在染色体中,每个基因有特殊的位置并控制某个特殊的性质,每个基因产生的个体对环境有一定的适应性,基因杂交和基因突变可能产生对环境适应性更强的后代,通过优胜劣汰的自然选择,适应值高的基因结构就保存下来。

遗传算法将问题的求解表示成"染色体"(用编码表示字符串)。该算法从一群"染色体"串出发,将它们置于问题的"环境"中,根据适者生存的原则,从中选择出适应环境的"染色体"进行复制,通过交叉、变异两种基因操作产生出新的一代更适应环境的"染色体"种群。随着算法的运行,优良的品质被逐渐保留并加以组合,从而不断产生出更佳的个体。这一过程就如生物进化那样,好的特征被不断地继承下来,坏的特性被逐渐淘汰。新一代个体中包含着上一代个体的大量信息,新一代的个体不断地在总体特性上胜过旧的一代,从而使整个群体向前进化发展。对于遗传算法,也就是不断接近最优解。

2) 遗传算法的主要特点

遗传算法将自然生物系统的重要机理运用到人工系统的设计中,与其他寻优算法必然有着本质的不同。常规的寻优方法主要有三种类型:解析法、枚举法和随机搜索法。

解析法寻优是研究得最多的一种,它一般又可分为间接法和直接法。间接法是通过让目标函数的梯度为零,进而求解一组非线性方程来寻求局部极值。直接法是使梯度信息按最陡的方向逐次运动来寻求局部极值,它即为通常所称的爬山法。上述两种方法的主要缺点是:①它们只能寻找局部极值而非全局的极值;②它们要求目标函数是连续光滑的,并且需要导数信息。这两个缺点使得解析寻优方法的性能较差。

枚举法可以克服上述解析法的两个缺点,即它可以寻找到全局的极值,而且也不需要目标函数是连续光滑的。它的最大缺点是计算效率太低,对于一个实际问题,常常由于太大的搜索空间而不可能将所有的情况都搜索到。即使很著名的动态规划方法(它本质上也属于枚举法)也遇到"指数爆炸"的问题,它对于中等规模和适度复杂性的问题,也常常无能为力。

鉴于上述两种寻优方法有严重缺陷,随机搜索法受到人们的青睐。随机搜索通过在搜索空间中随机地漫游并随时记录下所取得的最好结果。出于效率的考虑,搜索到一定程度便终止。然而所得结果一般尚不是最优值。本质上随机搜索仍然是一种枚举法。

遗传算法虽然也用到了随机技术,但它不同于上述的随机搜索。它通过对参数空间编码并用随机选择作为工具来引导搜索过程向着更高效的方向发展。因此,随机地搜索并不一定意味着是一种无序的搜索。

总的说来,遗传算法与其他寻优算法相比的主要特点可以归纳为:

① 遗传算法是对参数的编码进行操作,而不是对参数本身。

② 遗传算法是从许多初始点开始并行操作,而不是从一个点开始。因而可以有效地防止搜索过程收敛于局部最优解,而且有较大的可能求得全部最优解。

③ 遗传算法通过目标函数来计算适应度,而不需要其他的推导和附属信息,从而对问题的依赖性较小。

④ 遗传算法使用概率的转变规则,而不是确定性的规则。

⑤ 遗传算法在解空间内不是盲目地穷举或完全随机测试,而是一种启发式搜索,其搜索效率往往优于其他方法。

⑥ 遗传算法对于待寻优的函数基本无限制,它既不要求函数连续,更不要求可微;既可以是数学解析式所表达的显函数,又可以是映射矩阵甚至是神经网络等隐函数,因而应用范围很广。

⑦ 遗传算法更适合大规模复杂问题的优化。

4.2.2 遗传算法的基本操作与模式理论

下面通过一个简单的例子,详细描述遗传算法的基本操作过程,然后给出简要的理论分析,从而清晰地展现遗传算法的原理与特点。

1) 遗传算法的基本操作

设需要求解的优化问题为寻找当自变量 x 在 0~31 之间取整数值时函数的最大值。枚举的方法是将 x 取尽所有可能值,观察是否得到最高的目标函数值。尽管对如此简单的问题该方法是可靠的,但这是一种效率很低的方法。下面我们运用遗传算法来求解这个问题。

遗传算法的第一步是先进行必要的准备工作,包括"染色体"串的编码和初始种群的产生。首先要将 x 编码为有限长度的"染色体"串。编码的方法很多,这里仅举一种简单易行的方法。针对本例中自变量的定义域,可以考虑采用二进制数来对其进行编码,这里恰好可用 5 位数来表示。例如,01010 对应 $x = 10$,11111 对应 $x = 31$。许多其他的优化方法是从定义域空间的某单个点出发来求解问题,并且根据某些规则,它相当于按照一定的路线,进行点到点的顺序搜索,这对于多峰值问题的求解很容易陷入局部极值。而遗传算法则是从一个种群(由若干个"染色体"串组成,每个串对应一个自变量值)开始,不断地产生和测试新一代的种群。这种方法从一开始便扩大了搜索的范围,因而可期望较快地完成问题的求解。初始种群的生成往往是随机产生的。对于本例,若设种群大小为 4,即含有 4 个个体,则需按位随机生成 4 个 5 位二进制串。例如,我们可以通过掷硬币的方法来生成随机的二进制串。若用计算机,可考虑首先产生 0~1 之间均匀分布的随机数,然后规定产生的随机数在 0~0.5 之间代表 0,0.5~1 之间的随机数代表 1。若用上述方法,随机生成如下 4 个串:01101、11000、01000、10011,这样便完成了遗传算法的准备工作。

下面介绍遗传算法的三个基本操作步骤。

(1) 选择操作

选择(selection)也称再生(reproduction)或复制(copy),选择过程是个体串按照它们的适应度进行复制。本例中目标函数值即可用作适应度。直观地看,可以将目标函数考虑成为得率、功效等的量度。其值越大,越符合解决问题的需要。按照适应度进行串选择的含义是适应度越大的串,在下一代中将有更多的机会提供一个或多个子孙。这个操作步骤主要是模仿自然选择现象,将达尔文的适者生存理论运用于串的选择。此时,适应度相当于自然界中的一个生物为了生存所具备的各项能力的大小,它决定了该串是被选择还是被淘汰。本例中种群的初始串及对应的适应度列于表 4.1 中

表 4.1 种群的初始串及对应的适应度

序号	串	x 值	适应度	占整体的百分数/%	期望的选择数	实际得到的选择数
1	01101	13	169	14.4	0.58	1
2	11000	24	576	49.2	1.97	2
3	01000	8	64	5.5	0.22	0
4	10011	19	361	30.9	1.23	1
总计			1170	100.0	4.00	4
平均			293	25.0	1.00	1
最大值			576	49.0	1.97	2

选择操作可以通过随机方法来实现。如用计算机来实现,可考虑首先产生

0~1之间均匀分布的随机数,若某串的选择概率为40%,则当产生的随机数在0~0.4之间时该串被选择,否则该串被淘汰。

另外一种直观的方法是使用轮盘赌的转盘。群体中的每个串按照其适应度占总体适应度的比例占据盘面上的一块扇区。对应于本例,依照表4.1可以绘制出轮盘赌转盘,如图4.4所示。选择过程即是4次旋转这个经划分的轮盘,从而产生4个下一代的种群。例如对于本例,串1所占轮盘的比例为14.4%。因此每转动一次轮盘,结果落入串1所占区域的概率也就是0.144。可见与高适应度相对应的串在下一代中将有较多的子孙。当一个串被选中进行选择时,此串将被完整地选择,然后将选择串添入匹配池。因此,旋转4次轮盘即产生出4个串。这4个串是上一代种群的复制,有的串可能被复制一次或多次,有的可能被淘汰。本例中,经选择后的新的种群为01101、11000、11000、10011,这里串1被复制了一次,串2被复制了两次,串3被淘汰了,串4也被复制了一次。

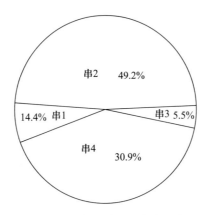

图4.4 选择操作的轮盘赌转盘

(2)交叉操作

交叉(crossover)操作可以分为如下两个步骤:第一步是将新选择产生的匹配池中的成员随机两两匹配;第二步是进行交叉繁殖。具体过程如下。

设串的长度为l,则串的l个数字位之间的空隙标记为$1,2,\cdots,l-1$。随机地从$[1,l-1]$中选取一整数k,则将两个父母串中从位置k到串末尾的子串互相交换,而形成两个新串。例如,本例中初始种群的两个个体分别为:$A_1=01101$和$A_2=11000$。假定从1到4间选取随机数,得到$k=4$,即

$$A_1 = 0110 : 1$$
$$A_2 = 1100 : 0$$

那么经过交叉操作之后将得到如下两个新串

$$A_1' = 01100$$

$$A_2' = 11001$$

其中新串A_1'和A_2'是由老串A_1和A_2将第5位进行交换得到的结果。

表4.2归纳了该例进行交叉操作前后的结果,从表中可以看出交叉操作的具体步骤。首先随机地将匹配池中的个体配对,结果串1和串2配对,串3和串4配对。此外,随机选取的交叉点的位置也如该表所示。结果串1(01101)和串2(11000)的交叉点为4,二者只交换最后一位,从而生成两个新串01100和11001。剩下的两个串在位置2交叉,结果生成两个新串11011和10000。

表4.2 交叉操作

新串号	匹配池	匹配对象	交叉点	新种群	x值	适应度$f(x)$
1	01101	2	4	01100	12	144
2	11000	1	4	11001	25	625
3	11000	4	2	11011	27	729
4	10011	3	2	10000	16	256
总 计						1754
平 均						439
最大值						729

(3) 变异操作

变异(mutation)是以很小的概率随机地改变一个串位的值。如对于二进制串,即是将随机选取的串位由1变为0或由0变为1。变异的概率通常是很小的,一般只有千分之几。这个操作相对于选择和交叉操作而言,是处于相对次要的地位,其目的是为了防止丢失一些有用的遗传因子,特别是当种群中的个体,经遗传运算可能使某些串位的值失去多样性,从而可能失去检验有用遗传因子的机会,变异操作可以起到恢复串位多样性的作用。对于本例,变异概率设为0.001,则对于种群的总共20个串位,期望的变异串位数为$20 \times 0.001 = 0.02$(位),所以本例中无串位值的改变。

从表4.1和表4.2可以看出,在经过一次选择、交叉和变异操作后,最优的和平均的目标函数值均有所提高。种群的平均适应度从293增至439,最大的适应度从575增至729。可见每经过这样的一次遗传算法步骤,问题的解便朝着最优解方向前进了一步。可见,只要这个过程一直进行下去,它将最终走向全局最优解,每一步的操作是非常简单的,而且对问题的依赖性很小。

2) 遗传算法的模式理论

前面通过一个简单的例子说明了按照遗传算法的操作步骤使得待寻优

问题的性能朝着不断改进的方向发展,下面将进一步分析遗传算法的工作机理。

在上面的例子中,样本串第1位的"1"使得适应度比较大,对于该例的函数及 x 的编码方式很容易验证这一点。它说明某些子串模式(schemata)在遗传算法的运行中起着关键的作用。首位为"1"的子串可以表示成这样的模式:1****,其中 * 是通配符,它既可代表"1",也可代表"0"。该模式在遗传算法的一代一代地运行过程中不仅保留了下来,而且数量不断增加。正是这种适应度高的模式不断增加,才使得问题的性能不断改进。

一般地,对于二进制串,在{0,1}字符串中间加入通配符"*"即可生成所有可能模式。因此用{0,1,*}可以构造出任意一种模式。我们称一个模式与一个特定的串相匹配是指:该模式中的1与串中的1相匹配,模式中的0与串中的0相匹配,模式中的 * 可以匹配串中的0或1。例如,模式 00*00 匹配两个串:{00100,00000},模式 *11*0 匹配四个串:{01100,01110,11100,11110}。可以看出,定义模式的好处是使我们容易描述串的相似性。

对于前面例子中的5位字串,由于模式的每一位可取0、1或 *,因此总共有 $3^5 = 243$ 种模式。对一般的问题,若串的基为 k,长度为 l,则总共有 $(k+1)^l$ 种模式。可见模式的数量要大于串的数量 k^l。一般地,一个串中包含 2^l 种模式。例如,串 11111 是 2^l 个模式的成员,因为它可以与每个串位是1或 * 的任一模式相匹配。因此,对于大小为 n 的种群包含有 2^l 到 $n \times 2^l$ 种模式。

为论述方便,首先定义一些名词术语。不失一般性,下面只考虑二进制串。设一个7位二进制串可以用如下的符号来表示

$$A = a_1 a_2 a_3 a_4 a_5 a_6 a_7$$

这里每个 a_i 代表一个二值特性(也称 a_i 为基因)。我们研究的对象是在时间 t 或第 t 代种群 $A(t)$ 中的个体串 $A_j, j = 1, 2, \cdots, n$。任一模式 H 是由三字符集合{0,1,*}生成的,其中 * 是通配符。模式之间有一些明显差别,例如,模式 011*1** 比模式 *****0* 包含更加确定的相似特性,模式 1****1* 比模式 1*1****跨越的长度要长。为此,我们引入两个模式的属性定义:模式次数和定义长度。

一个模式 H 的次数由 $O(H)$ 表示,它等于模式中固定串位的个数。例如,模式 $H = 011*1**$,其次数为4,记为 $O(H) = 4$。

模式 H 的长度定义为模式中第一个确定位置和最后一个确定位置之间的距离,用符号 $\delta(H)$ 表示。例如,模式 $H = 011*1**$,其中第一个确定位置是1,最后一个位置是5,所以 $\delta(H) = 5 - 1 = 4$。若模式 $H = ******0$,则 $\delta(H) = 0$。

下面分析遗传算法的几个重要操作对模式的影响。

(1) 选择对模式的影响

在某一世代 t,种群 $A(t)$ 包含有 m 个特定模式,记为

$$m = m(\boldsymbol{H}, t)$$

在选择过程中,$A(t)$ 中的任何一个串 A_j 以概率 $f_i/\sum f_i$ 被选中进行复制。因此可以期望在选择完成后,在 $t+1$ 世代,特定模式 $\boldsymbol{H}$ 的数量将变为

$$m(\boldsymbol{H}, t+1) = m(\boldsymbol{H}, t) n f(\boldsymbol{H})/\sum f_i = m(\boldsymbol{H}, t) f(\boldsymbol{H})/\bar{f}$$

或写成

$$\frac{m(H, t+1)}{m(H, t)} = \frac{f(H)}{\bar{f}} \tag{4.1}$$

式中:$f(\boldsymbol{H})$ 为在世代 t 时对应于模式 $\boldsymbol{H}$ 的串的平均适应度;$\bar{f} = \sum f_i/n$ 为整个种群的平均适应度。

可见,经过选择操作后,特定模式的数量将按照该模式的平均适应度与整个种群平均适应度的比值成比例地改变。换而言之,适应度高于种群平均适应度的模式在下一代中的数量将增加,而低于平均适应度的模式在下一代中的数量将减少。另外,种群 A 的所有模式 $\boldsymbol{H}$ 的处理是并行进行的,即所有模式经选择操作后,均同时按照其平均适应度占总体平均适应度的比例进行增减。所以可以概括地说,选择操作对模式的影响是使得高于平均适应度的模式数量增加,低于平均值的模式数量减少。为了进一步分析高于平均适应度的模式数量增长,设

$$f(H) = (1+c)\bar{f}, c > 0$$

则上面的方程可改写为如下的差分方程:

$$m(H, t+1) = m(H, t)(1+c)$$

假定 c 为常数,可得

$$m(H, t) = m(H, 0)(1+c)^t \tag{4.2}$$

可见,高于平均适应度的模式数量将呈指数形式增长。

对选择过程的分析表明,虽然选择过程成功地以并行方式控制着模式数量增减,但选择只是将某些高适应度个体全盘复制,或者丢弃某些低适应度个体,而决不会产生新的模式结构,因而性能的改进是有限的。

(2) 交叉对模式的影响

交叉过程是串之间有组织的,然而又是随机的信息交换,它在创建新结构的同时,最低限度地破坏选择过程所选择的高适应度模式。为了观察交叉对模式

的影响,下面考察一个 $l=7$ 的串以及此串所包含的两个代表模式。

$$A = 0111000$$
$$\boldsymbol{H}_1 = *1****0$$
$$\boldsymbol{H}_2 = ***10**$$

首先回顾一下简单的交叉过程,先随机地选择一个匹配伙伴,再随机选取一个交叉点,然后互换相对应的子串。假定对上面给定的串,随机选取的交叉点为3,则很容易看出它对两个模式影响。下面用分隔符"|"标记交叉点。

$$A = 011|1000$$
$$\boldsymbol{H}_1 = *1*|***0$$
$$\boldsymbol{H}_2 = ***|10**$$

除非串 A 的匹配伙伴在模式的固定位置与 A 相同(这里忽略这种可能性),否则模式 $\boldsymbol{H}_1$ 将被破坏,因为在位置 2 的"1"和在置 7 的"0"将被分配至不同的后代个体中(这两个固定位置被代表交叉点的分隔符分在两边)。同样可以明显地看出,模式 $\boldsymbol{H}_2$ 将继续存在,因为位置 4 的"1"和位置 5 的"0"原封不动地进入到下一代的个体。虽然该例中的交叉点是随机选取的,但不难看出模式 $\boldsymbol{H}_1$ 比 $\boldsymbol{H}_2$ 模式 $\boldsymbol{H}_2$ 更易被破坏。若定量地分析,模式 $\boldsymbol{H}_1$ 的定义长度为5,如果交叉点始终是随机地从 $l-1=7-1=6$ 个可能的位置选取,那么显然模式 $\boldsymbol{H}_1$ 被破坏的概率为

$$p_d = \delta(\boldsymbol{H}_1)/(l-1) = 5/6$$

存活的概率为

$$p_s = 1 - p_d = 1/6$$

类似地,模式 $\boldsymbol{H}_2$ 的定义长度为1,它被破坏的概率为 $p_d = 1/6$,存活的概率为 $p_s = 1 - p_d = 5/6$。推广到一般情况,可以计算出任何模式的交叉存活概率的下限为

$$p_s \geq 1 - \frac{\delta(\boldsymbol{H})}{l-1}$$

其中大于号表示当交叉点落入定义长度内时也存在模式不被破坏的可能性。

在前面的讨论中均假设交叉的概率为1,一般情况若设交叉的概率为 p_c,则上式变为

$$p_s \geq 1 - p_c \frac{\delta(\boldsymbol{H})}{l-1} \tag{4.3}$$

若综合考虑选择和交叉的影响,特定模式在下一代中的数量可用下式来

估计

$$m(\boldsymbol{H}, t+1) \geq m(\boldsymbol{H}, t) \frac{f(\boldsymbol{H})}{\bar{f}} \left[1 - p_c \frac{\delta(\boldsymbol{H})}{l-1}\right] \quad (4.4)$$

可见,对于那些高于平均适应度且具有短的定义长度的模式将更多地出现在下一代中。

(3) 变异对模式的影响

变异是对串中的单个位置以概率 p_m 进行随机替换,因而它可能破坏特定的模式。一个模式 $\boldsymbol{H}$ 要存活意味着它所有的确定位置都存活。因此,由于单个位置的基因值存活的概率为 $(1-p_m)$,而且因为每个变异的发生是统计独立的,所以一个特定模式仅当它的 $O(\boldsymbol{H})$ 个确定位置都存活时才存活。从而得到经变异后,特定模式 $\boldsymbol{H}$ 的存活率为

$$(1 - p_m)^{O(\boldsymbol{H})}$$

因为 $p_m \ll 1$,所以上式也可近似表示为

$$(1 - p_m)^{O(\boldsymbol{H})} \approx 1 - O(\boldsymbol{H}) p_m \quad (4.5)$$

综合考虑上述选择、交叉及变异操作,可得特定模式 $\boldsymbol{H}$ 的数量改变为

$$m(\boldsymbol{H}, t+1) \geq m(\boldsymbol{H}, t) \frac{f(\boldsymbol{H})}{\bar{f}} \left[1 - p_c \frac{\delta(\boldsymbol{H})}{l-1}\right] (1 - O(\boldsymbol{H}) p_m) \quad (4.6)$$

模式理论是遗传算法的理论基础,它表明随着遗传算法的一代一代地进行,那些适应度高、长度短、阶次低的模式将在后代中呈指数级增长,最终得到的串即为这些模式的组合,因而可期望性能越来越得到改善,并最终趋向全局的最优点。

4.2.3 遗传算法的实现与改进

1) 编码问题

对于一个实际的待优化的问题,首先需要将问题的解表示为适于遗传算法进行操作的二进制子串,即染色体串,一般包括以下几个步骤:

① 据具体问题确定待寻优的参数。

② 对每一个参数确定它的变化范围,并用一个二进制数来表示。例如,若参数 a 的变化范围为 $[a_{\min}, a_{\max}]$,用一位二进制数 b 来表示,则二者之间满足

$$a = a_{\min} + \frac{b}{2^m - 1}(a_{\max} - a_{\min}) \quad (4.7)$$

这时参数范围的确定应覆盖全部的寻优空间,字长 m 的确定应在满足精度要求

的情况下,尽量取小的 m,以尽量减小遗传算法计算的复杂性。

③ 将所有表示参数的二进制数串接起来组成一个长的二进制字串。该字串的每一位只有 0 或 1 两种取值。该字串即为遗传算法可以操作的对象。

上面介绍的是二进制编码,为最常用的编码方式。实际上也可根据具体问题特点采用其他编码方式,如浮点编码和混合编码等。

2) 初始种群的产生

产生初始种群的方法通常有两种。一种是用完全随机的方法产生。例如,可用掷硬币或用随机数发生器来产生。设要操作的二进制字串总共 p 位,则最多可以有 2^p 种选择,设初始种群取 n 个样本 ($n < 2^p$)。若用掷硬币的方法可这样进行:连续掷 p 次硬币,若出现正面表示 1,出现背面表示 0,则得到一个 p 位的二进制字串,也即得到一个样本。如此重复 n 次即得到 n 个样本。若用随机数发生器来产生,可在 $0 \sim 2^p$ 之间随机地产生 n 个整数,则该 n 个整数所对应的二进制表示即为要求的 n 个初始样本。随机产生样本的方法适于对问题的解无任何先验知识的情况。另一种产生初始种群的方法是,对于具有某些先验知识的情况,可首先将这些先验知识转变为必须满足的一组要求,然后在满足这些要求的解中再随机地选取样本。这样选择初始种群可使遗传算法更快地到达最优。

3) 适应度的设计

遗传算法在进化搜索中基本不利用外部信息,仅以适应度函数(fitness function)为依据。利用种群中每个个体的适应度值进行搜索。因此,适应度函数的选择至关重要,直接影响到遗传算法的收敛速度以及能否找到最优解。一般情况下,适应度函数是由目标函数变换而成的。对目标函数值域的某种映射变换称为适应度的尺度变换。几种常见的适应度函数如下:

$$F(f(x)) = f(x) \tag{4.8}$$

① 若目标函数 $f(x)$ 为最小化问题,令适应度函数

$$F(f(x)) = -f(x) \tag{4.9}$$

这种适应度函数简单直观,但存在两个问题:一个是可能不满足常用的轮盘赌选择中概率非负的要求;另一个是某些代求解的函数值分布相差较大,由此得到的平均适应度可能不利于体现种群的平均性能。

② 若目标函数为最小问题,则

$$F(f(x)) = \begin{cases} c_{max} - f(x), & f(x) < x_{max} \\ 0, & 其他 \end{cases} \tag{4.10}$$

式中:c_{max} 为 $f(x)$ 的最大估计值。若目标函数为最大问题,则

$$F(f(x)) = \begin{cases} f(x) - c_{\min}, & f(x) > x_{\min} \\ 0, & \text{其他} \end{cases} \quad (4.11)$$

式中：$c_{\max}$ 为 $f(x)$ 的最小估计值。这种方法是对第一种方法的改进，称为"界限构造法"，但有时存在界限值预先估计困难或不精确的问题。

③ 若目标函数为最小问题，则

$$F(f(x)) = \frac{1}{1+c+f(x)}, c \geqslant 0, c+f(x) \geqslant 0 \quad (4.12)$$

④ 若目标函数为最大问题，则

$$F(f(x)) = \frac{1}{1+c-f(x)}, c \geqslant 0, c-f(x) \geqslant 0 \quad (4.13)$$

这种方法与第二种方法类似，c 为目标函数界限的保守估计值。

计算适应度可以看成是遗传算法与优化问题之间的一个接口。遗传算法评价一个解的好坏，不是取决于它的解的结构，而是取决于相应于该解的适应度。适应度的计算可能很复杂也可能很简单，它完全取决于实际问题本身。对于有些问题，适应度可以通过一个数学解析公式计算出来；而对于另一些问题，可能不存在这样的数学解析式子，它可能要通过一系列基于规则的步骤才能求得，或者在某些情况下是上述两种方法的结合。

4）遗传算法的操作步骤

利用遗传算法解决一个具体的优化问题，一般分为三个步骤：

（1）准备工作

① 确定有效且通用的编码方法，将问题的可能解编码成有限位的字符串；

② 定义一个适应度函数，用以测量和评价各解的性能；

③ 确定遗传算法所使用的各参数的取值，如种群规模 n，交叉概率 P_c、变异概率 P_m 等。

（2）遗传算法搜索最佳串

① $t=0$，随机产生初始种群 $A(0)$；

② 计算各串的适应度 $F_i, i=1,2,\cdots,n$；

③ 根据 F_i 对种群进行选择操作，以概率 P_c 对种群进行交叉操作，以概率 P_m 对种群进行变异操作，经过三种操作产生新的种群；

④ $t=t+1$，计算各串的适应度 F_i；

⑤ 当连续几代种群的适应度变化小于某个事先设定的值时，认为终止条件满足，若不满足返回③；

⑥ 找出最佳串，结束搜索。

(3) 根据最佳串给出实际问题的最优解

图 4.5 给出了标准遗传算法的操作流程图。

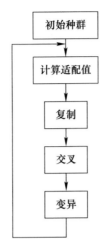

图 4.5　标准遗传算法的操作流程

5) 遗传算法中的参数选择

在具体实现遗传算法的过程中,有一些参数需要事先选择,包括初始种群的大小 n、交叉概率 p_c、变异概率 p_m。这些参数对遗传算法的性能都有很重要的影响。

选择较大数目的初始种群可以同时处理更多的解,因此容易找到全局的最优解,其缺点是增加了每次迭代所需要的时间。

交叉概率的选择决定了交叉操作的频率。频率越高,可以越快地收敛到最有希望的最优解区域;但是太高的频率也可能导致收敛于一个解。

变异概率通常只取较小的数值,一般为 0.001~0.1。若选取高的变异率,一方面可以增加样本模式的多样性,另一方面可能引起不稳定,但是若选取太小的变异概率,则可能难于找到全局的最优解。

自从遗传算法产生以来,研究人员从未停止过对遗传算法进行改进的探索,下面介绍一些典型的改进思路。

6) 遗传算法的改进

(1) 自适应变异

如果双亲的基因非常相近,那么所产生的后代相对于双亲也必然比较接近。这样所期待的性能改善也必然较小,这种现象类似于"近亲繁殖"。所以,群体基因模式的单一性不仅减慢进化历程,而且可能导致进化停止,过早地收敛于局部的极值解。Darrel Wnitly 提出了一种自适应变异的方法如下:在交叉之前,以海明(Hamming)距离测定双亲基因码的差异,根据测定值决定后代的变异概率。若双亲的差异较小,则选取较大的变异概率。通过这种方法,当群体中的个体过于趋于一致时,可以通过变异的增加来提高群体的多样性,也即增加了算法维持全局搜索的能力;反之,当群体已具备较强的多样性时,则减小变异率,从而不破坏优良的个体。

(2) 部分替换法

设 P_G 为上一代进化到下一代时被替换的个体的比例,按此比例,部分个体被新的个体所取代,而其余部分的个体则直接进入下一代。P_G 越大,进化得越快,但算法的稳定性和收敛性将受到影响;而 P_G 越小,算法的稳定性较好,但进化速度将变慢。可见,应该寻求运行速度与稳定性、收敛性之间的协调平衡。

(3) 优秀个体保护法

这种方法是对于每代中一定数量的最优个体,使之直接进入下一代。这样可以防止优秀个体由于选择、交叉或变异中的偶然因素而被破坏掉。这是增强算法稳定性和收敛性的有效方法,但也可能使遗传算法陷入局部的极值范围。

(4) 移民法

移民算法是为了加速淘汰差的个体以及引入个体多样性的目的而提出的。所需的其他步骤是用交叉产生出的个体替换上一代中适应度低的个体,继而按移民的比例,引入新的外来个体来替换新一代中适应度低的个体。这种方法的主要特点是不断地促进每一代的平均适应度的提高。但由于低适应度的个体很难被保存至下一代,而这些低适应度的个体中也可能包含着一些重要的基因模式块,所以这种方法在引入移民增加个体多样性的同时,由于抛弃低适应度的个体又减少了个体的多样性。所以,这里也需要适当的协调平衡。

(5) 分布式遗传算法

该方法将一个总的群体分成若干子群,各子群将具有略微不同的基因模式,它们各自的遗传过程具有相对的独立性和封闭性,因而进化的方向也略有差异,从而保证了搜索的充分性及收敛结果的全局最优性。另外,在各子群之间又以一定的比率定期地进行优良个体的迁移,即每个子群将其中最优的几个个体轮流送到其他子群中,这样做的目的是期望使各子群能共享优良的基因模式以防止某些子群向局部最优方向收敛。分布式遗传算法模拟了生物进化过程中的基因隔离和基因迁移,即各子群之间既有相对的封闭性,又有必要的交流和沟通。研究表明,在总的种群个数相同的情况下,分布式遗传算法可以得到比单一种群遗传算法更好的效果。不难看出,这里的分布式遗传算法与前面的移民法具有类似的特点。

4.3 强化学习

强化学习(reinforcement learning,RL)是近年来机器学习和智能控制领域的主要方法之一。所谓强化学习,即让智能主体(简称主体)和所处的环境进行交互,通过互动进行学习。智能主体通过识别自身感知到的环境状态选择相应的动作对环境做出响应。智能主体与环境的交互通常是在离散的"时间步长"中进行的,$t=0,1,2,\cdots$。在时刻 t,智能主体针对当前环境状态 s_t,选择一个动作 a_t,在下一时刻 $t+1$,环境在动作 a_t 的作用下产生新的状态 s_{t+1},同时智能主体将收到一个奖励 r_{t+1}。在持续交互的过程中,智能主体与环境会产生大量数据,RL 算法将利用产生的数据调整智能主体的动作策略,调整的方向是有利于获得最大的奖赏值,然后再继续与环境交互产生新的数据,并利用新的数据进一步优化自身策略。经过循环往复的强化学习,智能主体将最终学习到使任务整体收益最大化所对应的最优动作策略。

因此,强化学习解决的是在交互过程中以目标为导向的最优动作策略学习问题,目标就是长期收益最大化。

强化学习涉及的主要概念有:

(1) 状态(state)

状态是对智能主体所处外界环境信息的描述。环境信息的形式表示可以是多维数组、图像和视频等,状态应能够准确地描述环境,并充分表达环境的有效特征。用 s 表示状态,用 $V(s)$ 表示状态值,用 $S=\{s_1,s_2,\cdots,s_t,s_{t+1},\cdots\}$ 表示一组状态的集合,s_t 表示时刻 t 的状态,s_{t+1} 表示时刻 $t+1$ 的状态。

(2) 动作(action)

智能主体感知到环境状态后发出的行为动作,如避障、转向、直行等。动作是智能主体对环境的响应,并会造成某种结果。通常一个智能主体只能采取有限的或者固定范围内的动作。用 a 表示动作,用 $A=\{a_1,a_2,\cdots,a_i,\cdots,a_k\}$ 表示一组动作的集合,a_i 表示第 i 步的动作。

(3) 奖励(reward)

奖励又称为回报或报酬,是智能主体发出一个动作后获得的奖励值,该奖励值由某种来自外界的根据实际场景定义的奖励机制给出。奖励值有大小和正负,当智能主体采取的动作对其所执行的任务有利时,将获得正向奖励;当智能主体采取的动作不利于任务时,将获得负向奖励(即惩罚)。奖励值的大小与智能主体的动作产生的效果好坏相关。用 r 表示奖励,用 $R=\{r_1,r_2,\cdots,r_i,\cdots,r_k\}$ 表示一组奖励的集合,r_i 表示对第 i 步动作的奖励。

(4) 策略(policy)

智能主体在完成任务过程中会遵循一定的行为模式,完成从状态到动作的映射,该映射过程称为智能主体的策略,用 π 表示。通常用 $\pi(a|s)$ 表示状态为 s 时选择动作 a 的概率,智能主体的目标是学习一种能获得收益最大化的动作策略。

以上概念就组成了增强学习的完整描述:找到一种策略 π,使得在状态 S 下按照该策略采取的动作 A 能使 R 的期望值最大化。

为了与深度强化学习区分开来,我们将深度学习出现之前的强化学习称为经典强化学习。本章重点介绍经典强化学习的方法与技术。

强化学习的主要适用场景是智能主体的序贯决策问题。所谓序贯决策过程是指从初始状态开始,每个时刻做出最优决策后,接着观察下一步出现的实际状态(即收集新的信息),然后再做出新的最优决策,反复进行直至最后。

图 4.6 给出经典强化学习用到的主要算法及分类。

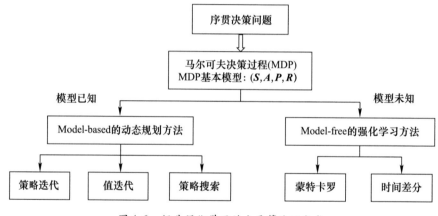

图 4.6 经典强化学习的主要算法及分类

4.3.1 马尔可夫决策过程

在强化学习问题中,智能主体对环境特性的了解常常是不完整的,这种环境知识的缺失会造成不确定性。马尔可夫决策过程适于处理这类问题。

1) 基本概念

(1) 马尔可夫属性

在一系列状态信号中,若某给定状态在 $t+1$ 时刻发生的概率只取决于 t 时刻的状态和动作,而不会因更久前发生的状态和动作而改变,则称这样的状态信号具有马尔可夫属性。例如,棋盘上的棋子布局在 $t+1$ 时刻将发生某种变化的概率,只取决于棋盘在 t 时刻的布局和走棋动作,因此称博弈过程中的棋盘状态信息具有马尔可夫属性。

(2) 马尔可夫过程

马尔可夫过程用一个二元组 (S,P) 表示,且满足:S 是有限状态集合,P 是状态转移概率集合。对应的状态转移概率矩阵为

$$P = \begin{bmatrix} P_{11} & \cdots & P_{1n} \\ \vdots & \ddots & \vdots \\ P_{n1} & \cdots & P_{nn} \end{bmatrix}$$

以上状态序列称为马尔可夫链。当给定状态转移概率时,从某个状态出发存在多条马尔可夫链。

(3) 马尔可夫决策过程

智能主体是通过动作与环境进行交互并从环境中获得奖励的。由于马尔可夫过程不存在动作和奖励,显然不足以描述智能主体的特点。因此需要在马尔可夫过程中将动作和奖励考虑在内,这样的马尔可夫过程称为马尔可夫决策过程(markov decision process,MDP)。MDP 适用的系统具备三个特点:一是状态转移的无后效性;二是状态转移可以有不确定性;三是系统所处的每步状态完全可以观察。

2) 基本模型

MDP 的基本模型是由状态 S、动作 A、状态转移概率 P 和奖励函数 R 组成的四元组。强化学习的目标是给定一个 MDP,寻找最优策略。如果四元组均为已知的,称这样的模型为"模型已知",将已知所有环境因素的学习称为"有模型学习"(model-based learning)。实际情况常常是智能主体无法得知环境中的状态转移概率 P,与之对应的就是"无模型学习"(model-free learning)。

(1) 状态转移概率

设某个智能主体的初始状态为 s_0,MDP 状态转移的动态过程如下:

$$s_0 \xrightarrow{a_0} s_1 \xrightarrow{a_1} s_2 \xrightarrow{a_2} s_3 \xrightarrow{a_3} \cdots$$

给定当前状态 s,经动作 a 作用后,状态转移概率为

$$p(s'|s,a) = P\{s_{t+1} = s' | s_t = s, a_t = a\} \tag{4.14}$$

式(4.14)是对状态转移概率分布的描述,其含义可用矩阵或表格描述。

(2) 奖励函数(reward function)

对于一个状态-动作对,对应的预期奖励为

$$r(s,a) = E[r_{t+1} | s_t = s, a_t = a]) \tag{4.15}$$

式(4.14)和式(4.15)共同构成了智能主体所处环境的模型,给出了有限MDP的动态描述:即给定状态 s 和动作 a,下一时刻的状态 s' 和奖励 r 的概率为

$$p(s',r|s,a) = P_r\{s_{t+1}=s', r_{t+1}=r | s_t=s, a_t=a\} \quad (4.16)$$

由此可得

$$p(s'|s,a) = P\{s_{t+1}=s'|s_t=s, a_t=a\} = \sum_{r\in R} p(s',r|s,a) \quad (4.17)$$

$$r(s,a) = E[r_{t+1}|s_t=s, a_t=a] = \sum_{r\in R} r \sum_{s'\in S} p(s',r|s,a) \quad (4.18)$$

当一组 (s,a) 转移到下个状态 s' 时,预期奖励为

$$r(s,a,s') = E[r_{t+1}|s_t=s, a_t=a, s_{t+1}=s'] = \frac{\sum_{r\in R} r p(s',r|s,a)}{p(s'|s,a)} \quad (4.19)$$

将智能主体在时间 t 时刻之后接受到的奖励序列表示为 $r_{t+1}, r_{t+2}, \cdots, r_T$,用 R_t 表示累积奖励(长期回报)。考虑到实际场景,在计算累积奖励时会引入一个用 γ 表示的折合因子,即

$$R_t = r_{t+1} + \gamma r_{t+2} + \gamma^2 r_{t+3} + \cdots + \gamma^{T-t} r_{t+k+1} = \sum_{k=0}^{T-t-1} \gamma^k r_{t+k+1} \quad (4.20)$$

折合因子 $\gamma \in [0,1]$ 代表未来的回报相对于当前奖励的重要程度。当 $\gamma=0$ 时,相当于只考虑即时奖励而不考虑累积奖励;$\gamma=1$ 时,将累积奖励和即时奖励看得同等重要。

3) 值函数

几乎所有的强化学习算法都涉及对值函数(value function)的评估。值函数包括状态-值函数和状态-动作-值函数(简称动作-值函数)两种形式。状态-值函数用来评估智能主体在给定策略下 π 某状态 s 的价值,一个很自然的想法是利用累积奖励的数学期望来衡量 s 的价值,即状态-值函数=累积回报的数学期望。因此,在策略 π 下,状态-值函数 $V_\pi(s)$ 定义为

$$V_\pi(s) = E_\pi[R_t|s_t=s] = E_\pi\left[\sum_{k=0}^{\infty} \gamma^k r_{t+k+1}|s_t=s\right] \quad (4.21)$$

式(4.21)是值函数最常见的形式,其中 $E_\pi[\cdot]$ 表示随机变量的期望值。

类似地,在策略 π 下针对状态 s 采取动作 a,则状态-动作-值函数用 $Q_\pi(a)$ 定义为

$$Q_\pi(s,a) = E_\pi[R_t | s_t = s, a_t = a] = E_\pi\left[\sum_{k=0}^{\infty} \gamma^k r_{t+k+1} | s_t = s, a_t = a\right]$$
(4.22)

除了提供初始动作 a 以外，$Q_\pi(a)$ 与 $V_\pi(s)$ 类似。

4）贝尔曼方程

贝尔曼方程能建立当前值函数与下一时刻值函数之间的递归关系，从而使值函数能够被迭代求解。下面推导状态 - 值函数的贝尔曼方程：

$$\begin{aligned} V_\pi(s) &= E_\pi[R_t | s_t = s] \\ &= E_\pi[r_{t+1} + \gamma r_{t+2} + \gamma^2 r_{t+3} + \cdots | s_t = s] \\ &= E_\pi[r_{t+1} + \gamma R_{t+1} | s_t = s] \\ &= E_\pi[r_{t+1} + \gamma V_\pi(s') | s_t = s] \end{aligned}$$
(4.23)

可以看出，状态 - 值函数的贝尔曼方程由两部分构成：即时奖励 r_{t+1} 和下一状态的值函数 $V_\pi(s')$ 乘以折合因子。V_π 的含义是：如果持续根据策略 π 来选择动作，那么策略 π 的期望奖励就是当前的即时奖励加上未来的期望奖励。

同样，动作 - 值函数的贝尔曼方程为

$$\begin{aligned} Q_\pi(s,a) &= E_\pi[R_t | s_t = s, a_t = a] \\ &= E_\pi[r_{t+1} + \gamma Q_\pi(s',a') | s_t = s, a_t = a] \end{aligned}$$ (4.24)

状态 - 值函数与动作 - 值函数之间有如下关系

$$V_\pi(s) = \sum_{a \in A} \pi(a | s) Q_\pi(s,a)$$ (4.25)

$$Q_\pi(s,a) = r(s,a) + \gamma \sum_{s' \in S} p(s' | s,a) V_\pi(s')$$ (4.26)

可见，$V_\pi(s)$ 可以用 $Q_\pi(s,a)$ 表示，$Q_\pi(s,a)$ 也可以用 $V_\pi(s)$ 表示，将 $Q_\pi(s,a)$ 和 $V_\pi(s)$ 互相代入可得

$$V_\pi(s) = \sum_{a \in A} \pi(a | s)(r(s,a) + \gamma \sum_{s' \in S} p(s' | s,a) V_\pi(s'))$$ (4.27)

$$Q_\pi(s,a) = r(s,a) + \gamma \sum_{s' \in S} p(s' | s,a) \sum_{a' \in A} \pi(a' | s') Q_\pi(s',a')$$ (4.28)

通过解贝尔曼方程可求得最佳策略。求解方法可分为 Model - based 与 Model - free 两大类，前者主要有策略迭代法和值迭代法，后者主要有 Q - learning 法、时间差分法。

4.3.2 动态规划

动态规划（dynamic programming，DP）关注的是如何用数学方法求解一个决

策过程最优化的问题,其建模与解题思路是,将复杂的原始问题分解为多个可解的且结果可保存的子问题。

动态规划求解的大体思想可分为两种:一种是在已知模型的基础上判断策略的价值函数,并通过价值函数寻找最优的策略和最优的价值函数,这种方法称为值迭代。在值迭代过程中策略没有显示表示,整个过程按动态规划的贝尔曼公式不断进行迭代更新来改进值函数。另一种是直接寻找最优策略和最优价值函数,这种方法称为策略迭代。在策略迭代过程中策略显式表示,可以得到相应的值函数,使用贝尔曼公式改进策略。

1) 最优价值函数

MDP 的目标是寻找一个最优策略 $\pi*$,该策略可在任意初始条件 s 下,使状态 - 值函数最大化,即

$$\pi^* = \arg\max_{\pi} V_{\pi}(s) \tag{4.29}$$

策略与状态 - 值函数一一对应,最优策略对应最优状态 - 值函数,故所有策略中对应的最大状态 - 值函数称为最优状态值函数,定义为

$$V^*(s) = \max_{\pi} V_{\pi}(s) = \max_{a}\left(r(s,a) + \gamma \sum_{s' \in S} p(s' \mid s,a) V^*(s')\right) \tag{4.30}$$

最优状态 - 动作 - 值函数定义为

$$Q^*(s,a) = r(s,a) + \gamma \sum_{s' \in S} p(s' \mid s,a) \max_{a} Q^*(s',a') \tag{4.31}$$

以上两式称为最优贝尔曼方程。最优贝尔曼方程给出了 V^* 和 Q^* 的递归定义形式和求解方法,这种递归形式有利于在具体实现时的求解。

2) 动态规划的优化步骤

动态规划的优化步骤如下:

① 以某个策略 π 开始在环境中采取动作 a,得到相应的 $V_{\pi}(s')$ 和 $Q_{\pi}(s',a')$;

② 用式(4.23)和式(4.24)递归估算 $V_{新\pi}(s)$ 和 $Q_{新\pi}(s,a)$;

③ 持续更新直至值函数不再变化,此时的策略 π^* 就是能够使状态 s 迁移到最有价值状态 $V^*(s)$ 的动作 a。即

$$\pi^* = \arg\max_{\pi} V_{\pi}(s) = \arg\max_{a}\left(r(s,a) + \gamma \sum_{s' \in S} p(s' \mid s,a) V^*(s')\right)$$

$$\tag{4.32}$$

从 Q^* 同样可得到最优策略 π^* 的计算公式

$$\pi^* = \arg\max_{a \in A} Q^*(s,a) \tag{4.33}$$

可以看出,从V^*得到最优策略必须知道状态转移概率$p(s',r|s,a)$,而通过Q^*可以更加方便地计算出最优策略π^*。

4.3.3 蒙特卡罗法

蒙特卡罗法(Monte Carlo Method,MC)是一种解决估值问题的统计模拟方法,因此适合解决强化学习中的Model-free问题。

预测问题定义:给定强化学习的5个要素:状态集S、动作集A、即时奖励R、衰减因子γ和给定策略π,求解该策略的状态-值函数$V_\pi(s)$。

蒙特卡罗法不需要依赖于状态转移概率矩阵P,而是通过采样若干经历完整的状态序列(episode)来估计状态的真实价值,完整的经历越多,学习效果越好。

设给定策略π的经历完整的状态序列有T个状态:$s_1,a_1,r_2,s_2,a_2,r_3,\cdots,s_t,a_t,r_{t+1},\cdots,r_T,s_T$,从式(4.21)可以看出,每个状态的价值函数$V_\pi(s)$等于该状态所获得的所有奖励$R_t$的数学期望值,而这个奖励来自对后续奖励的加权(即折扣因子)求和。

对于MC法来说,要估计某状态的价值,只需求出所有完整序列中该状态出现时的奖励平均值即可得到其近似值。为保证估值计算的有效性,MC法采用了两种估值方法:

① 首次访问(first visit)。当同一状态在一个完整的状态序列中重复出现时,仅把状态序列中第一次出现该状态时的R_t纳入到平均值的计算中。

② 每次访问(every visit)。当同一状态在一个完整的状态序列中重复出现时,针对每次出现的该状态都计算对应的R_t纳入到平均值的计算中。这种方法比较适用于完整的样本序列较少的情况。

为了方便计算,通常采用下式

$$V(S_t) = V(S_t) + \alpha(R_t - V(S_t)) \tag{4.34}$$

的增量平均(incremental mean)形式的状态价值公式进行更新计算。

在MC法的估值程序中会为状态序列设置一个计数器$N(s)$,式(4.34)中的系数α是该计数器的倒数。有时候可能无法准确计算当前的次数,这时可以用系数α来代替。

类似地,对于状态-动作-值函数$Q(S_t,A_t)$,其增量平均形式的更新计算公式为

$$Q(S_t,A_t) = Q(S_t,A_t) + \alpha(R_t - Q(S_t,A_t)) \tag{4.35}$$

4.3.4 时间差分

时间差分(time difference,TD)算法是 MC 思想与 DP 思想的结合。TD 法可以像 MC 法那样,不依赖环境模型而直接从原始经验中学习;又可以像 DP 法那样,部分地基于其他学习的估值对其估值进行更新,而不必等待最终结果进行引导。在强化学习理论中,TD、DP 和 MC 法互相融合的情况普遍存在。

1) SARSA 算法

SARSA 算法属于 On-Policy TD 算法,即在训练中用于计算估值的策略与其采用的所有转移策略是同一套策略。

SARSA 算法的计算逻辑是:计算状态-动作-值函数的估值需研究 $S \rightarrow A \rightarrow R \rightarrow S' \rightarrow A'$ 序列,并对该序列中的估值进行调整,以使贝尔曼方程收敛。可以看出 SARSA 算法的名称正是该系统的缩写。

SARSA 算法的状态-动作-值函数的更新计算公式为

$$Q(S,A) \leftarrow Q(S,A) + \alpha(R + \gamma Q(S',A') - Q(S,A)) \qquad (4.36)$$

式(4.36)中的 α 与式(4.34)相同,其值越小意味着估值平均的周期越长;γ 的值越大,意味着算法越重视远期回报。

2) Q-Learning 算法

Q-Learning 属于 Off-Policy TD 算法,即在训练中用来计算估值并训练的策略与其采用的所有转移策略均不相同。

Q-Learning 算法的状态-动作-值函数的更新计算公式为

$$Q(S,A) \leftarrow Q(S,A) + \alpha \left(R + \gamma \max_{a'} Q(S',A') - Q(S,A) \right) \qquad (4.37)$$

从式(4.37)可以看出,Q-Learning 通过在每个状态下选择具有最大 Q 值的动作给出相应的策略。

4.3.5 深度强化学习

顾名思义,深度强化学习(DRL)是将深度学习与强化学习相结合的产物,这种结合使得智能体能够从高维空间感知信息,并根据得到的信息训练模型、做出决策。DRL 的学习过程可描述为:

① 在每个时刻,agent 与环境交互得到一个高维度的观察,并利用 DL 方法来感知观察,从而得到抽象、具体的状态特征表示。

② 基于预期回报来评价各动作的价值函数,并通过某种策略将当前状态映射为相应的动作。

③ 环境对此动作做出反应,并得到下一个观察。通过不断循环以上过程,

最终可以得到实现目标的最优策略。

DRL 原理框架如图 4.7 所示。

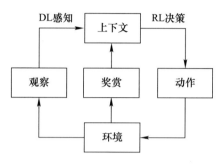

图 4.7 DRL 原理框架

常用 DRL 算法包括基于值的 DRL 算法、基于策略梯度的 DRL 算法、基于模型的 DRL 算法以及基于分层的 DRL 算法等。下面对前两种算法做一简要介绍。

1) 深度 Q 网络模型

深度 Q 网络(deep Q network, DQN)算法是将深度神经网络与 Q - learning 相结合的算法。

(1) DQL 的模型结构

DQN 模型的输入是离当前时刻最近的 4 幅预处理后的图像。输入图像经过 3 个卷积层和 2 个全连接层的非线性变换后,在输出层产生每个动作的 Q 值。图 4.8 描述了 DQN 的模型架构。

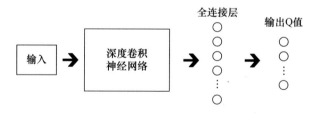

图 4.8 DQN 的模型结构

(2) DQN 的训练算法

图 4.9 给出 DQN 的训练算法流程。为缓解非线性网络表示值函数时出现的不稳定等问题,DQN 主要对传统的 Q 学习算法做了 3 处改进:

① DQN 在训练过程中使用经验回放机制(experience replay),在线处理得到的转移样本 $e_t = (s_t, a_t, r_t, s_{t+1})$。在每个时间步 t,将智能主体与环境交互得到的转移样本存储到回放记忆单元 $D = \{e_1, e_2, \cdots, e_t\}$ 中。训练时,每次从 D 中随

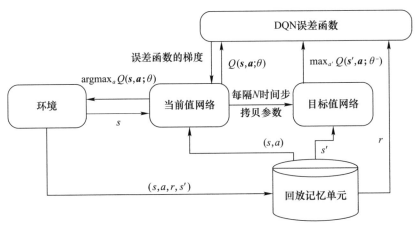

图4.9 DQN的训练算法流程

机抽取小批量转移样本,并使用随机梯度下降算法更新网络参数 θ。随机采样方式能够显著降低样本间的关联性,从而提升了算法的稳定性。

② DQN 除了使用深度卷积网络近似表示当前的值函数之外,还单独使用了另一个网络来产生目标 Q 值。用 $Q(s,a|\theta_i)$ 表示当前值网络的输入,用于评估当前的状态–动作–值函数;用 $Q(s,a|\theta_i^-)$ 表示目标值网络的输出。一般采用 $Y_i = r + \gamma \max_{a'} Q(s',a'|\theta_i^-)$ 近似表示值函数的优化目标,即目标 Q 值。当前值网络的参数 θ 是实时更新的,每经过 N 轮迭代,将当前值网络的参数复制给目标值网络。通过最小化当前 Q 值和目标 Q 值之间的均方误差来更新网络参数。

误差函数为

$$L(\theta_i) = E_{s,a,r,s'}[(Y_i - Q(s,a|\theta_i))^2] \tag{4.38}$$

对参数 θ 求偏导,得梯度如下

$$\nabla_{\theta_i} L(\theta_i) = E_{s,a,r,s'}[(Y_i - Q(s,a|\theta_i))\nabla_{\theta_i} Q(s,a|\theta_i)] \tag{4.39}$$

③ DQN 将奖励值和误差项缩小到有限的区间内,保证了 Q 值和梯度值都处于合理的范围内,提高了算法的稳定性。在解决各类基于视觉感知的 DRL 任务时,DQN 使用了同一套网络模型、参数设置和训练算法,这说明 DQN 方法具有很强的适应性和通用性。

2) 基于策略梯度的深度强化学习

策略梯度(policy gradient,PG)方法直接通过参数对策略建模,且通过奖励直接对策略进行更新,以最大化累积奖励。由于基于策略梯度的算法能够直接优化策略的期望总奖励,并以端对端的方式直接在策略空间中搜索最优策略,与

DQN等间接求解策略的算法相比,基于策略梯度的DRL方法适用范围更广,策略优化的效果也更好。

(1)策略的参数化表示

设在策略π引导下,智能主体经历的状态、动作和奖励序列如下:

$$\tau = (s_0, a_0, r_0, s_1, a_1, r_1, \cdots, s_{T-1}, a_{T-1}, r_{T-1}, s_T)$$

最优策略对应于最优策略获得的期望总奖励,为此可设一个表达策略优劣的评价函数

$$J(\theta) = E[r_0 + r_1 + r_2 + \cdots + r_T | \pi_\theta] \qquad (4.40)$$

我们从第3章了解到,神经网络的误差是网络参数(权值和阈值)的函数,令网络参数的修正量与误差函数的负梯度成正比,可以使误差函数最小化。显然,如果能将式(4.40)表示为某种策略参数的函数,并令策略参数的调整量与该函数的正梯度成正比,即可使策略的奖励最大化。下面将式(4.40)改写为参数θ的函数

$$J(\theta) = E_{r \sim \pi_\theta}\left[\sum_t \tau\right] = \frac{1}{N}\sum_i \sum_t r(s_{i,t}, a_{i,t}) = \frac{1}{N}\sum_i \sum_t r(s_{i,t}, \pi(s_{i,t}|\theta)$$

(4.41)

直观地看,通过对式(4.40)求偏导$\partial J(\theta)/\partial \theta$,即可得到策略梯度$\nabla J(\theta)$。深度策略梯度方法的基本思想是通过各种计算策略梯度的方法直接优化用深度神经网络参数化表示的策略。

(2)Actor-critic框架

Actor-critic(AC)框架是一种TD方法,具有独立的内容结构,以明确表示独立于值函数的策略。AC框架的基本思想是将模型的优化过程分为两个独立的优化角色:用于选择动作的策略结构actor,以及用于评价动作的估计值函数critic。

将AC框架拓展到深度PG方法中,可得到图4.10所示的学习结构。

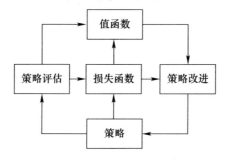

图4.10 基于AC框架的学习结构

(3) DPG 与 DDPG 算法

David Silver 于 2014 年在一篇论文中证明了确定性策略梯度(deterministic policy gradient, DPG)的存在并给出其计算方法

$$\nabla_\theta J(\mu_\theta) = E_{s \sim \rho^\mu}[\nabla_\theta \mu_\theta(s) \nabla_a Q^\mu(s,a)|_{a = \mu_\theta(s)}] \tag{4.42}$$

Lillicrap 等人利用 DQN 扩展 Q 学习算法的思路对确定性策略梯度 DPG 方法进行改造,提出了一种基于 AC 框架的深度确定性策略梯度(deep deterministic policy gradient, DDPG)算法,该算法可用于解决连续动作空间上的 DRL 问题。参数为 θ^Q 和 θ^μ 的深度神经网络分别用来表示值函数 $Q = (s, a | \theta^{\mu Q})$ 和确定性策略 $\mu(s|\theta^\mu)$。其中,值网络 Q 的输入是状态 s 和动作 a,输出是估值,用来逼近状态-动作对的值函数并提供梯度信息,对应 AC 框架中的 critic,又称为 critic 网络;策略网络 μ 的输入是状态,输出是动作,用来更新策略,对应 AC 框架中的 actor,又称为 actor 网络。

DDPG 将目标函数定义为带折扣的期望奖励:

$$J(\theta^\mu) = E_{\theta\mu}[r_1 + \gamma r_2 + \gamma^2 r_3 + \cdots] \tag{4.43}$$

然后,采用随机梯度下降方法来对目标函数进行端对端的优化。Silver 等人证明了目标函数关于 θ^μ 的梯度等价于 Q 值函数关于 θ^μ 的期望梯度:

$$\frac{\partial J(\theta^\mu)}{\partial \theta^\mu} = E_s \left[\frac{\partial Q(s, a | \theta^Q)}{\partial \theta^\mu} \right] \tag{4.44}$$

根据确定性策略 $a = \pi(s|\theta^\mu)$ 可得

$$\frac{\partial J(\theta^\mu)}{\partial \theta^\mu} = E_s \left[\frac{\partial Q(s, a | \theta^Q)}{\partial a} \frac{\partial \pi(s|\theta^\mu)}{\partial \theta^\mu} \right] \tag{4.45}$$

通过 DQN 中更新值网络的方法来更新评论家网络,此时梯度信息为

$$\frac{\partial L(\theta^Q)}{\partial(\theta^Q)} = E_{s,a,r,s' \sim D} \left[(y - Q(s, a | \theta^Q)) \frac{\partial Q(s, a | \theta^Q)}{\partial \theta^Q} \right] \tag{4.46}$$

式中:$y = r + \gamma Q(s', \pi(s'|\hat{\theta}^\mu)|\hat{\theta}^Q)$,$\hat{\theta}^\mu$ 和 $\hat{\theta}^Q$ 分别为目标策略网络和目标值网络的参数。DDPG 使用经验回放机制从数据单元 D 中获得训练样本,并将由 Q 值函数关于动作的梯度信息从 critic 网络传递给 actor 网络,并依据式(4.45)沿着提升 Q 值的方向更新策略网络的参数。

4.4 小脑模型

1975 年,J.S.Albus 提出一种模拟小脑控制肢体运动的原理而建立模型,称

为小脑模型(cerebellar model articulation controller,CMAC)。小脑指挥人体动作时具有不假思索地做出条件反射式迅速响应的特点,这种条件反射式响应是一种迅速联想。CMAC网络有三个特点:一是作为一种具有联想功能的网络,它的联想具有局部推广(或称泛化)能力,因此相似的输入将产生相似的输出,远离的输入将产生独立的输出。二是对于网络的每一输出,只有很少的神经元所对应的权值对其有影响,哪些神经元对输出有影响则由输入决定。三是CMAC的每个神经元的输入、输出是一种线性关系,但其总体上可看作是一种表达非线性映射的表格系统。由于CMAC网络的学习只在线性映射部分,因此可采用简单的算法,其收敛速度比BP算法快得多,且不存在局部极小问题。CMAC最初主要用来求解机械手的关节运动,其后进一步用于机器人控制、模式识别、信号处理以及自适应控制等领域。

4.4.1 CMAC网络的结构

简单的CMAC网络结构如图4.11所示,图中 X 表示 n 维输入状态空间, A 为具有 m 个单元的存储区(也称为相联空间或概念记忆空间)。设CMAC网络的输入向量用 n 维输入状态空间 X 中的点 $X^p = (x_1^p, x_2^p, \cdots, x_n^p)^T$ 表示,对应的输出向量用 $y^p = F(x_1^p, x_2^p, \cdots, x_n^p)$ 表示,图中 $p = 1, 2, 3$。输入空间的一个点 X^p 将同时激活 A 中的 C 个元素(图4.11中 $C=4$),使其同时为1,而其他大多数元素为0,网络的输出 y^p 即为 A 中4个被激活单元对应的权值累加和。C 值与泛化能力有关,称为泛化参数。也可以将其看作信号检测单元的感受野大小。

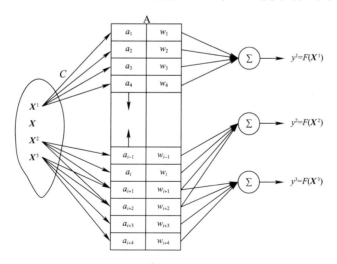

图4.11 简单的CMAC模型结构

一般来说,实际应用时输入向量的各分量来自不同的传感器,其值多为模拟量,而 A 中每个元素只取 0 或 1 两种值。为使 X 空间的点映射为 A 空间的离散点,必需先将模拟量 X^p 量化,使其成为输入状态空间的离散点。设输入向量 X 的每一分量可量化为 q 个等级,则 n 个分量可组合为输入状态空间 q^n 种可能的状态 $X^p, p=1,2,\cdots,q^n$。其中每一个状态 X^p 都要映射为 A 空间存储区的一个集合 A^p,A^p 的 C 个元素均为 1。从图 4.11 可以看出,在 X 空间接近的样本 X^2 和 X^3 在 A 中的映射 A^2 和 A^3 出现了交集 $A^2 \cap A^3$,即它们对应的 4 个权值中有两个是相同的,因此由权值累加和计算的两个输出也较接近,从函数映射的角度看,这一特点可起到泛化的作用。显然,对相距很远的样本 X^1 和 X^3,映射到 A 中的 $A^1 \cap A^3$ 为空集,这种泛化不起作用,因此是一种局部泛化。输入样本在输入空间距离越近,映射到 A 存储区后对应交集中的元素数就越接近 C,其对应的输出也越接近。从分类角度看,不同输入样本在 A 中产生的交集起到了将相近样本聚类的作用。

为使对于 X 空间的每一个状态,在 A 空间均存在唯一的映射。应使 A 存储区中单元的个数至少等于 X 空间的状态个数,即

$$m \geqslant q^n$$

设将三维输入的每个分量量化为 10 个等级,则 $m \geqslant 1000$。对于许多实际系统,q^n 往往要比这个数字大得多,但由于大多数学习问题不会包含所有可能的输入值,实际上不需要 q^n 个存储单元来存放学习的权值。A 相当于一种虚拟的内存地址,每个虚拟地址于输入状态空间的一个样本点相对应。通过哈希编码(Hash-coding)可将具有 q^n 个存储单元的地址空间 A 映射到一个小得多的物理地址空间 A_p 中。

对于每个输入,A 中只有 C 个单元为 1,而其余 q^n 个均为 0,因此 A 是一个稀疏矩阵。哈希编码是压缩稀疏矩阵的常用技术,具体方法是通过一个产生随机数的程序来实现的。以 A 的地址作为随机数产生程序的变量,产生的随机数作为 A_p 的地址。由于产生的随机数限制在一个较小的整数范围内,因此 A_p 远比 A 小得多。显然,从 A 到 A_p 的压缩是一种多对少的随机映射。在 A_p 中,对每一输入样本有 C 个随机地址与之对应,C 个地址存放的权值须通过学习得到,其累加和即作为 CMAC 的输出。

4.4.2 CMAC 网络的工作原理

为详细分析 CMAC 网络的工作原理,以二维输入/一维输出模型为例进行讨论,并将图 4.11 中的 CMAC 模型细化为图 4.12 所示。网络的工作过程可分

解为四步映射。

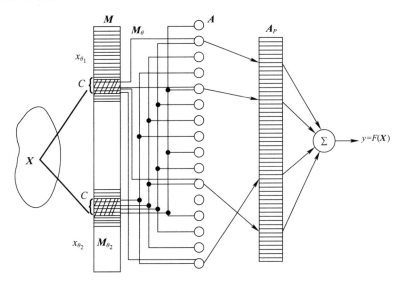

图 4.12 二维输入/一维输出 CMAC 模型

1) 从 X 到 M 的映射

二维 X 空间的两个分量为模拟信号 θ_1 和 θ_2，来自两个传感器，例如 θ_1 和 θ_2 可以代表机器人的两个关节的角度。M 为输入量化器，分为 M_{θ_1} 和 M_{θ_2} 两组，分别对应着两个输入信号。图 4.12 中 M 的每一个小格代表一个感知器，感知器的个数就是对输入信号的量化级数。M_{θ_1} 和 M_{θ_2} 的量化级数不一定相同，它们分别表示对输入信号的分辨率。x_{θ_1} 和 x_{θ_2} 分别为表示输入信号的量化值，对任意输入信号 θ_1 和 θ_2，在 M_{θ_1} 和 M_{θ_2} 中必然各有一个与其量化值对应的感知器被激活。但为了泛化的需要，在与输入量化值对应的感知器周围可有 C 个感知器同时激活。C 代表了泛化范围，其值是设计时由设计者选定的，一般可以选得很大，如 10~100。当 C 选定后，M_θ 中的感知器个数应在量化级数基础上增加 $C-1$ 个。设某个输入分量的量化级数为 9，每个量化值同时激活的感知器数量为 $C=4$，则对于各量化值的激活情况如表 4.3 所列。

表 4.3 感知器激活情况

x_θ	μ_a	μ_b	μ_c	μ_d	μ_e	μ_f	μ_g	μ_h	μ_i	μ_j	μ_k	μ_l
1	1	1	1	1	0	0	0	0	0	0	0	0
2	0	1	1	1	1	0	0	0	0	0	0	0
3	0	0	1	1	1	1	0	0	0	0	0	0

续表

4	0	0	0	1	1	1	1	0	0	0	0	0
5	0	0	0	0	1	1	1	1	0	0	0	0
6	0	0	0	0	0	1	1	1	1	0	0	0
7	0	0	0	0	0	0	1	1	1	1	0	0
8	0	0	0	0	0	0	0	1	1	1	1	0
9	0	0	0	0	0	0	0	0	1	1	1	1

表中列出 M_θ 中的 12 个感知器,分别用 $\mu_a, \mu_b, \cdots, \mu_l$ 表示。从各行情况可以看出,对于输入信号 θ 的任意一个量化值 x_θ,总有 4 个感知器被激活为 1;从各列情况可以看出,对于每个感知器,其对应输入信号量化值的范围最宽可达到 $C=4$。如感知器 $\mu_d \cdots \mu_l$ 对应的 x_θ 取值范围均为 4。

为了分析在 X 空间靠近的样本,在 M 中是否也靠近,下面考虑 X 为一维的情况。将被激活为 1 的感知器用其下标字母表示,将被某一输入信号量化值同时激活为 1 的感知器集合用 m^* 表示,其中包含的兴奋元素的个数用 $|m^*|$ 表示,表 4.3 可转化为表 4.4。

表 4.4 与输入信号量化值对应的感知器

x_θ	m^*			
1	a	b	c	d
2	e	b	c	d
3	e	f	c	d
4	e	f	g	d
5	e	f	g	h
6	i	f	g	h
7	i	j	g	h
8	i	j	k	h
9	i	j	k	l

可以看出,在 X 空间接近的样本,在对应的感知器集合也接近(重叠元素多)。如用 H_{ij} 表示输入空间中两个样本向量量化值的差,则有

$$H_{ij} = |x_i - x_j| = |m_i^*| - |m_i^* \cap m_j^*|$$

例如,对于一维输入空间两个接近的量 $x_\theta = 5$ 和 $x_\theta = 4$,其接近程度为 $H_{ij} = |x_i - x_j| = 1$,则在输出 m^* 中有 $|m_i^*| = 4$,$m_i^* \cap m_j^* = \{e, f, g\}$,$|m_i^* \cap m_j^*| = 3$,其接近程度也为 $H_{ij} = |m_i^*| - |m_i^* \cap m_j^*| = 4 - 3 = 1$。可见,在输入空间接近的

量输出时也接近。

一般情况下,输入是多维的,需要用组合滚动的方式对感知器编号。以二维输入为例,设 x_{θ_1} 量化为 5 级,x_{θ_2} 量化为 7 级,对应的激活感知器编号分别用大写和小写字母表示,结果如表 4.5 和表 4.6 所列。

n 维情况下,$X = (x_{i_1}, x_{i_2}, \cdots, x_{i_n})^T$,则从 X 到 M 的映射为

$$X \to M = \begin{cases} x_{i1} \to m_{i1}^* \\ x_{i2} \to m_{i1}^* \\ \vdots \\ x_{in} \to m_{in}^* \end{cases}$$

表 4.5 与 x_{θ_1} 对应的感知器

x_{θ_1}	m_{θ_1}			
1	A	B	C	D
2	E	B	C	D
3	E	F	C	D
4	E	F	G	D
5	E	F	G	H

表 4.6 与 x_{θ_2} 对应的感知器

x_{θ_2}	m_{θ_2}			
1	a	b	c	d
2	e	b	c	d
3	e	f	c	d
4	e	f	g	d
5	e	f	g	h
6	i	f	g	h
7	i	j	g	h

2) 从 M 到 A 的映射

从 M 到 A 的映射是通过滚动组合得到,其原则仍然是在输入空间相近的向量在输出空间也接近。如果感知器的泛化范围为 C,则在 A 中映射的地址也应为 C 个,而与输入维数无关。仍以二维输入情况为例,从 X 到 M 的映射如表 4.5 和表 4.6 所列。将两表中的感知器用"与"的关系进行组合,得到 A 的地址如表 4.7 所列。

表4.7 由 m_{θ_1} 和 m_{θ_2} 组合的 A 地址

x_{θ_2}	A^*				
7*ijgh*	*AiBjCgDh*	*EiBjCgDh*	*EiFjCgDh*	*EiFjCgDh*	*EiFjGgHh*
6*ifgh*	*AiBfCgDh*	*EiBfCgDh*	*EiFfCgDh*	*EiFfCgDh*	*EiFfGgHh*
5*efgh*	*AeBfCgDh*	*EeBfCgDh*		*EeFfCgDh*	*EeFfGgHh*
4*efgd*	*AeBfCgDd*	*EeBfCgDd*	*EeFfCgDd*	*EeFfCgDd*	*EeFfGgHd*
3*efcd*	*AeBfCcDd*	*EeBfCcDd*	*EeFfCcDd*	*EeFfGcDd*	*EeFfGcHd*
2*ebcd*	*AeBbCcDd*	*EeBbCcDd*	*EeFbCcDd*	*EeFbGcDd*	*EeFbGcHd*
1*abcd*	*AaBbCcDd*	*EaBbCcDd*	*EaFbCcDd*	*EaFbGcDd*	*EaFbGcHd*
x_{θ_1}	1 *ABCD*	2 *EBCD*	3 *EFCD*	4 *EFGD*	5 *EFGH*

从表4.7可以看出,每个 A^* 都是由 x_{θ_1} 和 x_{θ_2} 对应的 m_{θ_1} 和 m_{θ_2} 组合成的。A^* 中含有 C 个单元,即 A 中有 C 个存储单元被激活。以 $\boldsymbol{X}=(1,7)^T$ 为例,$x_{\theta_1}=1$ 对应的激活感知器为 $m_{\theta_1}=ABCE$,而 $x_{\theta_2}=7$ 对应的激活感知器为 $m_{\theta_2}=ijgh$,组合后的单元用 $A^*=(Ai\ Bj\ Cg\ Eh)$ 表示,A^* 是由大写字母和小写字母为标记的 C 个存储单元的集合。A 中有足够的存储单元组合 A^*,可代表 $\boldsymbol{X}$ 所有可能的值。在输入空间中比较相近的向量经过从 $\boldsymbol{X}$ 到 M,再从 M 到 A 的映射,得到的 A^* 集合也较相近。A 中集合间的接近程度可从其交集的大小,即交集所含的元素数得到反映,因此将 A_i^* 和 A_j^* 的交称为 A_i^* 邻域。A 中集合间的分离程度可用其距离反映。A 中两个集合之间的距离可表示为

$$d_{ij} = |A^*| - |A_i^* \cap A_j^*|$$

由表4.7可以看出,对于同一列中的任意相邻行或同一行中的任意相邻列,$\boldsymbol{X}_i$ 和 $\boldsymbol{X}_j$ 的距离 H_{ij} 均为1,对应的 A_i^* 和 A_j^* 的距离 d_{ij} 也等于1。而隔行且隔列的 A_i^* 和 A_j^* 对应的输入样本相距较远,其距离 d_{ij} 也相应较大,读者不妨从表4.7中进一步分析这种规律。

任何两个输入样本 $\boldsymbol{X}_i$ 和 $\boldsymbol{X}_j$ 映射到 A 中的 A_i^* 和 A_j^* 上,两集合交集的大小 $|A_i^* \cap A_j^*|$ 与输入样本 $\boldsymbol{X}_i$ 和 $\boldsymbol{X}_j$ 的邻近程度成正比,而与输入向量的维数无关。A^* 邻域的大小除了相交集合对应的输入样本的邻近程度有关外,还和 C 的选择以及输入向量的分辨率有关。

3) 从 A 到 A_p 的映射

表4.7中,大写字母 A、B、C、D、$\cdots$、H 和小写字母 a、b、c、d、$\cdots$、j 分别表示 A 存储器中前 P_f 个地址的编号和后 P_r 个地址的编号,而 Ai、Bj、Cg、Dh 等表示虚拟的存储地址,在存储器 A 中的 C 个虚拟地址组成 A^*,它代表了 $\boldsymbol{X}$ 空间中的输

入向量。设 X 空间为 n 维，每一维有 g 个量化级，则 A 中至少有 g^n 个相应的 A^*，它对应于 X 空间的每一个样本点。A^* 占据的存储空间很大，但是对于特定的问题，系统并不会历经整个输入空间，这样在 A 中被激励的单元是稀疏的，采用杂散技术，可以将入压缩到一个比较小的实际空间 A_p 中去。

杂散技术是将分布稀疏、占用较大存储空间的数据作为一个伪随机发生器的变量，产生一个占用空间小的随机地址，用于存放 A 中的数据。实现这一压缩的最简单方法是用 A 中的 A^* 地址除以一个大的质数，所得余数就作为一个伪随机码，表示为 A_p 中的地址。例如，Dg 可用两位 BCD 码表示，第一位表示 D 的编号，第二位表示 g 的编号。一位 BCD 码需 4 比特，在 A 中需 $2^8=256$ 个地址，若 A_p 中有 16 个地址，可取质数 17 去除 A 的地址，余数为 A_p 的地址，照此可得到从 2^8 个地址到 16 个地址中的映射。读者容易想到，A 中不同的地址在 A_p 中会映射到同一地址。事实上用杂散技术确实会不可避免地带来地址冲撞的问题，但如果映射的随机性很强，将大大减少冲撞的概率。在 CMAC 中忽略这种冲撞，是因为冲撞不强烈时，可将其看作一种随机扰动，通过学习算法的迭代过程，可逐步将影响减小，而不影响输出结果。

4) 从 A_p 到 F 的映射

经过以上映射，在 A_p 中有 $|A^*|$ 个随机分布的地址，每个地址中都存放了一个权值，CMAC 网络的输出就是这些权值的迭加，即

$$Y = F(X) = \sum_{i \in A^*} w_i$$

对于某一输入样本 X，通过下面将要介绍的学习算法调整权值，可使 CMAC 产生期望的输出。

4.4.3 CMAC 网络的学习算法

CMAC 网络采用 δ 学习算法调整权值，图 4.13 给出其示意图。用 F_0 表示对应于输入 X 的期望的输出向量，$F_0 = (F_{01}, F_{02}, \cdots, F_{0r})$，权值调整公式为

$$\delta_j = F_{0j} - F(X) \tag{4.47}$$

$$w_{ij}(t+1) = w_{ij}(t) + \eta \frac{\delta_j}{|A^*|}, i=1,2,\cdots,n; j=1,2,\cdots,r \tag{4.48}$$

网络的 r 个输出为

$$y_j = F_j(X) = \sum_{i \in A^*} w_{ij}, j=1,2,\cdots,r \tag{4.49}$$

CMAC 的权值调整有两种情况：一种为批学习方式，即将训练样本输入一轮

后用累积的 δ 值代入式(4.48)调整权值；另一种为轮训方式，即每个样本输入后都调整权值。前一种方式可采用线性代数方程的雅可比迭代法，后一种则可采用高斯－赛德尔迭代法。

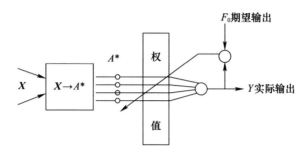

图 4.13 CMAC 网络的权值调整

4.4.4 CMAC 网络的应用

图 4.14 中给出一个 CMAC 与机器人关节臂相连的系统。设 θ、θ' 和 θ'' 分别表示机器人手臂关节的角度向量、角速度向量和角加速度向量，T 表示机器人手臂关节的驱动力矩向量，机器人关节的动力学方程为

$$\theta'' = g(\theta, \theta', T)$$

为使机器人关节获得角加速度，须在关节上施加一定的力矩 T，其表达式应为

$$T = g^{-1}(\theta, \theta', \theta'')$$

式中：g^{-1} 为 g 函数的逆函数，描述了机器人关节的动力学特性。若 g 已知且 g^{-1} 存在，可用上式计算 T。当 g^{-1} 未知时，可用 CMAC 网络学习函数 g^{-1}，从而使 CMAC 的输出 Y 与 T 一致。

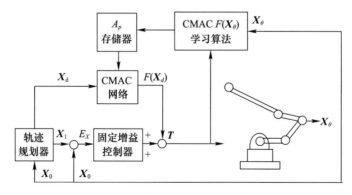

图 4.14 CMAC 网络用于机器人关节控制

当用该系统控制机器人的一个手臂关节时,变量 θ、θ' 和 θ'' 均为标量,其量化值 x_θ、$x_{\theta'}$、$x_{\theta''}$ 共同构成了 CMAC 网络的三维输入空间 X_θ。系统工作过程如下:将对应于机器人手臂关节实际状态的输入 X_θ 加到一个 CMAC 学习算法上,该算法输出 $F(X_\theta)$,学习过程中的权值存放在 A_p 的存储单元中。图中另一个 CMAC 网络是专供输出使用的,两个 CMAC 网共用 A_p 存储器。学习 CMAC 网负责将调整后的权值存入 A_p 存储器,而输出 CMAC 网负责根据 A_p 中存放的权值和期望状态 X_d 产生输出 $F(X_d)$。

在系统的每个控制周期,由轨迹规划器产生一个理想状态 X_i,而机器人的实际输出状态为 X_θ,两者之差为 E_X。该误差经过固定增益控制器产生误差驱动力矩 T。此外,轨迹规划器还根据系统的实际状态 X_θ 和下一控制周期的理想状态 X_i 规划出系统的期望状态 X_d,以其作为输出 CMAC 网络的输入。系统开始运行时,A_p 存储器中权值为零,所以第一次运行时 CMAC 网络的输出为 $F(X_d)=0$。固定增益控制器将误差放大后直接作为初始驱动力矩去控制机器人的手臂关节。在下一个控制周期,根据系统的实际输出 X_θ 状态,学习 CMAC 网络通过 CMAC 算法计算出权值调整量为

$$\Delta W = \frac{\mu [T - F(X_\theta)]}{|A^*|}$$

式中:T 为上一控制周期中实际施加于机器人手臂的力矩;$F(X_\theta)$ 为 CMAC 网络在 X_θ 输入后得到的输出。调整后的权值存入 A_p 存储器后,输出 CMAC 网络根据期望状态产生的 $F(X_d)$ 不再为零。$F(X_d)$ 与增益控制器输出的力矩相叠加得到驱动力矩 T 去控制机器人手臂。

经过几次训练后,机器人的手臂运动很快就与要求的轨迹相一致。训练结束后,X_θ 与 X_i 相同,$E_X = 0$,因此驱动力矩 $T = F(X_d)$,即 $F(X_d)$ 体现了 $g^{-1}(\theta, \theta', \theta'')$ 的特性。系统工作时如受到外界干扰,会在机器人手臂运动中叠加一个错误扰动 $X_{\theta'}$,由该扰动产生的 $F(X_{\theta'})$ 使 CMAC 学习网络工作,对权值进行调整,系统很快会适应外界变化。

CMAC 网络是一种自适应控制网络,因学习收敛速度快,精度较高,在实时工作时非常有用。

第5章 机器获取知识的途径:机器学习

人类获取知识的基本手段是学习,人的认知能力和智慧才能就是在毕生的学习中逐步形成的,学习能力是人类智能的重要标志。面对信息社会的海量信息,迫切需要具有学习能力的智能机器来模拟和延伸自己的学习能力,帮助我们从大数据中提取有用的知识,实现知识获取的自动化。这样的需求催生了人工智能领域的一个极为重要的分支:机器学习(learning machine,LM)。机器学习是对人类学习的计算机模拟与实现,是使计算机具有智能的基本途径和重要标志。

5.1 机器学习概述

人类学习表现为接受前人积累的科学文化知识和技能,丰富自己的知识和经验,认知相关规律,并利用这些知识、经验和规律来举一反三、融会贯通地认知新知识和解决(类似的)新问题。不同学科对学习这个概念有不同的描述。

5.1.1 机器学习的概念

美国工程院院士汤姆·米歇尔(Tom·Michell)教授认为,机器学习即"利用经验改善计算机系统自身的性能"。

著名的人工智能学者西蒙(Simen)对学习给出的定义是:"如果一个系统能够通过执行某种过程而改变它自身的性能,这就是学习。"西蒙还指出,学习"能够让系统在执行同一任务或同类的另外一个任务时比前一次执行更好的任何改变"。

西蒙在对学习的定义中提出了三个要素,即过程、系统和性能改进。第一,学习是一个过程;第二,学习过程是由一个学习系统来执行的,显然,如果这个系统是人,即为人类学习,如果这个系统是计算机,即为机器学习;第三,学习的结果将带来系统性能的改进,即熟能生巧,越做越好!

西蒙的定义虽然比较宽泛,但这一阐述统一了人类学习与机器学习的概念。从人工智能的角度看,机器学习是对人类学习的计算机模拟与实现,两者是模型与原型的关系,概念定义的一致性强化了机器学习拟人或类人的意义。正如工程师兼心理学家 Peter Rudin 所说的,人类和机器学习都能产生知识,但一个产生于人类大脑,而另一个则产生于机器。

图 5.1 将机器学习过程与人类学习过程进行了类比,机器学习中将前人积累的科学文化知识和技能称为历史数据,对这些历史数据进行归纳总结的过程称为训练,训练得到的知识、经验和规律统称为"模型",模型对新数据的输出称为预测。机器学习首先需经过训练过程建立模型,再利用模型完成预测过程。

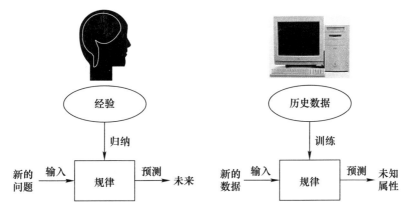

图 5.1 机器学习过程与人类学习过程的类比

5.1.2 机器学习的研究内容

机器学习是研究如何使机器具有学习能力的交叉学科领域,与神经科学、认知心理学、逻辑学、概率统计学、教育学等学科都有着密切联系。其目标是使机器系统能像人一样进行学习,并能通过学习获取知识、积累经验、发现规律、不断改善系统性能,从而实现自我完善。

早期的机器学习主要基于统计学模型。美国加州大学伯克利分校的迈克尔·欧文·乔丹(Michael L. Jordan)教授本身既是计算机学家又是统计学家,他对具体问题、模型、方法和算法进行了系统深入的研究,推动了统计机器学习理论框架的建立和完善。自多伦多大学的杰弗里·希尔顿(Geoffrey Hinton)教授提出深度学习方法以来,机器学习迎来了新的转折,基于深度学习框架的机器学习技术在机器视觉、语音识别、自然语言处理等领域取得令人瞩目的应用成果,成为当前最热门的机器学习发展方向。

机器学习的巨大应用潜力在棋类游戏中得到充分的展示。最早的著名案例是 1959 年美国的 IBM 公司的塞缪尔(Samuel)设计的一款下跳棋程序,这个具有自学能力的程序能够在不断的对弈中改进自身的棋艺,4年后它战胜了设计者本人,又过了3年,美国一位保持了8年不败纪录的冠军也输给了这个会学习的下棋程序。1997年5月,运行于IBM深蓝超级计算机的国际象棋程序击败了国际象棋大师卡斯巴罗夫。2016年3月,具有超强学习能力的谷歌人工智能系统"阿尔法围棋"(AlphaGo)与人类围棋高手李世石举行了一场举世瞩目的人机大战,结果AlphaGo以4∶1完胜。

机器学习主要研究以下三方面问题:

① 学习机理。这是对人类学习机制的研究,即人类获取知识、技能和抽象概念的天赋能力。通过这一研究,将从根本上解决机器学习中存在的种种问题。

② 学习方法。研究人类的学习过程,探索各种可能的学习方法,建立起独立于具体应用领域的学习算法。机器学习方法的构造是对生物学习机理进行简化的基础上,用计算的方法进行再现。

③ 学习系统。根据特定任务的要求,建立相应的学习系统。

机器学习特别擅长解决分类、回归、聚类、降维等基本问题,由于很多实际问题都可以归结为其中的一种,机器学习的成果已经在数据分析、机器视听觉、自然语言处理、自动推理、智能决策等诸多领域得到应用并取得巨大成功。

5.1.3 机器学习系统的基本构成

1997年,有米歇尔(Mitchell)教授曾对机器学习做过这样的阐述:"如果一个程序在使用既有的经验(E)执行某类任务(T)的过程中被认为是'具备学习能力的',那么它一定需要展现出:利用现有的经验(E),不断改善其完成既定任务(T)的性能(P)的特性。"

这段描述抽象出一个机器学习问题的三个基本特征,即任务T,经验E的来源和度量任务完成情况的性能指标P。下面我们通过两个例子来理解机器学习问题。

例5.1 设计一个学习下跳棋的机器学习程序,要求这个程序通过不断与自己下棋,获取经验,并不断从经验中学习,提高自身的下棋水平,最终达到程序设计者事先无法预料的水平。

在此例中,任务T是下跳棋,经验E的来源是和自己对弈,性能指标P可以自行定义,例如,定义为机器学习程序在对弈中击败对手的百分比。

例5.2 设计一个过滤垃圾邮件的机器学习程序,要求这个程序通过学习用户标记好的垃圾邮件和常规非垃圾邮件示例(系统用于学习的示例称为训练集),学会自动标记垃圾邮件。

在此例中,任务T是标记新邮件是否为垃圾邮件,经验E的来源是训练集的示例数据,性能指标 P 可定义为正确分类的电子邮件的比例。

根据米歇尔对机器学习的阐述和对上述实例分析,可以得出一个学习系统须满足的四个基本要求。

首先,学习系统进行学习时要有良好的信息来源,称为学习环境。学习环境对学习的重要性如同学校、教师、书本、实验室对学生的重要性一样。

其次,学习系统自身要具有一定的学习能力和有效的学习方法。学习环境为学习系统提供了必要的信息和条件,但处于同一学习环境的同班学生,由于具有不同的学习能力以及采用了不同的学习方法,其学习效果也会大不相同。

再次,学习系统必须做到学以致用,将学习获得的信息、知识等用于系统所要解决的实际问题,例如估计、预测、分析、分类、决策、控制等。

最后,学习系统应能够通过学习提高自身性能。学习的目的正是通过增长知识、提高技能从而改进系统的性能,使其在解决问题时做得越来越好。

为了实现以上基本要求,一个学习系统的基本构成至少应包括 4 个重要环节:环境、学习环节、知识库和执行环节,图 5.2 给出机器学习系统的基本构成。

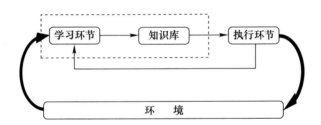

图 5.2 机器学习系统的基本构成

其中,环境向系统的学习环节提供获取知识所需的工作对象的信息,学习环节利用这些信息修改知识库,以增进系统执行环节完成任务的效能,执行环节根据知识库完成任务,同时把获得的信息反馈给学习环节。在具体的应用中,环境、知识库和执行部分决定了具体的工作内容,学习环节所需要解决的问题完全由上述三部分确定。每个环节的具体功能如下:

1) 环境

环境为学习系统提供了用某种形式表达的外界信息。如何构造高水平和高质量的信息对学习系统获取知识的能力至关重要。

信息的水平是指信息的抽象化程度。高水平信息比较抽象,能适应于更广泛的问题;低水平信息比较具体,只使用于个别问题。环节提供的信息水平往往与执行环节所需的信息水平有差距,这时就需要学习环节来缩小这个差距。如果环境提供的是较抽象的高水平信息,则针对比较具体的对象,学习环节就需要补充一些与其相关的细节,以便执行环节能将其用于该对象。如果环境提供的是较具体的低水平信息,学习环境就要在获得足够的数据后,删去不必要的细节,然后再进行总结推广,归纳出适用于一般情况的规则,以便执行环节能用这些规则完成更广的任务。可见如果环境提供的信息水平很低,会大大增加学习环节的负担和设计难度。

信息的质量是指对事物表述的正确性、选择的适当性和组织的合理性。信息质量的好坏会严重影响机器学习的难度。向学习系统提供的示例既能准确表述对象,示例的提供次序又利于学习,系统归纳起来就比较容易。如果这些示例中不仅有严重的噪声干扰,而且次序也很不合理,学习环节就很难对其进行归纳。

2) 学习环节

学习环节负责提供各种学习算法,用于处理环境提供的外部信息,并将这些信息与执行环节反馈回来的信息进行比较。一般情况下,环节提供的信息水平与执行环节所需要的信息水平存在差距,学习环节需要经过一番分析、综合、归纳、类比等思维过程,从这些差距中获取相关对象的知识,并将这些知识存入知识库。

3) 知识库

知识库用于存放学习环节学到的知识,其形式与知识表示直接相关。如第2章所述,常用的知识表示方法有谓词逻辑、产生式规则、语义网络、框架、过程、特征向量、黑板结构、Petri 网络、神经网络等。机器学习系统的设计师们总是选择那些表达能力强且易于推理知识表示方法,这样才易于修改和扩展相应的知识库。

一个学习系统不可能在完全没有知识的情况下凭空学习,因此知识库中会有一定的初始知识作为基础,然后在此基础上通过学习过程对已有知识进行扩充和完善。

4) 执行环节

执行环节与学习环节相互联系并相互影响。学习环境的目的就是改善执行环节的行为,而执行环节的复杂度、反馈信息和执行过程的透明度都会对学习环节产生一定的影响。

所谓复杂度是指完成一个任务所需要的知识量,例如,一个玩扑克牌的任务大约需要 20 条规则,而一个医学诊断专家系统可能需要几百条规则。

由学习系统或人根据执行环节的执行情况,对学习环节所获取的知识进行评价,这种评价就称为反馈信息。学习环节主要根据反馈信息来决定是否需要从环境中进一步获取信息,以修改和完善知识库中的知识。

透明度高的执行环节更容易根据执行效果对知识库的规则进行评价,所以执行环节的透明度越高越好。

5.2 机器学习的基本方法

人类在实践中总结了各种行之有效的学习方法和学习策略,好的学习方法会使学习事半功倍。

机器学习同样要讲究学习方法和学习策略,并以学习算法的形式予以实现。经过几十年的发展,机器学习领域积累的学习算法日益丰富,按照学习方式可以将机器学习算法分为监督学习、无监督学习、半监督学习和强化学习(图5.3)。目前,应用最广的机器学习方式是监督学习和无监督学习。这两类学习方式在长期的发展中积累了很多著名的算法,这些算法在解决分类、聚类、回归和降维等问题时表现出强大的优势。

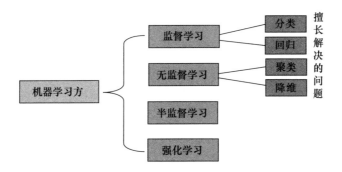

图 5.3 机器学习的四类学习方式

强化学习已在前面章节中涉及,下面分别介绍前三类机器学习方法的基本特点。

5.2.1 监督学习

在监督学习(supervised learning)中,机器学习系统的输入数据称为"训练样本",每个训练样本对应一个明确的标注。

例如,对手写数字识别系统中的每个手写数字,需事先分别用数字0、1、2、3、4、5、6、7、8、9进行标注。这些标注为机器学习系统的训练提供了"教师信号"或"期望输出"。在监督学习过程中,系统将每个输入训练样本的实际输出结果与对应的标注进行比较,根据两者之间的差距(即误差)对学习系统的模型进行调整,直到系统的输出结果达到一个预期的准确率。

再如,对过滤垃圾邮件系统中每一个参加训练的邮件样本,需根据实际情况事先将其标注为"垃圾邮件"或"非垃圾邮件",机器学习算法对标注邮件样本进行训练后,提炼出其中蕴含的分类规则,利用这些分类规则即可将未知邮件分类为垃圾邮件或非垃圾邮件。

显然,在监督学习方式中起监督作用的是每个训练样本对应的标注信息,有了标注信息就能计算出系统对每个输入样本的实际输出与标注信息之间的误差,并在误差的引导下改进系统性能,从而通过减小乃至消除误差改善系统性能。

监督学习常用来解决分类问题和回归问题。所谓分类就是先将样本的特征与各个类别的标准特征进行匹配,然后将输入数据标识为特定类的成员。但类别的标准特征往往是未知的,需要采用合适的机器学习算法从大量类别已知的样本数据(称为标注数据)中自动学习类别标准,这个过程就是监督学习。回归问题要求算法基于连续数据建立输入—输出之间的函数模型,输入可以是一个或多个自变量,输出是函数值。回归算法有线性和非线性之分。

5.2.2 无监督学习

与监督学习相比,无监督学习(unsupervised learning)的训练样本没有人为的标注信息。学习系统需根据样本间的相似性自行推断出数据的内在结构,这样的任务称为聚类(clustering)。聚类任务的特点是,所有训练样本都没有标注类别信息,对这类样本进行分类实际上是根据样本之间的相似性进行聚类。从学习方式的看,聚类就是一种典型的无监督学习。

异常检测(anomaly detection)也是一种常用的无监督学习。所谓异常,是相对于其他观测数据而言有明显偏离的数据。所谓异常检测,是一类用于识别不符合预期行为的异常模式的技术,这些技术可以识别出数据中的"另类",找出那些"不合群"的异常点,如异常交易、异常行为、异常用户、异常事故等。异常检测常见的应用场景主要有以下5类。

① 金融领域:从金融数据中识别"欺诈案例",如信用卡申请欺诈、虚假信贷等。

② 网络安全领域:网络入侵检测可识别可能发出黑客攻击的网络流量中的特殊模式,从而找出"入侵者"。

③ 电商领域:从交易数据中识别"恶意买家",如恶意刷屏团伙。

④ 系统健康性监测:设备故障发现。

⑤ 工业界:通过异常检测手段进行不合格产品的检测。

异常点主要有三种类型:

单点异常(global outliers),如果某个样本点明显与全局大多数点都不一样,则这个"不合群"的单个数据就是异常的。

上下文异常(contextual outliers):这类异常多为时间序列数据中的异常行为或现象,如果某个时间点的表现与前后时间段内存在较大的差异,那么该异常为一个上下文异常点。例如,旅游购物期间信用卡的花费比平时高出好多倍属于正常情况,但如果是被盗刷卡,则属于异常情况。再如,在某个城市的春天气温时序数据中,某一天温度为5℃,而前后的气温都在9～11℃的范围,那么这一天的气温就是一个上下文异常。

集体异常(collective outliers):这类异常是由多个对象组合构成的,单独看某个个体数据可能并不存在异常,但这些个体同时出现,则构成了一种异常,即只能根据一组数据来确定行为是否异常。例如,蚂蚁搬家式地拷贝文件,这种异常通常属于潜在的网络攻击行为。假如某天某单位有一位员工拉肚子,这是一件很正常的事,但如果同一天有几十位员工集体腹泻,那就构成了集体异常,因为这有可能是食堂饭菜卫生出了问题。

5.2.3 半监督学习

监督学习的所有训练样本都有标注,模型从数据和标注中学习二者的内在关系;无监督学习的所有训练样本都没有标注,模型从数据中学习其自身的结构。然而,客观世界中遇到的大量情况是:只有少量有类别标签的样本和大量的无类别标签的样本。这就意味着训练集里一部分样本标注了类别,另一部分没有标注类别。如果将大量未知类别的样本弃之不用,就会造成数据和资源的浪费。

半监督学习(semi-supervised learning)(又称弱监督学习)将无监督学习与监督学习相结合,将大量没有类别标签的样本加入到有限的有类别标签的样本中一起进行训练。半监督学习的理论前提是模型假设,实验研究表明:当模型假设正确时,无类别标签的样本能对学习性能起到改进作用,其效果往往明显优于单纯的监督学习或无监督学习;当模型假设不正确时,反而会恶化学习性能,导致半监督学习的性能下降。因此,半监督学习的效果取决于假设是否与实际情况相符。

最常见的模型假设为聚类假设(cluster assumption),即假设样本数据种存在簇结构,同一个簇的样本应属于同一个类别,所以当两个样本位于同一聚类簇时,它们大概率具有相同的类别标签。

图5.4(a)中是一个半监督学习的训练集,其中黑色和灰色圆点为标注样本,空心圆为无标注样本。如果采用监督学习方法,只能对10个标注样本分类

训练,得到的分类界如图 5.4(b)所示。当采用半监督学习式时,全部样本都参加训练。根据聚类假设,得到的分类界如图 5.4(c)所示,可以看出系统的性能得到改善。

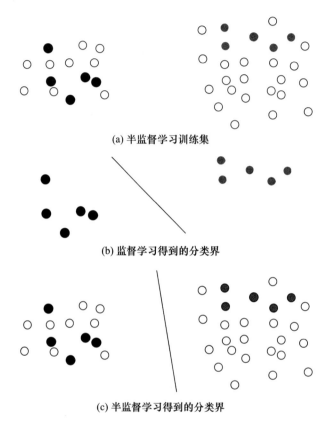

(a) 半监督学习训练集

(b) 监督学习得到的分类界

(c) 半监督学习得到的分类界

图 5.4　半监督学习与监督学习的分类结果

5.3　经典回归算法

用于预测的回归分析技术是最常见的一类监督学习算法。回归分析是对具有因果关系的变量所进行的分析处理,是一种"由果索因"的归纳过程,其中因变量通常是人们在实际问题中所关心的一类指标,用 Y 表示;影响因变量 Y 取值的影响因素为自变量,用 X 表示。当我们观测到大量事实所呈现的样态信息时,要推断出这些客观事实之间蕴含着什么样的关系,并设计出一种函数来描述出它们之间蕴含的关系,这就是回归分析的任务,即用一个合适的函数 $Y=f(X)$ 来描述大量事实所呈现的样态信息关系,这样的函数常称为回归方程或经验公式。

根据这个函数 $Y=f(X)$ 的性质,可分为线性回归和非线性回归两类。"线性"与"非线性",常用于区别函数 $Y=f(X)$ 与自变量 X 之间的依赖关系。线性函数的 Y 和 X 之间为比例关系,其图像为直线(或平面);非线性函数的 Y 和 X 之间不存在比例关系,其图像是曲线(或曲面)。

5.3.1 线性回归分析

线性回归的优点是不需要很复杂的计算,而且可以根据系数给出对每个变量的理解或解释;缺点是拟合非线性数据时可能误差较大,所以需要先判断变量之间是否接近线性关系。在误差允许的情况下,线性回归通常是学习预测模型时的首选技术。

1) 一元线性回归和多元线性回归

线性回归又可分为一元线性回归和多元线性回归。一元即一个自变量,多元即多个自变量。

一元线性回归的任务是在因变量 Y 和自变量 X 之间建立一个直线方程(图 5.5),称为拟合方程,表达式为

$$Y = a + bX \tag{5.1}$$

式中:a 为截距;b 为直线的斜率。

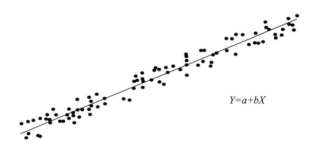

图 5.5　由一元线性回归方程确定的直线

例 3　某产品的广告费 X 与销售额 Y 的统计数据如下:

X/万元	2	3	4	5
Y/万元	26	39	49	54

以广告费为横坐标,销售额为纵坐标,将 4 个数据点标在图 5.6 的平面上。图 5.6 称为散点图。可以看出,这 4 个数据点的分布似乎接近一条直线。可以用式(5.1)中的方程去拟合这些数据点,但一般说来,这 4 个数据点不可能在同一直线上。

图 5.7 中的实线、虚线和点状线是由不同的 a 和 b 给出拟合直线,从而带来不同的误差。各点的实测值 Y_i 与直线上同点的计算值 $Y_{计算}$ 之差称为误差,用 ϕ_i 表示,$\phi_i = Y_i - Y_{计算} = Y_i - (a + bX_i)$。

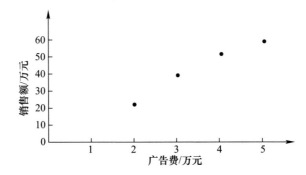

图 5.6　某产品广告费 X 与销售额 Y 的统计数据

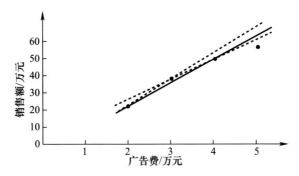

图 5.7　某产品广告费 X 与销售额 Y 关系的拟合直线

可以看出实线回归线穿过第一和第三个数据点,在这两个点上的误差为零,但在第二和第四个数据点上有误差;虚线回归线穿过第二和第三个点,但在第一和第四个点上有误差;点状回归线穿过第一和第二个点,但在第三和第三个点上有误差。显然,如果回归线"照顾"了一些数据点,必然会"委屈"了另一些数据点,结果会顾此失彼,在某些点上引起较大的误差。

2) 最小二乘法

在研究两个变量 (X,Y) 之间的相互关系时,通常可以得到一系列成对的数据 $(x_1, y_1), (x_2, y_2), \cdots, (x_m, y_m)$;将这些数据描绘在 $X - Y$ 直角坐标系中,若发现这些点在一条直线附近,可以令这条直线方程如式(5.1)。

最小二乘法又称为最小平方法,是一种数学优化技术。最小二乘法的原理是,设计一条直线 $Y = f(X)$,使得每个数据点上的误差 φ_i 的平方之和 Φ 为最小。Φ 是回归直线与各数据点的总误差,其数学表达式为

$$\varPhi = \sum_{i=1}^{m}(Y_i - Y_{计算})^2 \qquad (5.2)$$

最小二乘法给出了能确保 $\varPhi$ 最小化的 a 和 b 计算公式,即

$$a = \bar{Y} - b\bar{X} \qquad (5.3)$$

$$b = \frac{m\sum_{i=1}^{m}X_iY_i - \sum_{i=1}^{m}X_i\sum_{i=1}^{m}Y_i}{m\sum_{i=1}^{m}X_i^2 - \left(\sum_{i=1}^{m}X_i\right)^2} \qquad (5.4)$$

式(5.3)中,$\bar{X}$ 和 $\bar{Y}$ 是所有数据点的坐标均值,对于例3的数据可以算出

$$\bar{X} = \frac{X_1 + X_2 + \cdots + X_m}{m} = \frac{2+3+4+5}{4} = 3.5$$

$$\bar{Y} = \frac{X_1 + X_2 + \cdots + X_m}{m} = \frac{26+39+49+54}{4} = 42$$

将计算结果代入式(5.3),得到 $a = 42 - b \times 3.5$,需要先计算 b,再计算 a。

$$b = \frac{m\sum_{i=1}^{m}X_iY_i - \sum_{i=1}^{m}X_i\sum_{i=1}^{m}Y_i}{m\sum_{i=1}^{m}X_i^2 - \left(\sum_{i=1}^{m}X_i\right)^2}$$

$$= \frac{4\times(2\times26 + 3\times39 + 4\times49 + 5\times54) - (2+3+4+5)\times(26+39+49+54)}{4\times(2^2+3^2+4^2+5^2) - (2+3+4+5)^2}$$

$$= \frac{4\times635 - 14\times168}{4\times54 - 196} = \frac{188}{20} = 9.4$$

将 $b = 9.4$ 代入 a,得到 $a = 9.1$。由最小二乘法得到的回归方程为 $Y = 9.1 + 9.4X$。

该回归方程定义的直线如图5.8所示。

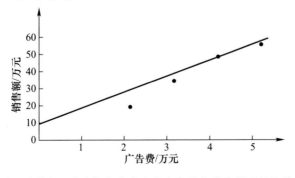

图5.8 用最小二乘法拟合某产品广告费 X 与销售额 Y 的统计数据

3) 回归分析的步骤

回归分析的主要步骤是：

① 从一组数据出发,确定 Y 与 X 间的定量关系表达式,即建立回归方程并根据实测数据来求解模型的各个未知参数。求解参数的常用方法是最小二乘法。

② 评价回归模型是否能够很好地拟合实测数据,即对求得的回归方程的可信程度进行检验。

③ 在许多自变量 X 共同影响着一个因变量 Y 的关系中,判断哪个(或哪些)自变量的影响是显著的,哪些自变量的影响是不显著的,将影响显著的自变量加入模型中,而剔除影响不显著的变量。

④ 利用所求的回归方程对实际问题的指标 Y 进行预测或控制。

例 5.3 某款手机用户满意度与相关变量的线性回归分析。手机的用户满意度与产品的质量、价格和形象有关,因此以"用户满意度"为因变量 Y,以"质量" X_1、"价格" X_2 和"形象" X_3 为自变量,作多元线性回归分析,得到回归方程如下：

$$满意度 = 0.645 \times 质量 + 0.221 \times 价格 + 0.008 \times 形象$$

回归方程的数学表达式为

$$Y = 0.645X_1 + 0.221X_2 + 0.008X_3$$

对于该款手机来说,质量对其用户满意度的贡献比较大,质量每提高 1 分,用户满意度将提高 0.645 分;其次是价格,用户对价格的评价每提高 1 分,其满意度将提高 0.221 分;而形象对产品用户满意度的贡献相对较小,形象每提高 1 分,用户满意度仅提高 0.008 分,因此"形象"对整个回归方程的贡献不大,应予以删除。所以应重新构建"用户满意度"与"质量""价格"的回归方程如下：

$$满意度 = 0.645 \times 质量 + 0.221 \times 价格$$

或

$$Y = 0.645X_1 + 0.221X_2$$

5.3.2 非线性回归分析

处理非线性回归的方法有三种基本途径：

1) 非线性回归转化为线性回归

一大类非线性回归方程可通过数学方法转化为线性回归方程,然后用线性回归方法处理。常用的线性化回归模型为

$$Y = a_0 + a_1x_1 + a_2x_2 + \cdots + a_ix_i + \cdots + a_mx_m + u$$

2）常见的非线性回归模型

根据理论或经验可确定输出变量与输入变量之间的非线性回归模型,但模型中的系数一般是未知的,可根据输入、输出的多次观察结果按最小二乘法原理求出各系数值,所得到的模型即为非线性回归模型。常见的非线性回归模型有双曲线模型、幂函数模型、指数函数模型、对数函数模型、多项式模型等。

3）非线性回归模型的神经网络模型

以输入—输出历史数据为样本集,采用监督学习算法训练神经网络可实现输出变量到输出变量之间的非线性映射。与传统非线性回归模型不同的是,该映射不能用数学表达式进行显式描述。

5.4 经典分类算法:决策树

决策树(decision tree)算法是机器学习中的经典算法,是应用最广的归类推理算法之一,属于监督学习。在许多机器学习算法中,训练过程得到的模型往往是一个函数,而决策树算法训练后得到的是一个决策树。

5.4.1 决策树的构造过程

顾名思义,决策树应该是能做决策的"树"。下面先通过解决一个分类决策问题,"种出"一颗决策树!

问题描述:有位网球爱好者通常是周六出去打网球。请根据过去他周六是否去打网球的历史记录,预测他下周六去不去打网球。

根据过去"周六是否打网球"的实例构成表5.1中的训练样本集。

表5.1 "周六是否打网球"的历史记录

实例序号	天气	温度	湿度	风力	打网球吗? Yes:是,No:否
1	晴天	很热	很高	弱	No
2	晴天	很热	很高	强	No
3	阴天	很热	很高	弱	Yes
4	雨天	适宜	很高	弱	Yes
5	雨天	很凉	正常	弱	Yes
6	雨天	很凉	正常	强	No
7	阴天	很凉	正常	强	Yes
8	晴天	适宜	很高	弱	No

续表

实例序号	天气	温度	湿度	风力	打网球吗? Yes:是,No:否
9	晴天	很凉	正常	弱	Yes
10	雨天	适宜	正常	弱	Yes
11	晴天	适宜	正常	强	Yes
12	阴天	适宜	很高	强	Yes
13	阴天	很热	正常	弱	Yes
14	雨天	适宜	很高	强	No

可以看出,"周六是否打网球"取决于当天的气象条件,气象条件可以用"天气、温度、湿度和风力"4个属性(或称特征)描述,分别用 $X_{天气}$、$X_{温度}$、$X_{湿度}$、$X_{风力}$ 表示。每一个属性都有若干可能的取值,称为属性值。例如:天气这个属性有3个值:晴、阴、雨;温度这个属性有3个值:很热、适宜、很凉;湿度这个属性有很高和正常两个值;风力这个属性有强和弱两个值。每一个实例都是用若干个属性和它们的值来描述的。

将"周六是否打网球"看作一个输出为"Yes"或"No"的目标函数,用 Y 表示,这个函数的自变量就是4个属性,即

$$Y = f(X_{天气}, X_{温度}, X_{湿度}, X_{风力})$$

构造决策树可以从任一个属性开始。下面从天气属性开始,构造一个"李强周六上午是否打网球"的决策树。天气属性有3个值,图5.9中用3个分支来表示。基于天气属性可将整个样本集划分为3个子集。接下来分析这3个子集的情况。

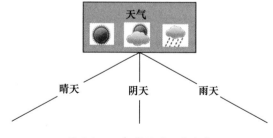

图5.9 天气属性的3个分支

(1) 晴天子集

晴天的情况在样本集中共出现过5次,故这个子集中包含5个实例,其中3个对应 Y = No,2次对应 Y = Yes,所以还要进一步将其分类(图5.10(a))。从样

本集可以看出,晴天时 $Y = $ No 的 3 个实例都对应着 $X_{湿度} = $ 很高的情况,$Y = $ Yes 的 2 个实例都对应着 $X_{湿度} = $ 正常的情况,而 $X_{温度}$ 和 $X_{风力}$ 的值并不影响分类结果,所以需要将晴天子集中的样本再按照湿度这个属性的取值情况分为两类:一类是"晴天且湿度很高",其中的 3 个实例全部对应 $Y = $ No;另一类是"晴天且湿度正常",其中的 2 个实例均对应 $Y = $ Yes。

(2)阴天子集

阴天的情况在样本集中出现过 4 次,这个子集有 4 个实例。可以看出 4 次阴天的周六,李强都去打网球,4 个实例无一例外对应着 $Y = $ Yes(图 5.10(b))。因此可以归纳出这样一条规律:只要是阴天,李强都去打网球。

(3)雨天子集

雨天的情况在样本集中出现过 5 次,故这个子集中包含 5 个实例,其中 2 次对应着目标函数为 No,3 次对应着目标函数为 Yes,所以需要进一步将 5 个实例分为两类(图 5.10(c))。从样本集可以看出,雨天时 $Y = $ No 的 2 个实例都对应着 $X_{风力} = $ 强的情况,雨天时 $Y = $ Yes 的 3 个实例都对应着 $X_{风力} = $ 弱的情况,而 $X_{温度}$ 和 $X_{湿度}$ 的值并不影响该子集的分类结果。

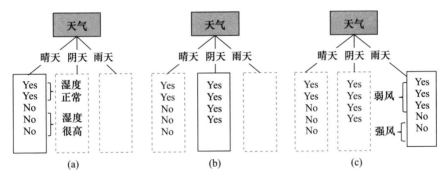

图 5.10 天气属性分支对应的子集

伴随着这个分析过程可构造出图 5.11 所示的分类决策树。决策树中的矩形框对应着实例的属性,称为决策节点;分类结果称为叶节点。最上面的属性"天气"是根节点,其他属性都是中间节点。每个属性节点引出的分支代表该属性的值,一般有几个值就产生几个分支。从根节点开始用属性值扩展分支,对于每个分支,选一个未使用过的属性作为新的决策节点,如图 5.10 中的"湿度"和"风力"。新选的节点就如同于一个根节点,需用其属性值继续进行扩展,直到每个节点对应的实例都属于同一类为止,这样就递归地形成了决策树。

选用不同的属性做根节点(图 5.12),得到的决策树也不同。决策树算法给出了如何选择根节点以及各中间节点的策略。最著名的经典决策树学习算法是

ID3,它描述了应该以什么样的顺序来选取样本集中实例的属性进行扩展。

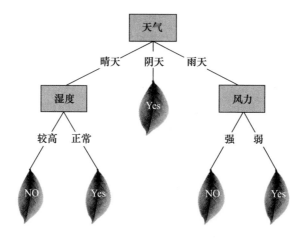

图 5.11 关于"周六上午去打网球吗"的决策树

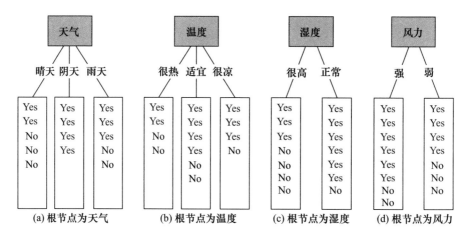

图 5.12 决策树根节点选择的 4 种情况

5.4.2 决策树的构造原则

构造一个略复杂的决策树首先要解决的问题是如何选择根节点,以及如何逐层选择余下的节点。构造决策树的基本原则是:随着树的深度增加,分到各个子集的实例"纯度"迅速提高。纯度低意味着样本集中的实例类别很杂;纯度高则意味着样本集中的实例非常一致,几乎属于一个类别。例如,以天气这个属性做根节点时,将所有实例成了 3 个子集,可以看出阴天这个子集中的实例纯度最高,因为所有 4 个实例完全一致。

为了度量样本集的纯度,机器学习领域提出一些与纯度相关的指标,这些指标与样本集纯度之间的关系应满足:纯度越高,指标的值越低。符合这种关系的度量指标有信息熵和基尼(Gini)系数。有了这样的指标,构造决策树的基本原则就可以更严谨地表述为:随着树的深度增加,节点的信息熵(或基尼系数)迅速降低。

1) 基于信息增益选择决策树节点

(1) 信息熵的概念与计算

熵(entropy)是随机变量不确定性的度量标准,刻画了任意样本集的纯度。香农借鉴了热力学的概念,将信息中排除了冗余后平均信息量称为信息熵。

设信源符号有 n 种取值 $x_1 \cdots x_i \cdots x_n$,对应的取值概率为 $p_1 \cdots p_i \cdots p_n$,且各种符号的出现彼此独立,则信息熵为单个符号不确定性 $-\log_2 p_i$ 的期望值,即

$$H(X) = -\sum_{i=1}^{n} p_i \log_2 p_i \tag{5.5}$$

当信源只有两个符号 x_1、x_2 时,熵随着 p_i 从 0 到 1 变换的曲线如图 5.13 所示,当 $p_i = 0$ 和 $p_i = 1$ 时,$H(X) = 0$,表明随机变量不具有不确定性;当 $p_i = 0.5$ 时,$H(X) = 1$,表明随机变量的不确定性最大。

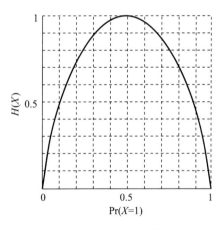

图 5.13 二元信源的熵函数

(2) 信息增益的概念与定义

为了说明信息增益(information gain)首先引入条件熵的概念,用 $H(Y|X=x)$ 表示在已知第二个随机变量 X 取某个特点值 x 的前提下,随机变量 Y 的信息熵;用 $H(Y|X)$ 表示基于 X 条件的 Y 的信息熵,该信息熵是 $H(Y|X=x)$ 的数学期望。

在给定 X 条件下 Y 的条件熵定义为

$$H(Y \mid X) = \sum_{x \in X} p(x) H(Y \mid X = x) \tag{5.6}$$

即条件熵 $H(Y|X)$ 就是 $H(Y|X=x)$ 在 X 取遍所有可能的 x 后取平均的结果。

信息增益定义为:待分类集合的信息熵与选定某个特征的条件熵之差,计算公式为

$$IG(Y, X) = H(Y) - H(Y \mid X) \tag{5.7}$$

可以看出,式(5.7)表示已知属性信息 $X = x$ 时,随机变量 Y 的信息不确定性减少的程度。信息增益越大,表示该属性越重要。

(3) 基于信息增益选择决策树节点

以表 5.1 中的样本集为例,在过去的 14 个周六中,有 9 个周六打球,5 个周六不打球,Y 的熵值应为

$$-\frac{9}{14}\log_2\frac{9}{14} - \frac{5}{14}\log_2\frac{5}{14} = 0.940$$

下面计算 4 个属性的信息增益。

根据图 5.10 给出的信息可知,若基于天气进行划分,可得

$$H(Y \mid X_{天气} = 晴天) = 0.971$$

$$H(Y \mid X_{天气} = 阴天) = 0$$

$$H(Y \mid X_{天气} = 雨天) = 0.971$$

根据表 5.1 提供的数据,$X_{天气}$ 为晴天、阴天、雨天的概率分别为 5/14,4/14,5/14,代入式(5.6)可得在给定 $X_{天气}$ 下的条件熵为 $5/14 \times 0.971 + 4/14 \times 0 + 5/14 \times 0.971 = 0.693$。可知当选择 $X_{天气}$ 作为根节点时,对应的信息增益为 $IG(Y, X_{天气}) = 0.940 - 0.693 = 0.247$。

根据图 5.12 的数据,可用同样的方法计算出其他属性的信息增益: $IG(Y, X_{温度}) = 0.029, IG(Y, X_{湿度}) = 0.152, IG(Y, X_{风力}) = 0.048$。显然,应该选择信息增益最大的属性"天气"为根节点。从根节点向下拓展出三个节点,其中每个节点应选哪个属性向下继续拓展,仍然用计算信息增益的方法来决定,方法同上。

2) 基于基尼系数选择决策树节点

用 K 表示样本集中实例的种类,表 5.1 中的实例共有两类,使目标函数 $Y = \text{Yes}$ 的为一类,使 $Y = \text{No}$ 的为另一类,故 $K = 2$。

用 p_k 表示某个实例属于第 k 类的概率,用 $(1 - p_k)$ 表示某个实例不属于第 k 类的概率,则基尼系数可用下式计算

$$\text{Gini}(p) = \sum_{k=1}^{K} p_k(1 - p_k) = 1 - \sum_{k=1}^{K} p_k^2 \tag{5.8}$$

在没有构造决策树之前,先用式(5.8)计算出原始样本集的基尼系数,用以了解样本集的纯度。在 14 个实例中,5 种情况下不打球,9 种情况下打球,因此某个实例属于不打球类的概率为 5/14,属于不打网球类的概率为 9/14。代入式(5.8)可得基尼系数为

$$1-\left(\frac{5}{14}\right)^2-\left(\frac{9}{14}\right)^2=0.46$$

决策树的根节点共有 4 个属性可选,需要具体计算哪个属性做根节点最符合"随着树的深度增加,节点的信息熵(或基尼系数)迅速降低"这一构造决策树的原则。

根节点为天气属性时,各子类的基尼系数为

$$\text{Gini}(p_{\text{晴天}})=1-\left(\frac{2}{5}\right)^2-\left(\frac{3}{5}\right)^2=1-0.16-0.36=0.48$$

$$\text{Gini}(p_{\text{阴天}})=1-\left(\frac{4}{4}\right)^2-\left(\frac{0}{4}\right)^2=0$$

$$\text{Gini}(p_{\text{雨天}})=1-\left(\frac{3}{5}\right)^2-\left(\frac{2}{5}\right)^2=1-0.36-0.16=0.48$$

一个实例被划分到三个子类的概率分别为 5/14、4/14、5/14,以此为各子类的权重值,对三个子类的基尼系数进行加权求和,即可计算出根节点为天气属性时的基尼系数:

$$\text{Gini}(\text{天气})=\left(\frac{5}{14}\right)\times 0.48+\left(\frac{4}{14}\right)\times 0+\left(\frac{5}{14}\right)\times 0.48$$
$$=0.171+0+0.171=0.342$$

用同样的方法可算出 $\text{Gini}(\text{温度})=0.439$,$\text{Gini}(\text{湿度})=0.367$,$\text{Gini}(\text{风力})=0.428$。

比较四个基尼系数可知,选天气属性做根节点时基尼系数下降最快,可从 0.46 降至 0.342。从根节点向下拓展出三个节点,其中每个节点应选哪个属性向下继续拓展,仍然用计算基尼系数的方法来决定,方法同上。

5.5 经典聚类算法:K – 均值

K – 均值算法(K – Means)是一种聚类算法,其中 K 表示类别数,Means 为均值。K – 均值算法通过预先设定的类别数 K 以及每个类别的初始质心,对相似的数据点进行划分,再利用划分后各类的均值迭代优化新的质心,以获得最优的聚类结果。

5.5.1 最简单的 K - 均值算法

表5.2是2020年2月1日北京新增确诊新型冠状病毒肺炎病例的情况。要求用 K - 均值算法将这组年龄数据分为3类,即 $K=3$。

表5.2　2020年2月1日北京新增确诊新型冠状病毒肺炎病例

序号	年龄	性别	发病时间	初次就诊时间
1	58	女	1月28日	1月29日
2	40	男	1月29日	1月30日
3	35	男	1月25日	1月26日
4	60	女	1月29日	1月29日
5	67	女	1月22日	1月28日
6	63	女	1月27日	1月27日
7	82	男	1月29日	1月30日
8	50	男	1月23日	1月29日
9	19	男	1月23日	1月29日
10	47	男	1月22日	1月23日
11	67	女	1月29日	1月30日
12	38	男	1月29日	1月29日
13	65	男	1月29日	1月29日
14	6	女	1月24日	1月29日
15	32	女	1月24日	1月31日
16	37	男	1月25日	1月30日
17	53	女	1月22日	1月29日

下面通过这个实例说明 K - 均值算法的工作过程。

第一步:随机选取3个类别的初始质心(表5.3),对17个年龄数据排序(表5.4)。

表5.3　初始质心

质心1	质心2	质心3
40	50	60

表5.4　年龄数据排序

新增确诊新冠肺炎患者年龄排序																
6	19	32	35	37	38	40	47	50	53	58	60	63	65	67	67	82

观察表5.5中初始质心在数据集中的分布,可以看出随机选取的3个初始

质心比较集中,分布并不合理。但接下来我们会看到,随着 K – 均值算法的迭代,各类别的质心将不断向合理的位置移动。

表 5.5 初始质心在数据集中的分布

					★		★			★				
6	19	32	35	37	38	**40**	47	**50**	53	58	**60**	63	65	67	67	82

第二步:计算年龄数据与各质心的距离并划分数据。

数据与质心之间的距离用学过的欧式距离公式计算。由于本例的数据均为一维,欧式距离计算式就退化为数据与质心之差的绝对值,即

$$距离 = |年龄数据 - 质心|$$

通过计算获得每个年龄数据与 3 个初始质心的距离,如表 5.6 所列。表中以圆标记最小的距离值,年龄值数据离哪个质心距离近,就将该数据划归哪个质心所代表的类别,从而完成对患者的第一次分类。如果年龄数据到两个初始质心的距离相等,则可划分到两类中的任意一个。

表 5.6 年龄数据与各初始质心的距离

年龄数据点与 3 个初始质心的距离																
年龄	6	19	32	35	37	38	40	47	50	53	58	60	63	65	67	67	82
距离1 (40)	㉞	㉑	⑧	⑤	③	②	⓪	7	10	13	18	20	23	25	27	27	42
距离2 (50)	44	31	18	15	13	12	10	③	⓪	3	8	10	13	15	17	17	32
距离3 (60)	54	41	28	25	23	22	20	13	10	7	②	⓪	③	⑤	⑦	⑦	㉒
类别1	6	19	32	35	37	38	40										
类别2								47	50	53							
类别3											58	60	63	65	67	67	82

第三步:计算各类数据的均值,作为该类的新质心。

均值 $1 = (6+19+32+35+37+38+40) \div 7 = 29.57 \approx 30$

均值 $2 = (47+50+53) \div 3 = 50$

均值 $3 = (58+60+63+65+67+67+82) \div 7 = 66$

第四步:以新的质心替代初始质心,返回第二步迭代计算每个数据到新质心的距离。从表 5.7 中可以看到,有灰色底纹的数字为初始质心,斜体加粗数字为新质心,其中有两个新质心(30 和 66)与初始质心(40 和 60)并不是同一个数据,且其位置分布比原来合理。

表 5.7　新质心的分布

		★					★					★				
6	19	**30**	32	35	37	38	**40**	47	**50**	53	58	**60**	63	65	**66**	67	67	82

通过计算,获得每个年龄数据与3个新质心的距离,如表5.8所列。可以看出,数据"40"到质心1和质心2的距离相等,数据"58"到质心2和质心3的距离也相等,考虑到类别2的数据较少,将"40"和"58"都划到类别2,完成对患者的第二次分类。

表 5.8　各年龄数据与3个新质心的距离

年龄	6	19	32	35	37	38	40	47	50	53	58	60	63	65	67	67	82
距离1（30）	㉔	⑪	②	⑤	⑦	⑧	⑩	17	20	23	28	30	33	35	37	37	52
距离2（50）	44	31	18	15	13	12	⑩	③	⓪	③	⑧	10	13	15	17	17	32
距离3（66）	60	47	34	31	29	28	26	19	16	13	⑧	⑥	③	①	①	①	⑯
类别1	6	19	32	35	37	38											
类别2							40	47	50	53	58						
类别3												60	63	65	67	67	82

再次计算各类数据的均值,得到各类的新质心为27.83、49.60、67.33,取整后得28、50、67。

算法停止条件:以上过程不断迭代进行,直到新的质心和前一轮质心相等,算法结束。

5.5.2　二维数据的 K-均值算法

K-均值算法对二维数据的聚类过程可用图5.14中的一组图来描述。图5.14(a)给出数据集的分布情况,设 $k=2$。随机选择两个类别的初始质心 (x_1,y_1)、(x_2,y_2),分别用▽和○标记在图5.14(b)中。

按照前述步骤,分别计算数据集所有点到这两个质心的距离 D,距离计算采用欧式距离公式

$$D = \sqrt{(x_1 - y_1)^2 + (x_2 - y_2)^2}$$

图5.14(c)中用▼和●标记了每个样本的类别。可以看出,所有标记为▼的样本与质心▽的距离均小于与质心○的距离;同样,所有标记为●的样本与质

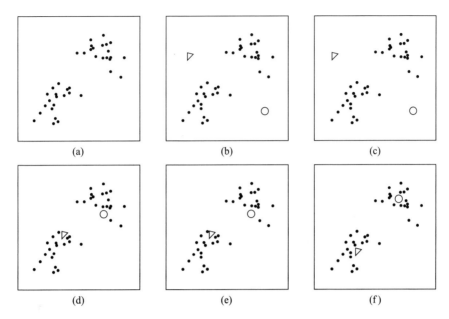

图 5.14　K-均值算法对二维数据的聚类过程

心○的距离均小于与质心▽的距离。经过计算样本与质心▽和质心○的距离,得到所有样本点经第一轮迭代后的类别归属。

对图 5.14(c)中标记为▼和●的点分别计算新的质心,如图 5.14(d)所示,新质心的位置发生了变换。图 5.14(e)和(f)重复了图 5.14(c)和(d)的过程,即将所有点的类别标记为距离最近的质心所代表的类别,然后继续计算新的质心直至质心的位置不再变化。最终得到的两个类别质心如图 5.14(f)所示。

将以上方法推广到三维及三维以上的高维数据,K-均值聚类算法的一般步骤如下:

① 随机选取 K 个样本作为初始质心。

② 计算每个样本与各质心之间的欧式距离,把每个样本分配给距离它最近的质心,每个质心及分配给它的样本代表一个聚类。

③ 全部样本被分配到各质心代表的类别之后,各类别根据现有的样本重新计算质心。

④ 若不满足终止条件则转到②重复以上过程,若满足终止条件则结束。

K-均值聚类算法的终止条件可以是以下任何一个:

① 没有(或很少)样本被重新分配给不同的类别。

② 没有(或很少)质心再发生变化。

5.6 经典降维算法:主分量分析

在许多数据处理的应用中,要求保存尽可能多的信息并得到较好的数据压缩。降低输入变量的维数对数据压缩十分必要,但降维不能简单地对 X 进行截断,因为截断所带来的均方误差等于截掉得各分量方差之和。因此需要一种可逆的线性变换 T,使得通过该变换将原高维空间的数据 X 投影为低维空间的数据 $T(X)$ 后,对 $T(X)$ 的截断在均方差意义下为最优,从而仍能保留原数据的主要信息。主分量分析(principle components analysis, PCA)方法能很好地满足这一要求。

5.6.1 主分量分析方法概述

主分量分析是 Karhunen 于 1947 年提出的,Loeve 于 1963 年对其进行了归纳总结,因此 PCA 又称为 K-L 变换。主分量分析是分析一个随机向量过程相关结构的十分有用的统计技术,并已经广泛地应用于现代信号处理的许多领域,如高分辨谱估计、系统辨识、数据压缩、特征提取、模式识别、数字通信、计算机视觉等。

主分量分析包括特征选择和特征提取过程。特征选择过程通过一种可逆变换 T 将从数据空间映射到同维特征空间,从而获得输入的特征,即输入的主分量;而特征提取过程的目的是降维,即对变换后的特征空间向量进行截断,选取主要特征分量而舍去其他特征分量。主分量分析提供的可逆变换 T 能够保证对 $T(X)$ 的截断在均方差意义下为最优。

1) 特征向量的选择

特征选择过程的关键是选取特征向量并获得输入向量在特征向量上的投影。令 X 表示 n 维随机向量,不失一般性,假设其均值

$$E[X] = 0$$

若 X 均值不为零,可令 $X' = X - E[X]$,从而得到 $E[X'] = 0$。

令 U_j 表示一个 n 维单位向量,X 在 U_j 上的投影为

$$y_j = U_j^T X$$

因此 y_j 也是均值为零的随机变量,其方差为

$$E[y_j^2] = E[(U_j^T X)(U_j^T X)] = U_j^T E[(XX^T)] U_j = U_j^T R_{XX} U_j \qquad (5.9)$$

式中:R_{XX} 为 X 的自相关阵,由于 $E[X] = 0$,R_{XX} 也为协方差阵。

可以看出,投影 y_j 的方差是单位向量 U_j 的函数,当 U_j 改变方向时,投影 y_j 的

方差也随之改变。若希望找到一个方向,使得投影 y_j 的方差达到最大,理论证明 U_j 应满足以下条件

$$R_{XX}U_j = \lambda U_j$$

以上是矩阵 R_{XX} 的特征值方程,因此 U_j 是 R_{XX} 的特征向量。R_{XX} 是一个 $n \times n$ 实对称阵,具有 n 个非负实数特征值,对应的 n 个单位特征向量可用下式计算

$$R_{XX}U_i = \lambda_i U_i, \quad i = 1, 2, \cdots, n \tag{5.10}$$

对应于不同特征值的特征向量是两两正交的,从而构成一个 n 维特征空间。X 在 n 个正交特征向量 $U_i, i = 1, 2, \cdots, n$ 上的投影构成特征空间中的向量 Y,表示为

$$Y = U^T X \tag{5.11}$$

其中特征向量矩阵 $U = [U_1, U_2, \cdots, U_n]$,$Y = [y_1, y_2, \cdots, y_n]^T$,$Y$ 的第 i 个分量 y_i 为输入 X 的第 i 个主分量。

式(5.11)表明,将输入空间向量 X 映射为特征空间向量 Y 的线性变换正是特征向量矩阵 U,由于 $UU^T = E$,故通过下面的逆变换可以重构 X:

$$X = UY = \sum_{i=1}^{n} U_i y_i \tag{5.12}$$

输入向量 X 可表示为特征向量的线性组合,组合系数是 X 在各特征向量上进行投影而获得的各主分量。

2) 降维处理

在上述特征选择过程中已获得输入 X 的全部主分量,特征提取过程中需要提取主要特征而截断次要特征,以达到降维的目的。

将式(5.9)写为 Y 的自相关阵

$$R_{YY} = E[YY^T] = E[(U^T X)(U^T X)] = U^T E[(XX^T)]U = U^T R_{XX} U \tag{5.13}$$

由于 $E[Y] = E[U^T X] = U^T E[X] = 0$,$Y$ 的自相关阵也是协方差阵,且有

$$R_{YY} = \begin{bmatrix} \lambda_1 & 0 & \cdots & 0 \\ 0 & \lambda_2 & \cdots & 0 \\ \vdots & \vdots & & \vdots \\ 0 & 0 & \cdots & \lambda_n \end{bmatrix} \tag{5.14}$$

因此 R_{YY} 取决于 R_{XX}。

为保证对 Y 的截断是在均方误差意义下最优,将特征向量对应的特征值从大到小排序,即 $\lambda_1 \geq \lambda_2 \geq \cdots \geq \lambda_n$。从式(5.14)可以看出,在重构输入向量 X 时,

特征值越大,所对应的特征向量的贡献也越大。因此当考虑将 n 维数据降为 m 维($1 \leq m < n$)时,只需保留前 m 个大特征值而舍掉后面的 $n-m$ 个小特征值。此时重构 X 的估计值为

$$\hat{X} = \sum_{i=m+1}^{n} U_i y_i \qquad (5.15)$$

由式(5.9)可知,原始输入向量的 n 个分量的总方差为

$$\sum_{i=1}^{n} E[y_i^2] = \sum_{i=1}^{n} U_i^T R_{XX} U_i = \sum_{i=1}^{n} \lambda_i \qquad (5.16)$$

而变换后的向量 $\hat{X}$ 的前 m 个分量的方差为

$$\sum_{i=1}^{m} E[y_i^2] = \sum_{i=1}^{m} U_i^T R_{XX} U_i = \sum_{i=1}^{m} \lambda_i \qquad (5.17)$$

因此截断 $n-m$ 个小特征值带来的均方误差为

$$E[(X - \hat{X})^2] = \sum_{i=m+1}^{n} \lambda_i \qquad (5.18)$$

前 m 个分量的方差贡献率定义为

$$\varphi(m) = \frac{\sum_{i=1}^{m} \lambda_i}{\sum_{i=1}^{n} \lambda_i} \times 100\% \qquad (5.19)$$

满足给定方差贡献率时,即可将前 m 个特征向量构成的空间作为降维后的低维投影空间。

从上述结果可以得出主分量分析方法的步骤如下:

① 计算输入向量的自相关矩阵 R_{XX} 的特征值和特征向量。
② 将特征向量归一化,将特征值从大到小重新排序。
③ 将原始输入向量投影到前 m 个特征值对应的特征向量构成的子空间,得到 $\hat{X} = [\hat{x}_1, \hat{x}_2, \cdots, \hat{x}_m]$,其中第一个分量具有的方差最大,其余依次减小。

为了说明主分量分析的几何意义,考虑图 5.15 所示二维数据集的例子。图中 x_1 轴和 x_2 轴构成原始数据空间,标号为 1 和 2 的旋转坐标轴构成该数据集主分量分析产生的特征空间。数据集投影到 1 号轴的方差比投影到其他任何方向时都大,因此 1 号轴代表的是主分量方向。可以看出,数据集在 1 号轴方向的投影具有双峰的特点,抓住了数据集有两个聚类的主要特征,而在 2 号轴方向的投影隐藏了数据集内在的双峰特征。对于更一般的高维数据集来说,其固有的聚

类结构一般无法看出,因此需要进行类似于主分量分析的统计分析。

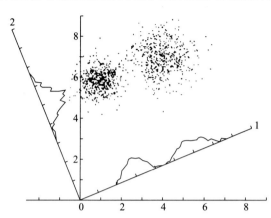

图 5.15 主分量的几何意义

上述主分量分析的实质是随机向量的正交归一变换:将 n 维向量 X 映射为 n 维向量 Y,虽然维数未变,但是其协方差阵 R_{YY} 变成了对角阵,表示其各维独立。按照 X 协方差阵的特征值从大到小排序,特征值越小,特征空间中对应方向上分布的信息就越少,可作为次要分量抛弃,剩下的 m 维即用于重构 $\hat{X}$。

例 5.4 采用主分量分析方法对下面 4 个输入向量进行分析。

$$X(1)=\begin{bmatrix}1\\0\\1\end{bmatrix},\quad X(2)=\begin{bmatrix}2\\3\\1\end{bmatrix},\quad X(3)=\begin{bmatrix}0\\1\\1\end{bmatrix},\quad X(4)=\begin{bmatrix}1\\4\\1\end{bmatrix}$$

解:第一步,检验 X 是否满足均值为零的条件,计算

$$E[X]=\frac{1}{4}\begin{bmatrix}1+2+0+1\\0+3+1+4\\1+1+1+1\end{bmatrix}=\begin{bmatrix}1\\2\\1\end{bmatrix}$$

为满足均值为零的条件,将输入向量转换为 $X'=X-E[X]$,有

$$X'(1)=\begin{bmatrix}0\\-2\\0\end{bmatrix},\quad X'(2)=\begin{bmatrix}1\\1\\0\end{bmatrix},\quad X'(3)=\begin{bmatrix}-1\\-1\\0\end{bmatrix},\quad X'(4)=\begin{bmatrix}0\\2\\0\end{bmatrix}$$

第二步,求 X 的协方差矩阵和特征值

$$R_{XX} = R_{X'X'} = E[X'X'^T]$$

$$= \frac{1}{4}[X'(1)X'(1)^T + X'(2)X'(2)^T + X'(3)X'(3)^T + X'(4)X'(4)^T]$$

$$= \begin{bmatrix} 0.5 & 0.5 & 0 \\ 0.5 & 2.5 & 0 \\ 0 & 0 & 0 \end{bmatrix}$$

求出 R_{XX} 的 3 个特征值并从大到小排序 $\lambda_1 = 2.618, \lambda_2 = 0.382, \lambda_3 = 0$,对应的特征向量为

$$U_1 = \begin{bmatrix} 0.2298 \\ 0.9732 \\ 0 \end{bmatrix}, \quad U_2 = \begin{bmatrix} -0.9732 \\ 0.2298 \\ 0 \end{bmatrix}, \quad U_3 = \begin{bmatrix} 0 \\ 0 \\ 1 \end{bmatrix}$$

第三步,降维处理。可以看出,第一个最大特征值的贡献率为 87.27%,若将各输入向量降为一维,可保留原模式 87.27% 的能量;第三个特征值的贡献率为 0,若将若将各输入向量降为二维,原模式将不损失任何信息。

将输入向量压缩到一维,各输入向量的第一个主分量用式 $y_1 = U_1^T X'$ 计算,得到

$$y_1(1) = -1.9465, \quad y_1(2) = 1.2030, \quad y_1(3) = -1.2030, \quad y_1(4) = 1.9465$$

用第一主分量重构各输入向量 X',结果用式 $\hat{X} = U_1 y_1$ 计算,得到

$$\hat{X}'(1) = \begin{bmatrix} -0.4472 \\ -1.8944 \\ 0 \end{bmatrix}, \hat{X}'(2) = \begin{bmatrix} 0.2764 \\ 1.1708 \\ 0 \end{bmatrix}, \hat{X}'(3) = \begin{bmatrix} -0.2764 \\ -1.1708 \\ 0 \end{bmatrix}, \hat{X}'(4) = \begin{bmatrix} 0.4472 \\ 1.8944 \\ 0 \end{bmatrix}$$

重构 X' 带来的均方误差为

$$e_1 = E[(X' - \hat{X}')^2] = 0.382 = \lambda_2$$

将输入向量压缩到二维,各输入向量的第二个主分量用式 $y_2 = U_2^T X'$ 计算,得到

$$y_2(1) = -0.4595, \quad y_2(2) = -0.7435, \quad y_2(3) = 0.7435, \quad y_2(4) = 0.4595$$

用前两个主分量重构各输入向量 X',结果用式 $\hat{X}' = U_1 y_1 + U_2 y_2$ 计算,得到

$$\hat{X}'(1) = \begin{bmatrix} 0 \\ -2.0000 \\ 0 \end{bmatrix}, \hat{X}'(2) = \begin{bmatrix} 1.0000 \\ 1.0000 \\ 0 \end{bmatrix}, \hat{X}'(3) = \begin{bmatrix} -1.0000 \\ -1.0000 \\ 0 \end{bmatrix}, \hat{X}'(4) = \begin{bmatrix} 0 \\ 2.0000 \\ 0 \end{bmatrix}$$

重构 X' 带来的均方误差为

$$e_2 = E[(X' - \hat{X}')^2] = 0 = \lambda_3$$

5.6.2 前向 PCA 网络及学习算法

可以看出,当原始维数 n 较大时,直接计算 R_{XX} 的特征值很困难。如果利用神经网络的学习能力,可通过训练逐步进行主分量分析。训练后的网络权值作为 R_{XX} 的特征向量,网络输出作为输入 X 在低维空间各方向上的投影。下面介绍两种前向 PCA 网络模型及其算法。

1) 单节点 PCA 模型及 Oja 算法

单节点 PCA 模型如图 5.16 所示,具有 n 输入-单输出结构。其输出为

$$y = W^T X = \sum_{i=1}^{n} w_i x_i \tag{5.20}$$

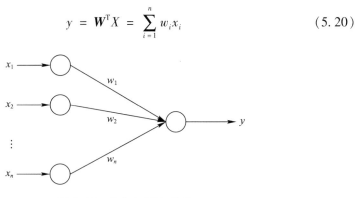

图 5.16 单节点 PCA 模型

理论上已证明,如果采用 Hebb 学习规则,将得到方差最大的输出,对应于第一个主分量,因此权向量 W 正是与 R_{XX} 的最大特征值对应的特征向量 U_1。

简单的 Hebb 规则会导致学习过程发散。E. Oja 于 1982 年提出了基于 Hebb 规则的 Oja 规则如下:

$$W(t+1) = W(t) + \eta[y(t)X(t) - y^2(t)W(t)] = W(t) + \eta y(t)[X(t) - y(t)W(t)] \tag{5.21}$$

式中:学习率 $\eta \in (0,1)$。

基于 Oja 学习算法的线性神经元 PCA 模型相当于一个最大特征滤波器,它将以概率 1 收敛于一个固定点。其特征是:当 $t \to \infty$ 时,模型输出的方差趋向于 R_{XX} 的最大特征值 λ_1;模型的权向量趋向相应的特征向量 U_1,且有 $\lim_{t \to \infty} \|W(t)\| = 1$。

采用 Oja 学习算法的训练步骤如下:

① 初始化网络权值为小随机数,设置网络收敛的阈值 $\varepsilon > 0$,学习率 $\eta \in (0,1)$。

② 输入一个训练样本 $X(t)$，按式(5.20)计算网络输出 $y(t)$。
③ 根据式(5.21)计算权值修正量 $\Delta W = W(t+1) - W(t)$。
④ 若 $\|\Delta W\| < \varepsilon$，训练结束，否则转到②继续训练。

例 5.5 采用例 5 中的数据，用 Oja 算法提取第一主分量，为满足均值为零的要求，用 X' 作为驯练数据。

解：将权值初始化为 $-1 \sim 1$ 之间的小随机数；学习率的选择对 PCA 网络的收敛有较大影响，应取较小的值，使训练缓慢进行，本例取 $\eta = 0.05$；判断网络训练收敛的参数定义为由主分量重建的输入向量矩阵与原始输入向量矩阵之差的范数，即

$$\varepsilon = \|[\hat{X}'(1), \hat{X}'(2), \hat{X}'(3), \hat{X}'(4)] - [X'(1), X'(2), X'(3), X'(4)]\|$$

网络训练 8 步后，ε 稳定在 1.2361 左右。

用 Oja 学习算法的训练 25 步后，权值向量为

$$W = [0.2298, 0.9732, 0.0000]^T$$

与例 5 中的统计 PCA 方法计算出来的第一主分量对应的特征向量 U_1 完全一致。

网络训练后对于 4 个输入向量计算的输出分别为

$$y(1) = -1.9465, \quad y(2) = 1.2030, \quad y(3) = -1.2030, \quad y(4) = 1.9465$$

与例 5 计算出来的第一主分量值相同。

2) 单层 PCA 模型及 Sanger 算法

T. D. Sanger 于 1989 年提出一种可以任选 m 个主分量（$m \leq n$）的 PCA 模型，该网络模型将单神经元的学习扩展到图 5.17 所示的单层网络，输出层各节点均采用线性转移函数

$$y_j(t) = W_j^T(t)X(t) = \sum_{i=1}^{n} w_{ij}(t)x_i(t), \quad j = 1, 2, \cdots, m \quad (5.22)$$

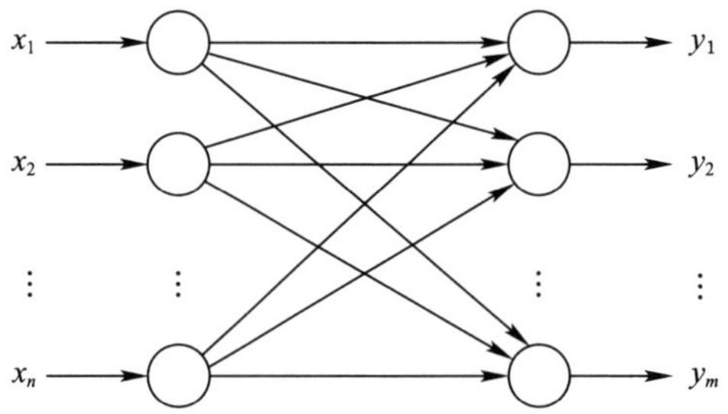

图 5.17 单层 PCA 网络模型

Sanger 提出的权值调整规则为

$$W_j(t+1) = W_j(t) + \eta(y_j(t)\hat{X}(t) - y_j^2(t)W_j(t))$$
$$= W_j(t) + \eta y_j(t)(\hat{X}(t) - y_j(t)W_j(t)), \quad j=1,2,\cdots,m \quad (5.23)$$

可以看出,Sanger 算法与 Oja 算法的权值调整公式形式上完全一致,不同之处是用 $\hat{X}(t)$ 代替了 $X(t)$,其中

$$\hat{X}(t) = X(t) - \sum_{i=1}^{j-1} y_i(t) W_i(t) \quad (5.24)$$

式中的求和项是为了使各权向量正交化,以满足特征向量正交的要求。下面对通过各输出神经元逐个展示求和项的作用进行分析:

① 对输出层第一个神经元来说,$j=1$,$\hat{X}(t) = X(t)$,式(5.23)与式(5.21)相同,相当于单神经元的情况,因此第一个神经元的输出 y_1 就是最大主分量。

② 对第二个神经元,$j=2$,$\hat{X}(t) = X(t) - y_1(t)W_1(t)$,如果第一个神经元已收敛于第一个主分量,则第二个神经元得到的输入向量 $\hat{X}$ 是已经除去第一个主分量之后的结果,抽取 $\hat{X}$ 的最大主分量等效于原始输入 X 的第二大主分量。

③ 对第三个神经元,$j=3$,$\hat{X}(t) = X(t) - y_1(t)W_1(t) - y_2(t)W_2(t)$,因此第三个神经元得到的输入向量 $\hat{X}(t)$ 是已经除去第一个和第二个主分量之后的结果,抽取 $\hat{X}(t)$ 的最大主分量等效于原始输入 $X(t)$ 的第三大主分量。

依此类推,第 j 个神经元的输出 y_j 就是输入 $X(t)$ 的第 j 大主分量。事实上,网络的各神经元是并行工作的,上述分析只是为了便于理解。

采用 Sanger 学习算法的训练步骤如下:

① 初始化网络权值为小随机数,设置网络收敛的阈值 $\varepsilon > 0$,学习率 $\eta \in (0,1)$。
② 输入一个训练样本 $X(t)$,按式(5.22)计算网络各节点输出 $y_j(t)$。
③ 根据式(5.23)和式(5.24)计算权值修正量 $\Delta W = W(t+1) - W(t)$。
④ 若 $\|\Delta W\| < \varepsilon$,训练结束,否则转到②继续训练。

通过上述训练,网络收敛后其权值矩阵的各列对应于 R_{XX} 的前 m 个特征值对应的特征向量,网络的输出对应于输入向量 X 在这些特征向量方向上的投影,即 X 的前 m 个主分量,从而实现了对输入数据的主分量提取。

例 5.6 网络参数为 $n=3$,$m=2$,采用例 5 中的数据,为满足均值为零的要求,用 X' 作为驯练数据。

解:将权值初始化为 $-1 \sim 1$ 之间的小随机数;取 $\eta = 0.05$;判断网络训练收敛的参数定义与例 6 中相同,网络采用 Sanger 学习算法训练 100 步以后,ε 接近

于 0，表明前两个主分量的方差贡献率已足够大。

训练结束后，网络的权值矩阵为

$$W = \begin{bmatrix} 0.2298 & -0.9732 \\ 0.9732 & 0.2299 \\ 0.0000 & -0.0000 \end{bmatrix}$$

其中两个权值列向量与前两个主分量方向上的特征向量相同。

网络训练后的输出用 $Y(t) = W^T X'(t)$ 计算为

$$Y(1) = \begin{bmatrix} -1.9465 \\ -0.4597 \end{bmatrix}, Y(2) = \begin{bmatrix} 1.2030 \\ -0.7434 \end{bmatrix}, Y(3) = \begin{bmatrix} -1.2030 \\ 0.7434 \end{bmatrix}, Y(4) = \begin{bmatrix} 1.9465 \\ 0.4597 \end{bmatrix}$$

5.6.3 侧向连接自适应 PCA 神经网络及 APEX 算法

S. Y. Kung 于 1990 年提出一种具有侧向连接的自适应 PCA 网络模型及算法，称为 APEX(adaptive principe components extraction)算法。APEX 网络的特点是，若给出前 j 个主分量，可用递推方式计算出第 $j+1$ 个主分量，它与前面 j 个主分量均正交。

APEX 网络的结构如图 5.18 所示，同前面相同的是输出层每个神经元都是线性单元，不同的是网络中有两种连接：一种是由输出层到输出层的前向连接；另一种是在输出层从神经元 $1,2,\cdots,j-1$ 到第 j 个神经元间的侧向连接。

APEX 网络的学习是依次进行的，图中的粗线表示神经元 j 的两种连接权：前向连接权向量表示为

$$W_j(t) = [w_{1j}(t), w_{2j}(t), \cdots, w_{nj}(t)]^T$$

按照 Hebb 学习规则进行训练，侧向连接的权向量表示为

$$A_j(t) = [a_{1j}(t), a_{2j}(t), \cdots, a_{j-1,j}(t)]^T$$

按照反 Hebb 学习规则进行训练。

神经元 j 的输出为

$$y_j(t) = W_j^T(t) X(t) + A_j^T(t) Y_{j-1}(t) \tag{5.25}$$

输出表达式的第一项由前向连接确定，第二项由侧向连接确定。其中，反馈信号向量 $Y_{j-1}(t)$ 由前 $j-1$ 个神经元的输出定义

$$Y_{j-1}(t) = [y_1(t), y_2(t), \cdots, y_{j-1}(t)]^T \tag{5.26}$$

假设图 5.19 中网络的前 $j-1$ 个神经元权向量已经收敛到以下稳定条件：

$$W_k = U_k, \quad k = 1, 2, \cdots, j-1 \tag{5.27}$$

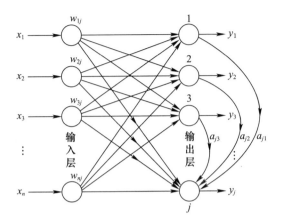

图 5.18 APEX 网络的结构

$$A_k = \mathbf{0}, \quad k = 1, 2, \cdots, j-1 \tag{5.28}$$

式中:U_k 为与 R_{XX} 的第 k 个特征值对应的特征向量。

利用式(5.25)~式(5.28),前 $j-1$ 个神经元的输出可以写成

$$Y_{j-1}(t) = [U_1^T X(t), U_2^T X(t), \cdots, U_{j-1}^T X(t)]^T = UX(t) \tag{5.29}$$

其中

$$U = [U_1, U_2, \cdots, U_{j-1}]^T$$

下面针对第 j 个神经元,给出其权值修正公式如下:

$$W_j(t+1) = W_j(t) + \eta [y_j(t)X(t) - y_j^2(t)W_j(t)] \tag{5.30}$$

$$A_j(t+1) = A_j(t) - \beta [y_j Y_{j-1} + y_j^2 A_j(t)] \tag{5.31}$$

可以看出,式(5.30)为 Oja 学习算法,方括号中的第一项代表 Hebb 学习,第二项保证算法的稳定性;式(5.31)方括号中的第一项代表反 Hebb 学习,第二项保证算法的稳定性。该算法的特点是前向连接权是激励性的,按照 Hebb 规则学习,从而起到自增强作用;侧向连接按照反 Hebb 规则学习,从而起到抑制性作用。

理论上已经证明,在上述权值修正规则的作用下,将收敛于 X 的自相关矩阵 R_{XX} 的第 j 个特征值对应的特征向量 U_j。

APEX 学习算法的具体步骤如下:

① 初始化前向权向量 W_j 和侧向权向量 A_j 为小随机数,$j = 1, 2, \cdots, m$,设置网络收敛的阈值 $\varepsilon > 0$,学习率 $\eta, \beta \in (0, 1)$。

② 置 $j = 1$,执行 Oja 学习算法:对 $t = 1, 2, \cdots$ 计算

$$y_1(t) = W_1^T(t)X(t)$$

$$W_1(t+1) = W_1(t) + \eta[y_1(t)X(t) - y_1^2(t)W_1(t)]$$

直到 $\|\Delta W_1\| < \varepsilon$,置 $j=2$。

③ 对 $t=1,2,\cdots$,分别按式(5.25)、式(5.26)、式(5.30)和式(5.31)计算 Y_{j-1}、y_j、$W_j(t+1)$ 和 $A_j(t+1)$,直到 $\|\Delta W_j\| < \varepsilon$,$\|\Delta A_j\| < \varepsilon$。

④ j 增加 1,返回第③步,直到 $j=m$,其中 m 为期望的主分量数。当 t 很大时,$\|\Delta W_j\| < \varepsilon$,$\|\Delta A_j\| < \varepsilon$,可认为训练收敛,此时有 $W_j(t)U_j,A_j(t) \to 0$。

5.7 支持向量机

Vapnik 提出的支持向量机(support vector machine,SVM)擅长解决模式分类与非线性映射问题。从线性可分模式分类的角度看,支持向量机的主要思想是建立一个最优决策超平面,使得该平面两侧距平面最近的两类样本之间的距离最大化,从而对分类问题提供良好的泛化能力。对于非线性可分模式分类问题,根据 Cover 定理:将复杂的模式分类问题非线性地投射到高维特征空间可能是线性可分的,因此只要变换是非线性的且特征空间的维数足够高,则原始模式空间能变换为一个新的高维特征空间,使得在特征空间中模式以较高的概率为线性可分的。此时,应用支持向量机在算法在特征空间建立分类超平面,即可解决非线性可分的模式识别问题。

5.7.1 支持向量机的基本思想

单层感知器对于线性可分数据的二值分类机理可理解为,系统随机产生一个超平面并移动它,直到训练集中属于不同类别的样本点正好位于该超平面的两侧。显然,这种机理能够解决线性分类问题,但不能够保证产生的超平面是最优的。支持向量机建立的分类超平面能够在保证分类精度的同时,使超平面两侧的空白区域最大化,从而实现对线性可分问题的最优分类。下面讨论线性可分情况下支持向量机的分类原理。

1) 最优超平面的概念

考虑 P 个线性可分样本 $\{(X^1,d^1),(X^2,d^2),\cdots,(X^p,d^p),\cdots,(X^P,d^P)\}$,对于任一输入样本 X^p,其期望输出为 $d^p = \pm 1$,分别代表两类的类别标识。用于分类的超平面方程为

$$W^T X + b = 0 \tag{5.32}$$

式中:X 为输入向量;W 为权值向量;b 为偏置,相当于前几章中的负阈值($b=-T$),则有

$$W^T X^p + b > 0, \quad d^p = +1$$
$$W^T X^p + b < 0, \quad d^p = -1$$

由式(5.32)定义的超平面与最近的样本点之间的间隔称为分离边缘,用 ρ 表示。支持向量机的目标是找到一个使分离边缘最大的超平面,即最优超平面。图 5.19 给出二维平面中最优超平面的示意图。可以看出,最优超平面能提供两类之间最大可能的分离,因此确定最优超平面的权值 W_0 和偏置 b_0 应是唯一的。在式(5.32)定义的一簇超平面中,最优超平面的方程应为

$$W^T X_0 + b_0 = 0 \tag{5.33}$$

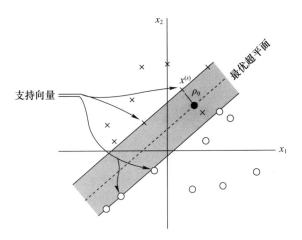

图 5.19　二维平面中的最优超平面示意图

由解析几何知识可得样本空间任一点到最优超平面的距离为

$$r = \frac{W_0^T X + b_0}{\parallel W_0 \parallel} \tag{5.34}$$

从而有判别函数

$$g(X) = r \parallel W_0 \parallel = W_0^T X + b_0 \tag{5.35}$$

给出从 X 到最优超平面的距离的一种代数度量。

将判别函数进行归一化,使所有样本都满足

$$\begin{matrix} W_0^T X^p + b_0 \geq 1 & 当 d^p = +1 \\ W_0^T X^p + b_0 \leq 1 & 当 d^p = -1 \end{matrix} \quad p = 1, 2, \cdots, P \tag{5.36}$$

则对于离最优超平面最近的特殊样本 X^s 满足 $|g(X^s)| = 1$,称为支持向量。由于支持向量最靠近分类决策面,是最难分类的数据点,因此这些向量在支持向量机

的运行中起着主导作用。

式(5.36)中的两行也可以组合起来用下式表示

$$d^p(\boldsymbol{W}^T\boldsymbol{X}^p + b) \geq 1, p = 1, 2, \cdots, P \tag{5.37}$$

其中,$\boldsymbol{W}_0$ 用 $\boldsymbol{W}$ 代替。

由式(5.34)可导出从支持向量到最优超平面的代数距离为

$$r = \frac{g(X^s)}{\|W_0\|} = \begin{cases} \dfrac{1}{\|W_0\|} & d^s = +1, \boldsymbol{X}^s \text{ 在最优超平面的正面} \\ -\dfrac{1}{\|W_0\|} & d^s = -1, \boldsymbol{X}^s \text{ 在最优超平面的负面} \end{cases} \tag{5.38}$$

因此,两类之间的间隔可用分离边缘表示为

$$\rho = 2y = \frac{2}{\|W_0\|} \tag{5.39}$$

式(5.39)表明,分离边缘最大化等价于使权值向量的范数$\|W\|$最小化。因此,满足式(5.37)的条件且使$\|W\|$最小的分类超平面就是最优超平面。

2) 最优超平面的构建

根据上面的讨论,建立最优线性分类超平面问题可以表示成如下的约束优化问题,即对于给定的训练样本 $\{(\boldsymbol{X}^1, d^1), (\boldsymbol{X}^2, d^2), \cdots, (\boldsymbol{X}^p, d^p), \cdots, (\boldsymbol{X}^P, d^P)\}$,找到权值向量 $\boldsymbol{W}$ 和阈值 $\boldsymbol{T}$ 的最优值,使其在式(5.37)的约束下,最小化代价函数

$$\Phi(\boldsymbol{W}) = \frac{1}{2}\|\boldsymbol{W}\|^2 = \frac{1}{2}\boldsymbol{W}^T\boldsymbol{W} \tag{5.40}$$

这个约束优化问题的代价函数是 $\boldsymbol{W}$ 的凸函数,且关于 $\boldsymbol{W}$ 的约束条件是线性的,因此可以用拉格朗日系数方法解决约束最优问题。引入拉格朗日函数如下:

$$L(\boldsymbol{W}, b, \alpha) = \frac{1}{2}\boldsymbol{W}^T\boldsymbol{W} - \sum_{p=1}^{P}\alpha_p[d^p(\boldsymbol{W}^T\boldsymbol{X}^p + b) - 1] \tag{5.41}$$

式中:$\alpha_p \geq 0, p = 1, 2, \cdots, P$ 称为拉格朗日系数。式(5.41)中的第一项为代价函数 $\Phi(\boldsymbol{W})$,第二项非负,因此最小化 $\Phi(\boldsymbol{W})$ 就转化为求拉格朗日函数的最小值。观察拉格朗日函数可以看出,欲使该函数值最小化,应使第一项 $\Phi(\boldsymbol{W})$ 减小,使第二项增大。为使第一项最小化,将式(5.41)对 $\boldsymbol{W}$ 和 b 求偏导,并使结果为零:

$$\begin{cases} \dfrac{\partial L(\boldsymbol{W}, b, \alpha)}{\partial \boldsymbol{W}} = 0 \\ \dfrac{\partial L(\boldsymbol{W}, b, \alpha)}{\partial b} = 0 \end{cases} \tag{5.42}$$

利用式(5.41)和式(5.42),经过整理可导出最优化条件1:

$$W = \sum_{p=1}^{P} \alpha_p d^p X^p \tag{5.43}$$

利用式(5.41)和式(5.42)可导出最优化条件2:

$$\sum_{p=1}^{P} \alpha_p d^p = 0 \tag{5.44}$$

为使第二项最大化,将式(5.41)展开如下:

$$L(W,b,\alpha) = \frac{1}{2} W^T W - \sum_{p=1}^{P} \alpha_p d^p W^T X^p - b \sum_{p=1}^{P} \alpha_p d^p + \sum_{p=1}^{P} \alpha_p$$

根据式(5.44),上式中的第三项为零。根据式(5.43),可将上式表示为

$$L(W,b,\alpha) = \frac{1}{2} W^T W - W^T \sum_{p=1}^{P} \alpha_p d^p X^p + \sum_{p=1}^{P} \alpha_p$$

$$= \frac{1}{2} W^T W - W^T W + \sum_{p=1}^{P} \alpha_p$$

$$= -\frac{1}{2} W^T W + \sum_{p=1}^{P} \alpha_p$$

根据式(5.43)可得到

$$W^T W = W^T \sum_{p=1}^{P} \alpha_p d^p X^p = \sum_{p=1}^{P} \sum_{j=1}^{P} \alpha_p \alpha_j d^p d^j (X^p)^T X^p$$

设关于 α 的目标函数为 $Q(\alpha) = L(W,b,\alpha)$,则有

$$Q(\alpha) = \sum_{p=1}^{P} \alpha_p - \frac{1}{2} \sum_{p=1}^{P} \sum_{j=1}^{P} \alpha_p \alpha_j d^p d^j (X^p)^T X^p \tag{5.45}$$

至此,原来的最小化 $L(W,b,\alpha)$ 函数问题转化为一个最大化函数 $Q(\alpha)$ 的"对偶"问题,即给定训练样本 $\{(X^1,d^1),(X^2,d^2),\cdots,(X^p,d^p),\cdots,(X^P,d^P)\}$,求解使式(5.45)为最大值的拉格朗日系数 $\{\alpha_1,\alpha_2,\cdots,\alpha_p,\cdots,\alpha_P\}$,并满足约束条件 $\sum_{p=1}^{P} \alpha_p d^p = 0; \alpha_p \geq 0, p=1,2,\cdots,P$。

以上为不等式约束的二次函数极值问题(qqadratic programming, QP)。由库恩-塔克尔(Kuhn-Tucker)定理知,式(5.45)的最优解必须满足以下最优化条件(KKT 条件):

$$\alpha_p [(W^T X^p + b) d^p - 1] = 0, p = 1,2,\cdots,P \tag{5.46}$$

可以看出,在两种的情况下式(5.46)中的等号成立:一种情况是 α_p 为零;另

一种情况是α_p不为零而$(W^TX^p+b)d^p=1$。显然,第二种情况仅对应于样本为支持向量的情况。

设$Q(\alpha)$的最优解为$\{\alpha_{01},\alpha_{02},\cdots,\alpha_{0p},\cdots,\alpha_{0P}\}$,可通过式(5.43)计算最优权值向量,其中多数样本的拉格朗日系数为零,因此

$$W_0 = \sum_{p=1}^{P} \alpha_{0p} d^p X^p = \sum_{\text{所有支持向量}} \alpha_{0p} d^s X^s \tag{5.47}$$

即最优超平面的权向量是训练样本向量的线性组合,且只有支持向量影响最终的划分结果,这就意味着如果去掉其他训练样本再重新训练,得到的分类超平面是相同的。但如果一个支持向量未能包含在训练集内时,最优超平面会被改变。

利用计算出的最优权值向量和一个正的支持向量,可通过式(5.36)进一步计算出最优偏置

$$d_0 = 1 - W_0^T X^s \tag{5.48}$$

求解线性可分问题得到的最优分类判别函数为

$$f(X) = \text{sgn}\left[\sum_{p=1}^{P} \alpha_{0p} d^p (X^p)^T X + b_0\right] \tag{5.49}$$

在式(5.49)中的P个输入向量中,只有若干个支持向量的拉格朗日系数不为零,因此计算复杂度取决于支持向量的个数。

对于线性可分数据,该判别函数对训练样本的分类误差为零,而对非训练样本具有最佳泛化性能。

若将上述思想用于非线性可分模式的分类时,会有一些样本不能满足式(5.37)的约束,而出现分类误差。因此需要对适当放宽该式的约束,将其变为

$$d^p(W^T X^p + b) \geq 1 - \xi_p, p = 1,2,\cdots,P \tag{5.50}$$

式中引入了松弛变量$\xi_p \geq 0, p = 1,2,\cdots,P$,它们用于度量一个数据点对线性可分理想条件的偏离程度。当$0 \leq \xi_p \leq 1$时,数据点落入分离区域的内部,且在分类超平面的正确一侧;当$\xi_p > 1$时,数据点进入分类超平面的错误一侧;当$\xi_p = 0$时,相应的数据点即为精确满足式(5.37)的支持向量X^s。

建立非线性可分数据的最优超平面可以采用与线性可分情况类似的方法,推导过程与上述方法相同,得到的结果为

$$\sum_{p=1}^{P} \alpha_p d^p = 0, 0 \leq \alpha_p \leq C, p = 1,2,\cdots,P \tag{5.51}$$

可以看出,线性可分情况下的约束条件$\alpha_p \geq 0$在非线性可分情况下被替换

为约束更强的 $0 \leq \alpha_p \leq C$,因此线性可分情况下的约束条件 $\alpha_p \geq 0$ 可以看作非线性可分情况下的一种特例。

此外,W 和 b 的最优解必须满足的最优化条件改变为

$$\alpha_p \left[(W^T X^p + b) d^p - 1 + \xi_p \right] = 0, \quad p = 1, 2, \cdots, P \tag{5.52}$$

最终推导得到的 W 和 b 的最优解计算式以及最优分类判别函数与式(5.47)~式(5.49)完全相同。

5.7.2 支持向量机网络

在解决模式识别问题时,经常遇到非线性可分模式的情况。支持向量机的方法是,将输入向量映射到一个高维特征向量空间,如果选用的映射函数适当且特征空间的维数足够高,则大多数非线性可分模式在特征空间中可以转化为线性可分模式,因此可以在该特征空间构造最优超平面进行模式分类。

设 X 为 N 维输入空间的向量,令 $\boldsymbol{\Phi}(X) = [\varphi_1(X), \varphi_2(X), \cdots, \varphi_M(X)]^T$ 表示从输入空间到 M 维特征空间的非线性变换,称为输入向量 X 在特征空间诱导出的"像"。参照前述思路,可以在该特征空间定义构建一个分类超平面

$$\sum_{j=1}^{M} w_j \phi_j(X) + b = 0 \tag{5.53}$$

式中:$w_j (j = 1, 2, \cdots, M)$ 为将特征空间连接到输出空间的权值;b 为偏置或负阈值。令 $\varphi_0(X) = 1, w_0 = b$,式(5.53)可简化为

$$\sum_{j=0}^{M} w_j \phi_j(X) = 0 \tag{5.54}$$

或写为

$$W^T \boldsymbol{\Phi}(X) = 0 \tag{5.56}$$

将适合线性可分模式输入空间的式(5.43)用于特征空间中线性可分的"像",只需用 $\varphi(X)$ 替换 X,得到

$$W = \sum_{p=1}^{P} \alpha_p d^p \boldsymbol{\Phi}(X^p) \tag{5.57}$$

将式(5.57)代入式(5.56)可得特征空间的分类超平面为

$$\sum_{p=1}^{P} \alpha_p d^p \boldsymbol{\Phi}^T(X^p) \boldsymbol{\Phi}(X) = 0 \tag{5.58}$$

式中:$\boldsymbol{\Phi}^T(X^p) \boldsymbol{\Phi}(X)$ 为第 p 个输入模式 X^p 在特征空间的像 $\boldsymbol{\Phi}(X^p)$ 与输入向量 X 在特征空间的像 $\boldsymbol{\Phi}(X)$ 的内积,因此在特征空间构造最优超平面时,仅使用特征

空间中的内积。

支持向量机的对于非线性可分数据的做法是,在进行非线性变换后的高维特征空间实现线性分类,此时最优分类判别函数为

$$f(X) = \text{sgn}\left[\sum_{p=1}^{P} \alpha_{0p} d^p \boldsymbol{\Phi}^{\text{T}}(X^p)\boldsymbol{\Phi}(X) + b_0\right] \quad (5.59)$$

令支持向量的数量为 N_s,去除系数为零的项,式(5.59)可改写为

$$f(X) = \text{sgn}\left[\sum_{s=1}^{N_s} \alpha_{0s} d^s \boldsymbol{\Phi}(X^s)\boldsymbol{\Phi}(X) + b_0\right] \quad (5.60)$$

从支持向量机分类判别函数的形式上看,它类似于一个3层前馈神经网络。其中隐层节点对应于输入样本与支持向量的像的内积,而输出节点对应于隐层输出的线性组合。图5.20给出支持向量机神经网络的示意图。

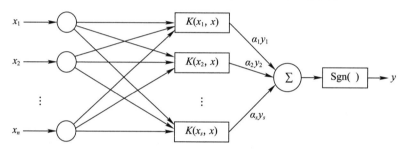

图5.20 支持向量机神经网络示意图

设计一个支持向量机时,需构建非线性映射 $\boldsymbol{\Phi}(\cdot)$。设输入数据为二维平面的向量 $X = [x_1, x_2]^{\text{T}}$,共有3个支持向量,因此应将二维输入向量非线性映射为三维空间的向量

$$\boldsymbol{\Phi}(X) = [\varphi_1(X), \varphi_2(X), \varphi_3(X)]^{\text{T}}$$

5.7.3 支持向量机的学习算法

在能够选择变换 φ(取决于设计者在这方面的知识)的情况下,用支持向量机进行求解的学习算法如下:

① 通过非线性变换 φ 将输入向量映射到高维特征空间。

② 在约束条件 $\sum_{p=1}^{P} \alpha_p d^p = 0, 0 \leqslant \alpha_p \leqslant C$(或 $\alpha_p \geqslant 0$),$p = 1, 2, \cdots, P$ 下求解 α_{0p},以最大化目标函数

$$Q(\alpha) = \sum_{p=1}^{P} \alpha_p - \frac{1}{2}\sum_{p=1}^{P}\sum_{j=1}^{P} \alpha_p \alpha_j d^p d^j \boldsymbol{\Phi}^{\text{T}}(X^p)\boldsymbol{\Phi}(X^j) \quad (5.61)$$

③ 计算最优权值

$$W_0 = \sum_{p=1}^{P} \alpha_{0p} d^p \boldsymbol{\Phi}(X^p) \quad (5.62)$$

④ 对于待分类模式 X,计算分类判别函数

$$f(X) = \text{sgn}\left[\sum_{p=1}^{P} \alpha_{0p} d^p \boldsymbol{\Phi}^{\text{T}}(X^p)\boldsymbol{\Phi}(X) + b_0\right] \quad (5.63)$$

根据 $f(X)$ 为 1 或 -1,决定 X 的类别归属。

支持向量机常被用于径向基函数(RBF)网络和多层感知器的设计中。在径向基函数类型的支持向量机中,径向基函数的数量和它们的中心分别由支持向量的个数和支持向量的值决定,而传统的径向基函数网络对这些参数的确定则依赖于经验知识。在单隐层感知器类型的支持向量机中,隐节点的个数和它们的权值向量分别由支持向量的个数和支持向量的值决定。

与径向基函数和多层感知器相比,支持向量机的算法不依赖于设计者的经验知识,且最终求得的是全局最优值而不是局部极值,因而具有良好的泛化能力而不会出现过学习现象。但支持向量机由于算法复杂导致训练速度较慢,目前提出的一些改进训练算法是基于循环迭代的思想。

第6章 智能机器人技术及应用

智能机器人是能够依靠自身感知能力、分析判断能力及自主学习能力实现各种复杂操作的机器系统。作为机器智能的综合载体,智能机器人应呈现出某种类人或类脑的智能特点。例如:像人一样感知,能对多感知信息进行融合;像人一样学习,能自动提炼规则和积累经验;像人一样处理信息,能举一反三,融会贯通;像人一样思考,兼具逻辑思维能力和形象思维能力;像人一样行动,能三思而后行;像人一样沟通交流,善解人意;等等。智能机器人的上述"智能"特征在于它不同于工业机器人的"示教、再现",不同于遥控机器人的"主—从操纵",而是以一种"认知—适应"的方式自主地进行操作。

随着感知、计算、控制等技术的迭代升级和图像识别、自然语言处理、深度学习等人工智能技术在机器人领域的深入应用,机器人领域的服务化趋势日益明显,逐渐渗透到社会生产生活的每一个角落。从最初的工业领域拓展到空间、水下、救灾、服务、医疗等领域,机器人正在向着智能化、拟人化的方向快速发展。

6.1 智能机器人关键技术

6.1.1 关键技术研究现状

智能机器人的关键技术研究主要涉及多传感器信息融合、定位与导航、路径规划、机器人视觉、智能控制等技术。对于以上技术的深入研究将对智能机器人技术的发展起到重要作用。

多传感器信息融合与控制理论、信号处理、人工智能、概率和统计相结合,为机器人在各种复杂、动态、不确定和未知的环境中执行任务提供了信息来源。机器人所用的传感器有很多种,根据不同用途分为内部测量传感器(感知本体信息)和外部测量传感器(感知环境信息)两大类。经过融合的多传感器系统能够更加完善、精确地反映检测对象的特性,消除信息的不确定性,提高信息的可靠性。数据融合的关键问题是模型设计和融合算法,目前多传感器信息融合方法主要有贝叶斯估计、Dempster-Shafer 理论、卡尔曼滤波、神经网络、小波变换等。

自主导航是智能机器人系统中的一项核心技术。机器人有多种导航方法,根据环境信息的完整程度、导航指示信号类型等因素的不同,可以分为基于地图的导航、基于创建地图的导航和无地图的导航。根据导航采用的硬件的不同,可将导航系统分为视觉导航和非视觉传感器组合导航。目前,视觉导航信息处理的内容主要包括视觉信息的压缩和滤波、路面检测和障碍物检测、环境特定标志的识别、三维信息感知与处理。非视觉传感器导航是指采用多种传感器共同工作,对机器人的位置、姿态、速度和系统内部状态等进行监控,如利用激光或红外传感器的光反射导航,基于磁罗盘、光码盘和 GPS 数据的导航,超声波导航等。

智能机器人路径规划方法大致可以分为传统方法和智能方法。传统路径规划方法主要有自由空间法、图搜索法、栅格解耦法、人工势场法等。大部分机器人路径规划中的全局规划都是基于这几种方法进行,但是这些方法在路径搜索效率及路径优化方面有待于进一步改善。智能路径规划方法是将遗传算法、模糊逻辑以及神经网络等人工智能方法应用到路径规划中,来提高机器人路径规划的避障精度,加快规划速度,满足实际应用的需要。其中应用较多的算法主要有模糊方法、神经网络、遗传算法、Q 学习及混合算法等,这些方法在障碍物环境已知或未知情况下均已取得一定的研究成果。

视觉系统是智能机器人的重要组成部分,如何精确高效地处理视觉信息是视觉系统的关键问题。目前视觉信息处理逐步细化,包括视觉信息的压缩和滤波、环境和障碍物检测、特定环境标志的识别、三维信息感知与处理等。其中环境和障碍物检测是视觉信息处理中最重要也是最困难的过程。机器人视觉是其智能化最重要的标志之一,对机器人智能及控制都具有非常重要的意义。目前国内外都在大力研究,并且已经有一些系统投入使用。

近年来,机器人智能控制在理论和应用方面都有较大的进展。模糊系统在机器人的建模、控制、模糊补偿控制以及移动机器人路径规划等各个领域都得到了广泛的应用。在机器人神经网络控制方面小脑模型网络,(CMAC)是应用较早的一种控制方法,其最大特点是实时性强,尤其适用于多自由度操作臂的控制。智能控制方法提高了机器人的速度及精度,但是也有其自身的局限性,例如:机器人模糊控制中的规则库如果很庞大,推理过程的时间就会过长;如果规则库很简单,控制的精确性又会受到限制;无论是模糊控制还是变结构控制,抖振现象都会存在,这将给控制带来严重的影响;神经网络的隐层数量和隐层内神经元数的合理确定仍是目前神经网络在控制方面所遇到的问题;另外,神经网络易陷于局部极小值等问题,都是智能控制设计中要解决的问题。

6.1.2 问题与挑战

目前智能机器人的挑战主要集中在如何用机器智能的理论、方法和技术为机器人赋能,使其智能水平(包括机器人模仿人脑从事推理规划、设计、思考、学习等思维活动)得到提升,以解决迄今认为需要由专家才能处理好的复杂问题。从整个发展的过程来看,智能机器人发展还属于起步阶段,目前还面临不少难题。

人工智能可分为专用人工智能和通用人工智能,目前的进展主要是专用人工智能取得的,真正意义上完备的通用智能系统的研究与应用仍然任重道远,人工智能总体发展水平仍处于起步阶段。正如中国科学院谭铁牛院士所指出的:"人工智能前沿基础理论是人工智能技术突破、行业革新、产业化推进的基石。要想取得最终的话语权,我国必须在人工智能基础理论和前沿技术方面取得重大突破。"

在机器学习、知识图谱、类脑智能计算、量子智能计算、模式识别等领域,尚缺乏关键通用技术标准,急需围绕自然语言处理、智能语音、计算机视觉、生物特征识别、虚拟现实/增强现实、人机交互等方面,为人工智能应用提供领域技术支撑。

对未知环境的探索是机器人研究领域最前沿的课题之一,精确的模式识别是处理未知环境的关键技术。智能机器人在识别和理解周围场景方面依然面临很多困难,需要解决的问题包括应用环境的复杂性问题、识别算法的鲁棒性问题、机器视觉数据量庞大的问题以及图像采集和处理的实时性问题。

智能机器人规划研究中面临的挑战主要有:①在感知存在不确定性以及无法量化感知时,如何进行规划?换句话说,机器人的规划效果是否能够既满足实时规划需求,同时又能捕捉到关键的不确定因素;②机器人如何能够从之前的规划和执行过程中学习到对特定任务最正确的规划;③在高自由度系统中,能否实时做出具有一致性、可预测性和可理解性的规划。

服务机器人的人机交互技术是当前机器人产业发展的关键技术。如何实现拟人化的、人机共融的、实用可靠的人机交互系统仍面临着诸多挑战。例如,目前情感人机交互技术只侧重对用户情感的识别,缺乏对用户不良情感的有效干预和调整。

随着未来的工作环境向非结构化、复杂化发展,如何使智能移动机器人在缺乏先验知识的情况下自主地实现导航和路径规划是充满挑战性的研究课题。

6.2 智能机器人感知技术

人体具有各种感受器,神经系统通过感受器接受内外环境的变化。感受器具有换能作用,可以将各种信号"翻译"成神经能够理解的语言,再向中枢传递。

例如,视觉感受器(眼)、听觉感受器(耳)、嗅觉感受器(鼻)、味觉感受器(舌)、触觉感受器(皮肤)以及痛觉、温觉、压觉等体内神经末梢感觉器。作为"感觉中枢"的丘脑,是各种感觉信号的信息处理中心。对外周神经系统通过低级中枢神经系统传入的各种感觉信号进行整合。

机器人智能感知技术是对生物感知智能的借鉴、模拟和延伸,包括机器人视觉、机器人听觉、机器人触觉等,多传感器信息融合则是对人体或其他生物整合多感觉信号的借鉴与模拟。

6.2.1 机器人视觉技术

机器人视觉涉及人工智能、计算机科学、图像处理、模式识别等诸多领域,是用计算机或图像处理器以及相关设备模拟人类的视觉功能,将图像转换成数字信号进行分析处理的技术。

1) 视频分析与监控

视频分析(video analysis,VA)借助计算机视觉、机器学习、模式处理等方法,对视频序列进行无人工干预的自动分析处理,进而达到提取视频场景中关键信息的目的。业界将应用了视频分析技术的视频监控称为智能视频监控(intelligent video surveillance,IVS)。智能视频监控包括在底层上对动态场景中的感兴趣目标进行检测、跟踪,在中层上提取运动目标的各种信息进行目标分类和个体识别,在高层上对感兴趣目标进行行为/姿态识别、分析和理解。智能视频监控技术可以广泛应用于公共安全监控、工业现场监控、交通状态监控等各种监控场景中,实现犯罪预防、交通管制、意外防范和检测等功能。随着计算机视觉技术的发展和硬件设备的不断升级换代,视频分析与监控技术处于飞速发展时期,涌现出一系列创新成果。但在真实场景中,由于受光照、拍摄角度、遮挡、姿态变化等因素影响,运动目标跟踪本身就是一个极具挑战的研究问题,而如何在中层特征如轨迹、人体形状等无法鲁棒抽取的情况下进行高层语义行为识别也变得更为迫切。

目标检测是从视频或者图像中提取出运动前景或感兴趣目标。根据处理的数据对象的不同,目标检测可以分为基于背景建模的运动目标检测方法和基于目标建模的检测方法。根据背景建模方式的不同,可以把运动目标提取方法归纳为三类。第一类是基于统计的方法,这类方法充分利用了像素的统计特性对背景图像进行建模。第二类是基于分类的方法,该方法把运动目标提取看作是一个二分类问题。第三类是基于子空间的方法,该方法把运动前景或背景看成是低维空间的一个重构目标。基于背景建模的检测方法只适用于固定摄像机拍摄的场景,当固定场景中干扰因素较多时,算法性能也会受到极大影响。基于目标建模的检测方法一般采用滑动窗口的策略。根据建模的方法不同,基于滑动窗口的目标检测主要分为刚性全局模板检测模型、基于视觉词典的检测模型、基于部件的检测模型和深度学习模型。基于目标建模的前景提取方法不受应用场景的限制,但在应用中,由于需要训练不同分类器,同时采用滑动窗口策略,在时间和人工方面消耗较大,在要求实时性的系统中难以应用。

目标跟踪用来确定任务感兴趣的目标在视频序列中连续的位置,是智能视频监控的关键环节。目标跟踪在实际应用过程中,会受到环境光照变化、目标遮挡、目标形变、周围环境干扰、摄像头角度变化等多方面的困难和挑战。国内外专家对相关领域开展了大量的研究,并提出了多种具备良好性能的跟踪算法,如跟踪—学习—检测法(tracking – learning – detection,TLD)法光流法、平均移动法(Mean Shift)和核化相关滤波器法(kernelized correlation filters,KCF)方法。视觉目标跟踪挑战赛(Visual – Object – Tracking Challenge,VOT)是国际目标跟踪领域最权威的测评平台,由伯明翰大学、卢布尔雅那大学、布拉格捷克技术大学、奥地利科技学院联合创办,旨在评测在复杂场景下单目标短时跟踪的算法性能。VOT 2017 结果显示,目前跟踪算法的主流方法主要分为三种:一是传统的相关滤波方法;二是基于卷积神经网络方法;三是深度卷积特征和传统的协同滤波相结合的方法。其中,使用深度卷积特征和协同滤波结合的方法效果最好。

行为识别在智能监控、视频序列理解等领域具有重要的应用。在深度学习出现之前,iDT(improved dense trajectories)是当时效果最好、可靠性最高的方法。深度学习发展起来之后,代表性的方法有双流网络(Two Stream Network)及衍生方法三维卷积网络(Convolution 3 Dimension,C3D)和循环神经网络(RNN)方法。目前比较常用的数据库有 UCF101、HMDB51、Kinetics、ActivityNet、YouTube – 8M。行为识别虽然研究多年,但是大多数情况下还是集中于对预先分割过的短视频进行分类,而且当前大规模行为数据库样本大多来自互联网采集,如一些电影片段、体育视频以及用户上传视频,行为识别的研究仍处于实验室数据集测试阶段,实现真正的实用化和产业化仍有许多挑战需要解决。

2) 视觉伺服

1979 年,Hill 和 Park 提出了"视觉伺服"(visual servo)的概念。视觉伺服包括了从视觉信号处理到机器人控制的全过程,由于信息处理与控制输入计算同时进行,控制的精确性、灵活性、鲁棒性都得到提升。20 世纪 90 年代以来,随着计算机能力的增强和价格下降以及图像处理硬件和 CCD 摄像机的快速发展,机器人视觉伺服无论是在理论上还是在应用方面都取得了很大进展。

目前,多样化的视觉伺服框架与伺服方法被陆续提出。机器人视觉伺服控制系统有以下几种分类方式:按照摄像机的数目的不同,可分为单目视觉伺服系统、双目视觉伺服系统以及多目视觉伺服系统；按照摄像机放置位置的不同，可以分为手眼系统(eye in hand)和固定摄像机系统(eye to hand 或 stand alone)；按照机器人的空间位置或图像特征，可分为基于位置的视觉伺服、基于图像的视觉伺服、混合视觉伺服。

(1) 基于位置的视觉伺服

基于位置的视觉伺服控制器误差反馈定义于笛卡儿空间，根据视觉测量信息求解当前机器人姿态，并在机器人空间设计相应控制律。此类任务通常基于单应性矩阵分解获得姿态矩阵和平移向量。根据当前相机坐标系下位置误差与姿态误差，设计变比例控制器。实现由当前视点运动到期望视点。该方法对单应性矩阵的误差较敏感，可能导致系统存在稳态误差。针对这一问题，Benhimane 等人提出了一种直接利用单应性矩阵的解耦视觉伺服方法，该方法不需要对单应性矩阵进行分解，利用单应性矩阵构造了分别描述位移和姿态误差的特征，可实现控制系统的局部稳定。Plinval 等人运用类似方法考虑系统动力学特性，实现无人机的视觉伺服跟踪控制。Jia 等人将该方法与迭代学习控制相结合，并实现了在工业机器人动态视觉伺服跟踪控制方面的应用。针对应用视觉引导的机器鱼水下追踪问题，Yu 等人利用基于模糊滑模控制机器鱼到达目标水深并保持该水深的位置，利用多步骤的方法控制机器鱼的走向，并且保持快速性与准确性。针对图像特征检测问题，Compor 用虚拟视觉伺服技术实现鲁棒三维基于模型的跟踪算法，可以在复杂环境下快速准确地定位机器人。

(2) 基于图像的视觉伺服

基于图像的视觉伺服将给定信息与反馈信息均定义在图像特征空间，并通过图像误差直接计算机器人关节输入，使其在图像中到达期望位置，在图像空间形成闭环控制。使用此种伺服结构需解决图像雅可比矩阵的求解问题，实现图像空间到机器人空间的映射。与基于位置的视觉伺服控制方法相比，该伺服控制方法无需进行位置估计，无需对物体三维重构，也不需要精确手眼标定。

近年来，大量研究人员致力研究视觉伺服与学习能力相结合的控制方式以提升系统性能。例如，Milikovic 等人将基于神经网络的增强学习引入工业机器人的视觉伺服，建立了表示学习样本的数据库，用于加速神经网络的收敛速度，并实时学习机器人的行为。Sadeghzadeh 等人利用模糊神经网络和 Q 学习实现了机械臂的视觉伺服。Zhao 等人利用两个神经网络，解耦计算绕 x 轴和 y 轴旋转的图像矩，避免了机械臂视觉伺服中的奇异问题。Shi 等人提出了高度与速度解耦的视觉伺服控制方法，利用模糊 Q 学习实现对无人机控制增益的调节。

(3) 混合视觉伺服

Malis 等人于 1999 年提出了混合视觉伺服方法。混合视觉伺服包含了在

3D 笛卡儿空间构成的闭环控制系统和 2D 图像空间构成的闭环控制系统。一部分自由度采用了基于位置的视觉伺服,另一部分自由度则采用了基于图像的视觉伺服,又称为 2.5D 视觉伺服。Malis 等人将 ESM(efficient second – order minimization)算法与该视觉跟踪相结合,在帧间偏移量较大的情况下,实现基于模板的视觉伺服跟踪控制。Wang 等人采用一个经典的基于图像伺服控制器和一个 Q – learning 方法的离散控制器,提出一个合适的决策器,依据特征点在图像平面的位置切换选择两种控制器。为了解决单应性矩阵的估计和分解导致的系统稳态误差,Zhang 等人基于移动机器人非完整约束特点,直接估计旋转角和平移量,采用基于位置的姿态控制和基于图像的平移运动控制,形成了 2.5D 混合视觉伺服。

3) 三维计算机视觉

机器人执行任务时常需要从对周围世界的二维观测中恢复其三维结构,因此三维计算机视觉一直是计算机视觉领域的重要分支,其主要研究内容包括物体二维图像和三维信息的关联学习、三维视觉定位和三维重建等。

在从二维图像恢复物体的三维表示方面,3D – R2N2 是一个有代表性的工作。该方法使用对象实例任意视角的单个或多个二维图像,以三维占据网格的形式重建对象,从而学习到二维成像和三维形状之间的映射,无需物体类别标注。PrGAN 是学习三维体素(voxel)信息与二维投影成像之间关联的代表性工作。该算法利用生成对抗网络(generative adversarial networks,GANs)生成物体的三维表达,并在此基础上利用投影模块和给定的视角投影得到二维图像。人脸和人体作为计算机视觉领域最重要的研究对象之一,其在三维空间中的结构推断和姿态估计也是近些年的研究热点。从 2016 年开始,COCO 数据集每年都会举行人体关键点检测竞赛,汇集了该领域大量优秀的工作,比较有代表性的研究有部分亲和字段(part affinity fields,PAF)和蒙皮多人线性模型(skinned malti – person linewr,SMPL)。人脸关键点检测是计算机视觉中的经典问题,研究其三维结构有助于在头部姿态较大和有遮挡的情况下取得鲁棒的检测结果。

二维图像的本质是三维场景在成像平面上的投影,三维视觉定位问题就是从二维图像中推断相机和景物的相对位置。三维视觉定位问题中,按照三维场景中的点是否已知,可以将此类问题分为两大类。如果三维点的信息已知,则问题可以归结为二维到三维的数据匹配问题。在小场景中,这类问题常被成为 PnP(Perspective – n – Point)问题,近些年相关的研究工作集中在寻找更优的解法上;在大场景情形下,近几年的研究热点主要聚焦在利用深度模型进行异质数据的匹配问题上,Piasco 等人对这些研究工作进行了综述。

三维重建指从二维图像回复场景的三维结构。近年来,数码相机、街景车和无人机等设备的发展使得海量高分辨图像的获取成为可能;同时 GPU 等计算资源的性能提升大幅提高了数据依赖性高、表达能力强的深度学习模型的训练效率。因此,如何通过这些数据和模型构建我们身边的三维世界日益成为计算机视觉研究者关注的热点。

总的来说,大场景图像三维重建系统一般由相机参数标定、稠密点云重建和点云模型化三个部分组成。大场景相机参数标定通常利用特征点在不同图像中的匹配关系,使用从运动恢复结构的方法(structure from motion,SfM)进行计算。在获得每幅图像的相机内外参数后,三维重建系统会计算图像中每一像素点对应的空间坐标,进而获得场景可视表面的稠密空间点云。现有的大场景稠密点云重建方法有两类:一类是将稀疏空间特征点进行局部扩散获得稠密点云;另一类是通过立体匹配方法在每一幅图像上计算深度图,并将深度图在空间进行融合获得稠密点云。在点云处理方面,pointnet++为近些年有代表性的研究工作;在深度估计方面,Godard 等利用左右试图时差的一致性进行深度计算,Zhou 等同时对当前帧的深度和相邻帧的相机相对姿态进行估计,He 等人将焦距信息以全连接层的形式嵌入到全局特征网络中以消除焦距对深度估计的歧义性。

三维重建的最后一个关键步骤是将稠密点云模型化获得最终的参数化三维模型,可以使用通用的点云三角化方法,也可以利用场景先验信息建立更具结构性的三维模型。

4) 物体检测

物体检测旨在找出给定图像中的物体,并定位出这些物体的位置。计算机视觉理论的奠基者 Marr 认为计算机视觉要解决的问题可归结为"何物体在何处"。因此,物体检测是最基本的机器人视觉问题之一,也是物体跟踪、行为分析等其他高层视觉任务的基础。物体检测在现实场景中也有着非常重要的应用,如视频监控、无人驾驶等。在实际应用中,物体检测往往面临诸多挑战,如图像的光照条件、拍摄视角及距离、物体自身的非刚性形变以及遮挡等因素都会给检测算法带来极大困难。

传统的检测算法通常使用哈尔特征(Haar – like features, Harr)、尺度不变特征变换(scale – invariant feature transform, SIFT)、方向梯度直方图特征(Histogram of oriented gradiend, HOG)等手工设计的局部特征,并采用 Adaboost、SVM、随机森林等分类器。受限于特征的表达能力及分类器的判别能力,传统检测算法在现实场景的鲁棒性能并不理想。自 2012 年深度学习方法在 ImageNet 物体分类竞赛上获得成功后,基于深度学习的物体检测算法开始受到重视。深度神经网络能有效地从原始海量数据集里学习层级化的特征表达,且不需要太多人工干预。近年来,为充分利用神经网络的特征学习能力及判别能力,学界提出了诸多检测框架，物体检测性能也因而不断地被刷新。

基于深度学习的物体检测算法可大致分为三大类：基于区域候选模型、基于回归模型和基于注意机制模型。

(1) 基于区域候选模型

基于区域候选模型先通过区域候选(region proposal)产生感兴趣区域，再对感兴趣区域进行特征提取、判别及检测等操作。Girshick 等人在 2014 年提出的 R-CNN 是基于区域候选模型算法的开山之作，为避免低效的滑动窗口操作，其利用选择搜索(selective search)产生候选区域，接着利用 CNN 提取特征，最后通过 SVM 分类器进行判别并使用回归模型回归检测框位置。为解决 R-CNN 中对候选区域提取特征时带来的重复计算问题，Fast R-CNN 借鉴了空间金字塔池化网络(spatial pyramid pooling network,SPP-net)的思想，在 CNN 特征图上使用感兴趣区域池化(roI pooling)操作对候选区域提取固定长度的特征表达，从而避免重复使用 CNN 模型提取特征所产生的消耗。对于 Fast R-CNN，其产生候选区域时使用的选择搜索方法成为制约其速度的主要瓶颈。为解决这个问题，Faster R-CNN 引入区域候选网络(region proposal network)直接预测候选区域，从而进一步地提升算法速度。Dai 等人在此基础上，提出 R-FCN 检测网络，通过使用位置敏感分数图(position-sensitive score map)同时学习模型的位置可变性和位置不变性。He 等人在 Faster R-CNN 的基础上提出了 Mask R-CNN，将检测任务和实例分割任务充分整合到同一个框架中。

(2) 基于回归模型

基于回归模型通常采取单阶段检测的策略，用回归的思想直接对给定图片的多个位置上回归目标的边框及类别，因而有着更快的检测速度。Redmon 等人提出的 YOLO(you only look once)框架使用 CNN 直接回归目标物体的置信度、类别及边框坐标信息，将目标检测任务转换成回归问题，大大提升了检测速度，使得其算法应用在实时场景中。此外，YOLO 进行边框回归时使用的是全局信息，因而有着更低的假阳性输出。Liu 等人提出的 SSD(single shot multi-box detector)框架结合 YOLO 的回归思想和 Faster R-CNN 中的锚边框(anchor box)思想，并在多个尺度的特征层上进行预测，从而提升小目标物体的检测效果。总的来说，SSD 的检测精度与 Faster R-CNN 等两阶段方法相当，并保持了较快的检测速度。Lin 等人提出的特征金字塔网络(feature pyramid network,FPN)进一步融合底层特征高分辨率信息和高层特征的语义信息，以提高小目标物体的检测精度。Lin 等人在结合 FPN 和 ResNet 的基础上提出 RetinaNet，通过聚焦损失(focal loss)更好地挖掘样本，使得其检测精度超越两阶段方法的同时，检测速度也和单阶段方法媲美。

（3）基于注意机制模型

基于注意机制模型则通过聚合网络的弱预测信息,最终得到物体的检测框位置。Yoo 等人提出的 AttentionNet 属于此类方法的代表,其利用 CNN 作为注意网络,迭代调整物体检测框的移动方向,最终收敛得到的位置即为物体检测结果。通过这种方式,AttentionNet 将检测问题转化为分类问题。另外,深度强化学习方法作为决策器也以类似的方式被应用到物体检测问题上。国内,中国科学院自动化所 Cao 等人提出的侧抑制卷积神经网络,通过选择性目标注意的方式在显著性物体检测上取得良好效果。

5) 物体分割

物体分割是图像处理与计算机视觉领域的基础性工作,是指将一幅图像划分成若干个不重叠的子区域,使得每个子区域具有相似性,而不同子区域有明显的差异。物体分割是物体分析中一个非常重要的预处理步骤,分割效果会直接影响到后续任务的开展,其研究在指纹识别、行人检测、机器视觉、医学影像等众多领域都有广泛应用。传统的物体分割法主要包括阈值法、区域法、边界检测法等。基于阈值的分割,将图像划分成背景区域与目标区域,根据图像灰度直方图信息获取分割阈值,目前普遍使用的阈值算法包括模糊集法、最小误差法等,但该分割方法易受噪声影响,很难找到合适的分割阈值。基于区域的分割利用局部空间信息进行区域分割,将具有相似特征的像素组成一个区域,目前常用的基于区域的分割法有区域分裂合并法和区域增长法。区域分裂合并法先将图像划分为子区域,基于某种准则进行区域分裂、合并;区域增长法先在各个子区域中找到单/多个种子像素点,将其作为生长的源点,基于某种准则分组源点相邻像素,直到出现不能再归并的点。边界检测法首先检测边缘像素,再将边缘像素连接起来构成边界形成分割。2003 年,超像素的物体分割方法被提出,该方法通过对具有相似特征的像素进行分组,使得图像块中可以包含单个像素不包含的图像信息,显著提高了后续处理效率。根据算法实现原理,超像素方法又可分为基于聚类的方法和基于图论的方法。随着分类技术在计算机视觉领域的广泛应用,在图像分割方面也进行了一些尝试。物体分割在基于分类的方法中可被看作是物体单像素分类问题,以标注好的图像为训练样本训练分类器,再使用训练好的分类器对输入图像逐像素分类,进而得到最终的图像分割结果。近几年通过结合聚类和分类算法进行图像分割的方法被提出,首先利用聚类算法生成初始化目标候选区域集,再对区域内容进行描述分类并构建全图标注,完成物体分割。

2000 年以后,主流的物体分割方法是以图像高层特征为依据基于内容的图像分割,主要可以分为以下三种方法:基于图论的分割、基于像素聚类的分割、基于语义分割的分割。其中,基于图论和基于像素聚类的方法采取无监督学习的方式,都属于超像素方法;基于语义分割的分割包括基于候选区域的分割及端到端的分割。Girshick 等人于 2014 年提出了 R – CNN(regions with CNN),同年,Hariharan 等人提出了 SDS(simultaneous detection and segmentation)方法,用于物体目标检测和语义分割。He 等人在 R – CNN 卷积层之后引入了空间金字塔池化层(spatial pyramid pooling,SPP),接收任意尺寸的输入图像并生成固定长度的特征向量,有效地突破了区域变换的限制,而且该方法不需要从原图中提取特征,可以从卷积图中提取特征,不需要重复性地对重叠区域进行费时的卷积操作,大大提升了算法效率。2015 年,Girshic 等人进一步提出了 Fast R – CNN,该方法可以将候选区域映射到 CNN 最后一个卷积层的特征图上,从而确保每张图片只提取一次特征,提高了运行效率。针对特征的尺度维度问题,2016 年,Chen 等人在 FCN 架构中引入注意力模型(attention model)。2016 年,为解决非可控场景下虹膜图像分割,中国科学院自动化研究所刘年丰等人提出一种多尺度的全卷积网络,可解决虹膜图像模糊、遮挡、斜眼、形变等复杂的问题。实验结果表明,该方法不仅适用于可见光下采集的虹膜图像,同时适用于近红外光下采集的虹膜图像,均显著地提高了虹膜图像的分割精度。2018 年,何恺明博士等人提出了全景分割(panoptic segmentation,PS)来生成统一的、全局式的分割图像,该方法为图像中的每个像素都分配一个语义标签和一个实例 ID。有同样标签和 ID 的像素归为同一对象;在检测不规则事物(stuff)时,可忽视实例 ID。

6.2.2 机器人听觉技术

人耳能听到声音的频率范围局限在 20～20000Hz 范围,但一些动物却能听到低于 20Hz 的次声波和高于 20000Hz 的超声波。听觉传感器、声呐传感技术等在智能机器人中的应用,使其不仅能在语音输入、智能客服、机器翻译、军事监听、人 – 机交互等场景语音识别场景中大显身手,而且能具有远超人类听力的听觉能力,实现对人类听觉能力的延伸与拓展。

1)自动语音识别技术

智能机器人应能"听懂"人类的自然语言,赋予机器人这种智能的技术为自动语音识别技术(ASR)或语音到文本(STT)技术。图 6.1 给出一个语音识别系统的通用框架。

(1)语音识别技术分类

根据语音信号的发音人可以将 ASR 分为"说话人相关"和"说话人无关"两种类型:前者只能识别特定说话人的语音信息,需要事先对语音识别系统进行"训练"(又称为"注册"),由个体说话者将文本或孤立的词汇读入识别系统,系

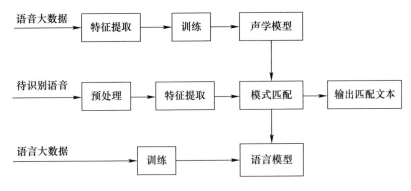

图 6.1 语音识别系统的通用框架

统分析该人的特定声音,并使用它来微调对该人语音的识别以提高准确性;后者不需要对语音识别系统进行训练,系统能够识别任意非特定说话人的语音信息。

根据发音方式可以将 ASR 分为孤立词识别、连续语音识别及关键词检出等类别。孤立词识别只识别已知的孤立音节、词或短语;连续语音识别需识别连续自然的书面朗读语音;关键词检出用于检测说话人以自由交谈方式发音时若干已知关键词在何处出现。

根据语音识别的方法对 ASR 分类,目前基本上达到实用阶段的方法有基于模式匹配的语音识别、基于统计模型法的语音识别和利用神经网络的语音识别。

(2) 语音信号预处理技术

预处理指在特征提取之前先对原始语音进行处理,部分消除噪声和不同说话人带来的影响,使处理后的信号更能反映语音的本质特征。最常用的预处理方法有抗混叠滤波、预加重、极端点检测。抗混叠滤波是为了防止混叠失真和噪声干扰,在采样前可使用具有锐截止特性的模低通滤波器;在预处理中进行预加重处理的目的是提升高频部分,使信号的频谱变得平坦;端点检测的目的是判断一段带噪语音的纯噪声段和含有噪声的语音段,以及判断各个语音段的起点和终点。端点检测的方法很多,最常见的是短时平均过零率和短时平均幅度法;前者是指每帧内信号波形通过零值的次数,能够粗略地反映信号的频谱特性;后者用来表示语音能量,能在一定程度上避免窗的宽度选择带来的弊端。

(3) 语音信号特征提取技术

特征提取直接影响整个识别系统的质量和效率。孤立词语音识别系统的特征提取一般需要解决的问题是,从语音信号中提取有代表性的特征参数并进行适当压缩。非特定人语音识别系统则希望特征参数尽可能减少说话人的个人信息,尽量反映语义信息。语音识别中提取的特征主要是频域特征,常见的语音信号频率特征参数有线性预测系数(LPC)、线性预测倒谱系数(LPCC)和 Mel 频率倒谱系数。

线性预测算法速度快,实现简单,是最有效和最流行的特征参数提取技术之一。其基本思想是,语言信号的每个取样值可以由它过去的若干个取样值的加权和来表示。各加权系数应使实际语音采样值与线性预测采样值之间的误差平方和最小,加权系数就是线性预测系数。如果利用过去 p 个采样值来进行预测,就称为 p 阶线性预测。

线性预测倒谱系数是计算语音信号的倒谱时根据自回归模型对线性预测系统进行递推得到的。其优点是彻底地去掉了语音产生过程中的激励信号,反映了声道响应,而且往往只需要几个倒谱系数就能够很好地描述语音的共振峰特性。

频率倒谱系数是受人的听觉系统研究成果推动而导出的声学特征。其计算要点是将线性功率谱转换成 Mel 频率下的功率谱,这需要计算前在语音的频谱范围内设置若干个带通滤波器。首先用快速傅里叶变换将时域信号转化成频域信号,然后在频域应用一组 Mel 频率上平均分布的同态滤波器组进行卷积,得到类似人耳听觉特性的非线性频谱分辨率。通过对数处理可使之化为可分离的相加成分,最后进行离散于波变换余弦变换即得到 Mel 频率倒谱系数。

(4) 语音信号识别技术

① 隐马尔可夫模型(HMM)。目前大多数大词汇量连续语音的非特定人语音识别系统都是基于隐马尔可夫模型的。隐马尔可夫模型包含图 6.2 所示的双重随机过程:一个是具有有限状态数的马尔可夫链,来模拟语音信号统计变化隐含的随机过程;另一个是与马尔可夫链的每一个状态相关联的观测序列的随机过程。人的言语过程正是一个双重随机过程,其中语音信号本身是一个可观测的实变序列,是由大脑根据语法知识和言语需要发出的因素的参数流,而言语需要则是不可观测的状态。隐马尔可夫模型合理地模仿了这一过程,是一种利用已知的观测序列来推断未知变量序列的模型,由于观测序列变量 x 在 t 时刻的状态仅由 t 时刻隐藏状态 y_t 决定,其状态序列满足马尔可夫属性。

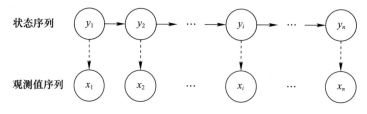

图 6.2 隐马尔可夫法图结构

② 动态时间规整(dynamic time warping,DTW)。动态时间规整是一种用于测量可能随时间或速度变化的两个序列之间相似性的算法,对于孤立词语音识别简单而有效。该算法的基本原理是,对输入语音信号进行伸长或缩短直到与标准模式的长度一致,通过非线性地"规整"语音序列以使之相互匹配,解决了不同说话人对同一音的发音长短不一的模板匹配问题。

③ 基于神经网络的语音识别。近年来,长短时记忆网络(long–short term memory,LSTM)、递归神经网络和时延神经网络(TDNN)在语音识别领域的表现引人注目,深度神经网络与自动去噪编码器正成为研究热点。2009年,Hinton和D. Mohamed将深度置信网络(deep belief network,DBN)用于语音识别声学建模,并在TIMIT这样的小词汇量连续语音识别数据库上获得成功。2011年,DNN在大词汇量连续语音识别上获得成功。从此基于深度神经网络的建模方式逐渐成为主流的语音识别建模方式。目前深度学习理论已成功应用于音素识别、大词汇量连续语音识别中,其应用主要集中在利用深度学习方法提取更具表征能力的特征以及对现有基于HMM的声学模型进行加强上。

2) 说话人识别技术

说话人识别(speaker recognition,SR)又称声纹识别(voiceprint recognition,VPR),是根据语音信号中的说话人个性信息来识别"说话人是谁"的一项生物特征识别技术。图6.3给出一个说话人识别系统的组成结构。

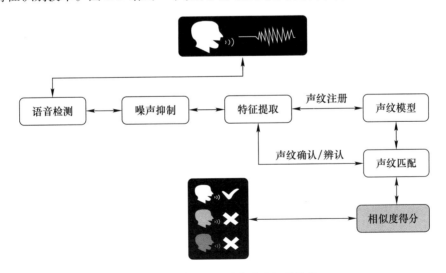

图6.3 说话人识别系统的组成结构

说话人识别的理论依据是,每个人的声音都具有其独一无二的声纹特征,一个人的咽喉、鼻腔和口腔等声腔器官的形状、尺寸、位置以及这些发声器官之间的协作方式决定了声带张力的大小和声音频率的范围。

(1) 说话人识别的特征参数

语音信号中既包含语音的特征,也包含说话人的个性特征,从语音信号中提取具有区分性、稳定性和独立性的说话人个性特征是说话人识别的关键。在说话人识别特征参数方面,B. S. Atal 研究了 LPC 系数、声道的冲激响应、自相关系数、声道面积函数以及倒谱系数等不同的特征参数在说话人自动识别系统中的有效性,并指出倒谱系数是较为有效的语音特征。其后,倒谱系数及其各种变形被广泛应用。目前常用的特征参数有三类:一类是线性预测系数及其派生参数,例如,由 12 阶线性预测系数导出的各种参数是特征参数的重要来源;另一类是由语音谱导出的参数,如基于频谱的参数有功率谱、共振峰及变化轨迹、基音轮廓、语音强度及变化轨迹等;还有一类是混合参数,很多说话人识别系统采用混合参数构成的特征向量,如将动态变量与统计变量相结合,将对数面积比与频谱参数相结合,将逆滤波器与带通滤波的输出相结合等,相互独立的混合参数可有效改善识别效果。

(2) 说话人识别模型

20 世纪 70 年代后,动态时间规整法模型和向量量化(vector quantization, VQ)技术在说话人识别中的应用使系统的识别率得到大幅度提高;80 年代后,隐马尔可夫模型、人工神经网络和主成分分析、多特征组合等技术在语音识别领域中得到了成功和广泛的应用,成为说话人识别的核心技术;90 年代后,高斯混合模型(gaussian mixture model, GMM)以其简单、灵活、有效及具有较好的鲁棒性,迅速成为当今与文本无关的说话人识别中的主流技术。近年来,人工神经网络及支持向量机在说话人识别中也得到广泛应用。特别是支持向量机有较好的应用前景。其用最优分类器划分样本空间,使不同子类空间中的样本到分类器的距离达到最大。而对当前特征空间中的线性不可分模式,使用核函数将样本映射到高维空间,使样本能够线性可分。

6.2.3 多传感器融合技术

智能机器人通常配有数量众多的不同类型的传感器,对各传感器采集的信息进行孤立地处理会切断各传感器信息间的内在联系。多传感器融合技术(multi-sensor fusion)是对多种信息的获取、表示及其内在联系进行综合处理和优化的技术,通过对多信息进行处理及综合得到各种信息的内在联系和规律,从而剔除无用和错误的信息,保留正确和有用的成分,实现信息的优化。

1) 多传感器融合的层次结构

根据多传感器融合系统中信息处理的抽象程度,可划分为以下三个层次。

(1) 数据层融合

数据层融合(又称像素级融合)直接对传感器的观测数据进行融合,然后从融合的数据中提取特征向量,并进行判断识别(图6.4)。数据层融合要求传感器是同质的,即传感器观测的是同一物理现象。数据层融合计算量大且对系统通信带宽的要求很高,但由于不存在数据丢失的问题,因而得到的结果是最准确的。数据层融合常用的融合方法有代数法、IHS变换、小波变换、主成分变换(PCT)、K-T变换等。

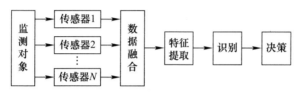

图6.4 数据层融合系统

(2) 特征层融合

特征层融合属于中等水平的融合,先从各传感器提供的原始观测数据中提取有代表性的特征,将这些特征信息对多源数据进行分类、聚集和综合,形成单一的特征向量,再用模式识别等特征层融合方法进行处理(图6.5)。这种方法的计算量及对通信带宽的要求相对降低,但由于舍弃了部分数据其准确性有所下降。

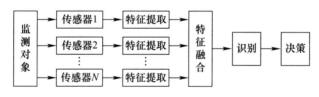

图6.5 特征层融合系统

(3) 决策层融合

决策层融合属于最高水平的融合,适用于分类和识别行为,融合的结果可为指挥、控制、决策提供依据(图6.6)。这种融合的优点是计算量及对通信带宽的要求低,分析能力强、决策精度高,且允许异构传感器的组合。决策层融合最常见的两种方法是多数投票法和朴素贝叶斯。

多传感器融合的应用系统一般通过综合考虑传感器的性能、系统的计算能力、通信带宽、期望的准确率以及成本等因素来确定哪种层次的融合是最优的。在一个多传感器融合系统中,也可以同时在不同的融合层次上进行融合。

2) 多传感器融合的算法

融合算法是融合处理的基础。它是将多元输入数据根据信息融合的功能要

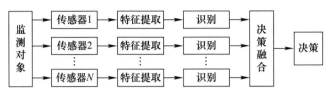

图6.6 决策层融合系统

求,在不同融合层次上采用不同的数学方法,对数据进行综合处理,最终实现融合。目前已有大量的融合算法,总体上可以分为三大类型:嵌入约束法、证据组合法、神经网络法。

(1)嵌入约束法

由多种传感器所获得的客观环境的多组数据可视为客观环境按照某种映射关系形成的像,传感器信息融合就是通过像求解原像。要使一组数据与环境之间为一一映射,须对映射的原像和映射本身加约束条件,使问题有唯一解。嵌入约束法的两个基本方法是贝叶斯估计和卡尔曼滤波。

(2)证据组合法

证据组合法是为完成某一任务的需要而处理多种传感器的数据信息。先度量单个传感器数据作为证据对决策的支持程度,再寻找一种证据组合方法或规则,使得在已知两个不同传感器数据对决策的分别支持程度时,通过反复运用组合规则,最终得出全体数据信息的联合体对某决策总的支持程度,得到最大证据支持决策,即传感器信息融合的结果。常用的证据组合方法有概率统计方法和D – S(Dempster – Shafer)证据推理法。

(3)神经网络法

多传感器数据融合可以看作是在一定的约束条件下从数据空间向决策空间的非线性映射,而神经网络出色的非线性映射能力以及固有的结构和训练方式恰好适合解决这类问题。此外,神经网络法对于消除多传感器协同工作时的交叉影响效果明显。例如,倪国强等人基于脉冲耦合神经网络(pulse coupled neural network,PCNN)实现了可见光图像与红外光图像的数据层与特征层融合。在决策层融合方面,Chair等人用感知型神经网络结构融合统计独立的多信源判决结果;Thomopoulos等人用神经网络解决传感器数据融合检测问题;J. Robert提出一种神经网络模型用于融合二值假设判决。

6.3 智能机器人定位与导航规划技术

移动机器人在无人工标记环境中实现智能自主移动,面临着在"哪里、到哪里、怎么去"三个需要解决的关键问题。"在哪里"是机器人对环境的认知与对自身的定位,"到哪里"是由任务决定的目标识别问题,"怎么去"是机器人需要解决的自主导航与路径规划问题。

6.3.1 地图表示与构建

对自主移动机器人来说,定位是导航与路径规划的基石。机器人定位的首要任务便是感知周围的环境,并对环境知识加以描述。因此,定位和地图创建已成为智能自主移动机器人领域的研究热点。不同的地图表示形式具有其不同的特点与优势,需根据机器人的工作环境与应用需求选择合适的地图表示与构建方法。

1) 地图表示

(1) 栅格地图表示法

栅格地图表示法将整个环境分为若干相同大小的二维或三维栅格,每个栅格内存储其对应空间的状态信息(指出其中是否存在障碍物)。栅格地图的范围与栅格的分辨率一般会被预先定义,地图的存储空间由所需建图的环境范围确定。由于栅格地图会对工作环境内的每一块区域都进行建模,且地图的分辨率需被设置得足以详细表示环境特征,因此栅格地图所需的存储空间十分巨大。为了克服这一缺陷,Whelan 等人利用 voxel hashing 方法动态分配存储空间,并通过滑动窗口的形式使内存中地图的最大容量维持在固定范围内。

典型的栅格地图中,栅格内存储该区域被障碍物占有状态的概率。由于一些轨迹规划算法需要获取地图中每个点到障碍物的距离信息或距离的梯度信息,基于有向欧氏距离函数计算的距离信息也会被存储在栅格地图中。为使行星探测足式机器人高效地进行落脚点规划,M. Herbert 等人设计了 2.5 维栅格地图,其二维栅格地图内的每一个栅格存储对应位置的高度信息。还有一些栅格地图构建算法计算相应位置到最近障碍物在视线方向上的投影距离,这种表示方法隐式地表征了环境表面信息,可以利用 Marching cubes 算法重构地图表面。

栅格地图的优点在于创建和维护容易,其结构化的地图组织形式使之可以方便地进行地图构建,且大部分基于栅格地图的存储结果不受机器人视角影响,可以根据存储的数据设计相应的规划算法。其缺点是:在大规模环境或对环境划分比较详细时栅格数量急剧增大,对地图的维护行为将变得困难,同时定位过程中搜索空间很大,如果没有较好的简化算法,实现实时应用比较困难。

(2) 拓扑地图表示法

拓扑地图表示法将环境表示为一张拓扑意义中的图(graph),图中节点对应于环境中显著的场景或标志,如果节点之间存在直接连接的路径,则在节点之间加上连接节点的弧。拓扑地图表示形式简洁紧凑,抽象度高,其分辨率与环境的复杂程度相关。

拓扑地图表示法可以进行快速的路径规划,且与人交互的可解释性更强,可以被赋予更高层次的语义信息;存储和搜索空间都比较小,计算效率高;可以使用很多现有的成熟、高效的搜索和推理算法。但拓扑地图在环境范围较大时难以实现全局一致的地图构建,也难以实现机器人的准确定位。此外,对拓扑图的使用是建立在对拓扑节点的识别匹配基础上的,当环境中两个节点具有相似性时,拓扑图方法将很难确定这是否为同一点,可能导致定位错误。目前,一些方法通过将拓扑地图的节点表示为局部子地图的形式来提高机器人定位的鲁棒性,并通过对同一地点增加多个来自不同观测节点的形式,提高机器人基于拓扑地图进行长期定位的性能。

(3)点云地图表示法

点云地图由三维空间点的信息组成,其点云信息可由激光、深度相机等3D扫描设备直接获取空间若干点的信息,或由图像传感设备通过不同视角的观测重建而成。点云信息一般包括XYZ位置信息、RGB颜色信息和强度信息等。其中,激光和深度相机直接获取环境的几何信息,通过点云拼接的方法直接构建稠密点云地图;基于RGB相机构建点云地图时需对图像做预处理,根据图像间数据关联的方式不同,可以构建稀疏的特征点云地图或稠密、半稠密点云地图。

点云地图直接描述了环境的几何特性,可以较直观地获得观测,适用于激光、视觉等多种定位方式。由于其几何特征稳定,可以辅助激光传感器实现长期鲁棒定位。稀疏视觉特征点云地图的每个地图点上都有相应的视觉特征描述子,可以与视觉图像特征实现较为准确的数据关联。点云地图的不足是描述性较低,不能提供更高语义层次的信息,以及环境结构、特征之间的关联性。

(4)特征地图表示法

特征地图(又称几何信息地图)表示法是指机器人收集对环境的感知信息,从中提取抽象的几何特征,例如点元、直线、面或基础物体等基础形状信息,这些几何信息可以通过一组参数进行建模以描述环境。相较于点云地图,几何信息地图对环境有更高层次的描述性,且便于位置估计和目标识别。几何方法利用卡尔曼滤波在局部区域内可获得较高精度,且计算量小,但在广域环境中却难以维持精确的坐标信息。目前,一些几何信息地图构建算法尝试利用这种紧凑的表达方式来提高算法的性能。例如,Salas-Moreno等人在同时定位与地图构建(simultaneous localization and mapping,SLAM)算法中引入了基础物体几何信息,以实现鲁棒性更好的数据关联推理。

(5) 语义地图

近年来,基于基础物体几何特征的地图表示法研究思路正逐渐向语义地图发展,即除地图的基本属性外,地图的每个组成单元还包含了该单元对应的语义信息。这种地图表示方法显著提高了人机交互的能力。地图的语义信息可以有不同粒度的表达,如 Pronobis 等人在环境地图中标注不同的房间,Pillai 等人在地图中标注已知物体等。随着深度学习的发展,地图语义标注的准确度得到显著提升。

2) 地图构建

地图构建是同时定位与地图构建算法的简称,1986 年由 Smith Self 和 Cheeseman 首次提出。SLAM 以传感器作为划分标准,主要分为激光、视觉两大类,通常依据传感器信息同时估计机器人自身位姿及环境地图,或者依赖传感器信息估计机器人位姿变化来对传感器数据进行拼接。

SLAM 问题可以描述为:机器人在未知环境中从一个未知位置开始移动,在移动过程中根据位置估计和传感器数据进行自身定位,同时建造增量式地图。早期的 SLAM 研究侧重于使用滤波理论来最小化运动物体的位姿和地图路标点的噪声,包括扩展卡尔曼滤波和粒子滤波算法,但难以得到大范围环境的一致性地图。1997 年,Lu 等人提出基于图优化理论的 SLAM 问题求解算法,但由于计算量过大,该方法难以实时运行。21 世纪以来,随着对 SLAM 问题更深入的理解以及在稀疏线性理论方面的应用,基于图优化理论解决方案的计算速度得到优化。特别是自 Kummerle 等人提出图优化的通用求解框架 G2O(general graph opti mization)后,基于图优化的 SLAM 求解方法得到了迅速的推广与应用,在视觉 SLAM 领域中取得了主导地位。

(1) 激光地图构建

激光地图构建在 SLAM 或数据拼接中多采用迭代最近点(iterative closest point,ICP)算法计算点云的位姿。ICP 算法通过优化点云到点云之间的欧式距离实现对点云的匹配,可以实现精度较高的点云位置估计,但需要一个较好的初值,否则算法可能陷入局部极值点,且优化也受算法初值影响,为此,M. Magnusson 等人提出了正态分布变换(normal distribution transform, NDT)方法,将空间划分成栅格,计算参考点云在栅格内的概率密度函数,通过优化观测点云在栅格内的概率响应以计算点云位置。这种方法受点云初值的影响较小,算法收敛较为稳定,但还需要将空间划分成栅格。QS. Li 等人进一步提出采用高斯混合模型的稀疏三维点云匹配,用局部连续表面不确定性表征数据点,用多层分段高斯混合模型表达隐表面并进行灵活匹配,进一步降低了对初值的依赖性,并提高了算法收敛速度。

(2) 视觉地图构建

根据视觉传感器进行分类,视觉地图构建方法可以分为基于单目相机的地图构建、基于双目相机的地图构建和基于 RGB – D 相机的地图构建。单目相机系统的成本低,但无法获得场景的深度信息,需要通过多视图几何等方法计算出环境中目标点的坐标。双目相机系统可以获得场景中的目标点的深度信息,但对相机参数标定的要求较高。不论是单目相机还是双目相机,都只能恢复图像匹配点的深度信息。而 RGB – D 相机可以直接获取图像中每个像素点对应的深度信息和图像纹理信息,但检测范围小,容易出现数据空洞。根据提取的图像特征进行分类,视觉地图的构建方法可分为基于 SIFT(scale invriant feature transform)特征、基于 ORB(oriented fanst and rotated brief)特征等方法。

随着机器视觉技术的兴起,研究者们的研究方向多聚焦于降低算法复杂度、减小误差、提高效率和精度、提高鲁棒性等方面。近年来,以下几个方面的研究正在得到关注:①在动态环境中利用语义地图进行视觉 SLAM;②将人工智能领域的方法引入视觉 SLAM;③多传感器融合;④多机器人协作。

(3) 语义地图构建

随着机器人研究的深入,基于传统几何信息构建的地图难以适应复杂任务的需求,越来越多的研究者开始从事有关语义地图的研究。早期的语义地图构建方法多为直接将传统的 SLAM 方法构建好的地图进行分割,如 Mozos 等人利用 2D 激光构建环境地图,再离线利用马尔可夫网络将每个位置观测的语义场景进行融合。近年来,一些研究机构开始从事对大量图像、RGB – D 或激光点云地图的标注工作,并开源了大量含语义标注结果的公开数据集。研究者们也尝试利用 SLAM 算法所输出的信息提高语义分割的效果,如 Pronobis 等人提出的在线语义地图构建方法利用激光和图像信息构建三层推理机制,实现语义地图的构建。环境的语义信息也可以帮助传统的 SLAM 方法获得更高的性能,如 Castle 等人结合环境的语义信息为单目 SLAM 算法提供更多的约束。一些研究者尝试同时优化 SLAM 算法的参数与语义推理的结果,但目前大部分这方面的方法由于计算量过大,多为离线系统。Bao 等人设计了一种联合估计相机参数、环境点以及物体标签信息的方法,通过实验证明了这种联合优化的方法无法适用于在线系统。Bowman 等人将物体识别的方法引入 SLAM 过程中,同时估计离散的数据、类别推理与连续的 SLAM 系统的状态,从而使 SLAM 与语义推理结果相互促进。

6.3.2 移动机器人定位

移动机器人定位是确定其在已知环境中所处位置的过程,是实现移动机器人自动导航能力的关键。目前移动机器人定位领域应用较广泛的传感器有里程计、超声波、激光器、摄像机、红外线、深度相机、GPS 定位系统等,从主流种类来看,可以分为视觉定位、激光定位等大类。按时间跨度分类,可以分为短期定位和长期定位,其中长期定位着重考察算法在较长一段时间内的定位效果。按先验知识分类可以分为有先验定位和无先验定位两类,其中有先验定位常称为位姿跟踪,无先验定位则称为全局定位。

1) 基于地图匹配的定位技术

基于地图匹配的机器人定位问题主要侧重机器人在地图上可能所处位置的搜寻和辨别,其重点在于机器人能够感知获得所处局部环境的位置信息与已知地图中的位置环境信息相匹配。W. Hess 等人在建好的激光地图上,通过迭代最近点法(ICP)实现了 2D 位姿估计。J. Saarinen 等人借助正态分布变换(NDT),将地图栅格化并计算每个栅格的点云分布情况,通过极大化地图分布与实时激光数据,与已知地图进行匹配,并通过图优化方法得到定位信息。C. Kerl 等人从稠密匹配出发,通过最小化光度误差求取当前与稠密地图之间的位姿。

2) 基于路标标识的定位技术

路标是指环境中一些具有显著特征且能够被传感器识别的一类景物的统称,有人工路标和自然路标之分。在已知这些路标在环境中的位置与形状等特征的前提下,机器人定位的核心任务就是要快速可靠地辨识出路标,并将路标特征与机器人所处地图中相应的路标进行匹配以确定机器人所处的当前位置。M. Drumheller 应用声呐检测墙壁,实现了基于路标标识的定位算法。K. T. Simsarin 等人将地图分解为视野不变区域,用搜索树方法进行搜索,提高了定位速度。R. Simmons 等人提出联合部分可观察的马尔可夫模型和证据格子模型,利用拓扑和度量信息实现了定位。I. S. Kweon 等人利用多种局部地图获得全局地图,通过提取特征进行匹配得到相对位置的估价,然后通过优化迭代估价出更准确的位置。X. Ding 等人利用特征点恢复出结构信息,在激光地图上寻找最匹配的激光点,通过特征图优化实现 6DoF 定位。

3) 基于概率估算的定位技术

近年来许多研究者把概率理论应用于机器人定位,其核心思想是以当前收集到的数据为已知条件,递归估计状态空间后验概率密度。其中,基于粒子滤波(particle filter)算法已成为解决机器人全局定位的主要方法。粒子滤波算法是蒙特卡罗(Monte Carlo)方法的一种应用,是 20 世纪 90 年代中后期发展起来的一种崭新的滤波算法,该算法的核心思想是用一组离散的带权粒子模拟被估状态的后验概率(即用一组滤波器估计机器人处于某位置的概率),并逐步通过状态预测、更新权值和重采样等步骤完成滤波,使得机器人最有可能所处位置的概率越来越高。

6.3.3 导航规划

导航是指机器人按照预先给定的任务命令,根据已知的地图信息做出全局路径规划,并在行进过程中,不断感知周围的局部环境信息(实时性),做出各种决策,随时调整自身的姿态与位置,引导自身安全行驶,直至目标位置。智能机器人的导航系统是一种自主式智能系统,需要将感知、规划、决策和行动等模块结合起来,寻找最优或次优的无碰撞路径,其体系结构如图 6.7 所示。

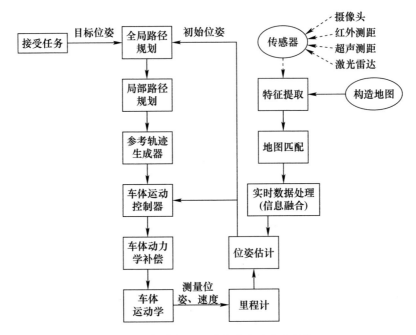

图 6.7 智能机器人导航系统的体系结构

1) 导航技术

常用的机器人导航技术有 4 类:①磁导航,这是目前最成熟可靠的方案,即在路径上连续埋设一定的导航设备(如磁钉、引导电缆),通过感应线圈对不同频率电流的检测来感知诸如位置、方向、曲率半径、道路出口位置等路径信息,从而为机器人指明去向。磁导航的优点是不受天气等自然条件的影响,但系统实施过程比较烦琐,变更运营线路需重新埋设导航设备。②惯性导航,利用陀螺仪和加速度计等惯性传感器测量移动机器人的航向角和加速率,从而推知机器人当前位置和下一步的目的地,因而可连续测出运动体的当前位置。③视觉导航,依据环境空间的描述方式,可将移动机械人的视觉导航划分为基于地图的导航、基于创建地图的导航、无地图的导航等方式。④卫星导航,移动机器人通过安装卫星信号接收装置,可以实现自身定位,无论其在室内还是室外。

2)规划技术

导航就是规划移动机器人在空间中从起始状态到目标状态的运动过程。从路径规划技术的角度可分为以下4类:

(1)模板匹配路径规划技术

模板匹配方法是利用路径规划所用到的或已产生的信息建立一个模板库,库中的任一模板包含每一次规划的环境信息和路径信息,随后将当前规划任务和环境信息与模板库中的模板进行匹配,以寻找出一个最优匹配模板,然后对该模板进行修正。

(2)人工势场路径规划技术

人工势场路径规划技术的基本思想是将机器人在环境中的运动视为在虚拟的受力场中的运动。障碍物对机器人产生斥力,目标点对机器人产生引力,引力和斥力的合力作为机器人的控制力,从而控制机器人避开障碍物而到达目标位置。

(3)地图构建路径规划技术

地图构建路径规划技术按照机器人传感器搜索的障碍物信息,将周围区域划分为不同的网格空间,计算网格空间的障碍物占有情况,再依据一定规则确定最优路径,地图构建又分为路标法和栅格法。目前,地图构建技术已引起机器人研究领域的广泛关注,成为移动机器人路径规划的研究热点之一,但机器人传感器信息资源有限,使得网格地图障碍物信息很难计算与处理。同时,由于机器人要动态快速地更新地图数据,因此,地图构建方法必须在地图网格分辨率与路径规划实时性上寻求平衡。

(4)人工智能路径规划技术

人工智能路径规划技术是将现代人工智能技术应用于移动机器人的路径规划中,如人工神经网络、进化计算、模糊逻辑与信息融合等。人工智能技术应用于移动机器人路径规划,增强了机器人的"智能"特性,克服了许多传统规划方法的不足。

根据规划层面和任务属性的不同,可以分为路径规划、避障规划、轨迹规划和行为规划。

(1)路径规划

机器人的路径规划是指已知地图及自身位置和目标位置,规划一条使机器人达到目标的路径。路径规划问题可以大致分为三种类型:①基于地图的全局路径规划,根据先验环境模型,找出从起始点到目标点的符合一定性能的可行或最优的路径;②基于传感器的局部路径规划,环境是未知或部分未知的,需利用传感器获得障碍物的尺寸、形状和位置等信息;③混合型路径规划,将全局规划与局部规划结合起来形成优点互补的方法。

路径规划方法有可视图法、Voronoi 图法、人工势场法、A* 算法、概率路标图法、基于模糊逻辑的方法、基于神经网络的方法以及动态规划法。

可视图(visibillity graph,VG)法是 T. Lozano - Perez 等人 1979 年提出的。如图 6.8 所示,该方法要求机器人与障碍物各顶点之间、目标点与障碍物各顶点之间、各障碍物的顶点之间的所有连线是"可视的",即连线不能穿越障碍物。VG 法将起始点到目标点的最优路径转化为从起始点到目标点经过可视直线的最短距离问题,适用于环境中的障碍物为多边形的情况。

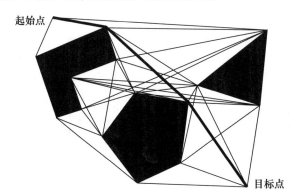

图 6.8 可视图法路径规划示意

1991 年,F. Aurenhammer 用 Voronoi 图进行路径规划,该图由一组连接两邻点直线的垂直平分线构成的连续多边形组成。Voronoi 图路径规划尽可能远离障碍物(图 6.9),虽然从起始点到目标点的路径会变长,但即使产生位置误差,机器人也不会碰到障碍物。

人工势场法由 Khatib 提出,该法在空间构造了一种势力场,势场中包含斥力极和引力极,不希望机器人进入的区域(障碍物)属于斥力极,建议机器人进入的区域和子目标为引力极。引力极和引力极的周围由势函数产生相应的势场,机器人在势场中具有一定的抽象势能,机器人系统所受的抽象力促使机器人绕过障碍物向目标前进。

斯坦福大学的 P. E. Hart 等人在研制第一台轮式自主移动机器人 Shakey 时采用了 A* 算法,该算法的路径搜索启发函数由起始点到当前点的实际通行成本与当前点到目标点的预估通行成本两部分组成。当忽略 A* 算法中的目标预

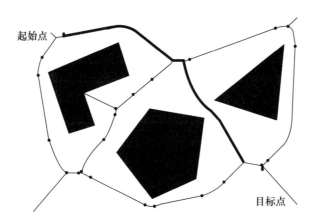

图 6.9　Voronoi 图法路径规划示意

估成本时,即为最短路径搜索算法 Dijkstra。

1994 年,Kavraki 等人提出基于概率对空间随机采样的概率路标图法,将连续空间转换为离散空间,然后采用路径搜索方法得到无碰路径。

基于模糊逻辑的机器人路径规划的基本思想是,各个物体的运动状态用模糊集的概念来表达。每个物体的隶属函数包含该物体当前位置、速度、大小和速度方向的信息,通过模糊综合评价对各个方向进行综合考察得到路径规划结果。

Hopfield 神经网络用于机器人路径规划的基本思想是,障碍物中心处空间点的碰撞罚函数有最大值,随着空间点与障碍物中心距离的增大,其碰撞罚函数的值逐渐减小,且为单调连续变化。在障碍物区域外的空间点,其碰撞罚函数的值近似为零。因此,使整个能量函数 E 最小意味着该路径远离障碍物。

动态规划法是解决多阶段决策优化问题的一种数值方法。该算法将复杂的多变量决策问题进行分段决策,从而将其转化为多个单变量的决策问题。

(2) 避障规划

避障规划是关于机器人传感器近期信息、目标位置及目标位置相对距离的函数。该函数根据机器人在运动过程中得到的感知信息改变机器人的路径或轨迹以避免与障碍物碰撞。早期的避障规划算法有模拟虫类爬行遇到障碍物进行绕行的 Bug 算法。1997 年,Dieter Fox 等人提出了动态窗口法(dynamic window algorithm,DWA),其基本思想是在速度空间中搜索适当的平移速度和旋转速度,搜索空间被限制为能够在短时间内到达且没有碰撞的安全圆形轨迹,并可处理由机器人速度和加速度所需施加的约束。此外,人工势场法也是常用的避障规划算法。

(3) 轨迹规划

轨迹规划是根据机器人的运动学模型和约束寻找适当的控制命令,将可行路径转化为可行轨迹。路径不包含时间轴,而轨迹则包含时间轴。轨迹规划主要方法有图形搜索法、参数优化法和反馈法。图形搜索法是基于所规划路径点搜索满足运动学约束的基本图形,如回旋线、弧线、B样条等。参数优化法借鉴一维轨迹规划方法,将多维轨迹规划分解为一维轨迹规划,通过运动模型得到多个一维轨迹规划的合成效果,采用数值法在连续统中搜索得到满足边界条件的最优参数。反馈法根据当前状态与目标状态间的距离和角度偏差设计速度控制律,使偏差收敛于零。为适应环境的动态变化,避免路径和轨迹的全局重新规划,Phantom Q-C提出了基于仿射变换的轨迹变换方法,P. Pastor等人提出基于演示学习的轨迹生成方法。此外,针对传统导航规划方法将导航分解为全局路径、局部避障、轨迹生成三个部分而导致的种种问题,Sean Quinlan等人于1993年提出了橡皮筋算法来融合路径规划和动态避障,2012年Christopher Rösmann将其推广到轨迹规划层面,用多目标优化的思路解决局部轨迹规划问题,将起点状态到终点状态用一根橡皮筋抽象连接。时间、平滑、运动学等目标函数使这条线发生形变,最终得到满足各项约束的轨迹规划。

(4) 行为规划

移动机器人的行为规划是近年的研究热点,其目的是使路径规划结果满足一定的社会行为规则,更符合人类的认知。近年来,行为规划研究思路逐渐转向学习的方法,例如C. Vallon等人通过支持向量机、D. Sadigh等人通过逆强化学习,利用机器人移动经验或人为遥控操作学习社会规则,并利用这种具有社会性质的行为规划解决高动态环境下移动机器人的僵持问题。

6.4 智能机器人交互技术

6.4.1 人机对话

人机对话(human-machine conversation)指让机器理解和运用自然语言实现人机通信的技术,涉及自然语言理解、生成与交互等多个智能技术领域,主要应用类型为任务型对话系统、问答型对话系统(question answering system,QA)和聊天型对话系统。

1) 任务型对话

任务型对话系统是一种有目标导向的人机对话系统。任务型对话系统可分为管道(pipeline)方法和端到端(end-to-end)方法。

管道方法包括自然语言理解(language understanding,LU)、对话管理(dialogue management,DM)和语言生成(language generation,LG)三个基本模块。LU

模块的主要任务是将用户输入的非结构化自然语言命令转化为结构化的语义表示,通常使用语义槽来表示用户的需求,如出发地、到达地、出发时间等信息,因此可以使用序列标注模型来抽取语义槽。随着深度学习方法的流行,循环神经网络、双向 LSTM 等技术被用于实现 LU 模块,同时还避免了烦琐的特征工程工作。DM 模块的主要任务是,维护系统和用户交互的上下文信息,与用户进行基于自然语言的交互,最终完成用户的命令。该模块包括对话状态跟踪和对话策略学习两个环节,对话状态跟踪在对话的每一轮次对用户的目标进行预估,管理每个轮次的输入和对话历史,输出当前对话状态,这种典型的状态结构通常称为槽填充或语义框架;对话策略学习环节根据状态跟踪器的状态生成一个可用的系统操作,强化学习和监督学习可以用来优化策略学习;语言生成模块选择操作进行映射并生成回复。

基于端到端的实现方式试图训练一个从用户端自然语言输入到机器端自然语言输出的整体映射关系,从而提高系统的灵活性与可拓展性。端到端的任务型对话系统能够较好地解决管道方法的过程依赖问题和系统缺乏连贯性等问题,但该模型对数据的质量和数量要求非常高,并且存在不可解释性。

2) 问答型对话

问答系统的主要功能是根据问题寻找答案并生成回答,需要解决三个基本问题:问题分析、信息检索和答案抽取。问答系统对这三个基本问题的解决方法因问题、数据、答案三个维度的不同而有些区别,从而形成了基于结构化数据的问答系统、基于自由文本的问答系统以及基于问答对的问答系统。

基于结构化数据的问答系统结构如图 6.10 所示,其主要思想是通过分析问题,把问题转化为一个查询(query),然后在结构化数据中进行查询,返回的查询结果即为问题的答案。基于结构化数据的问答方式需要构建知识库,通过分析用户问题的语义,匹配与用户问句语义最相似的答案。

基于自由文本的问答系统结构如图 6.11 所示。其中,问题分析阶段对问题进行分析和理解,以协助后续的检索和答案提取,一般具有问句分类和问句主题提取两个主要研究内容,前者的任务是把一个问句分类到已有分类结构中的一个或几个类(软分类),主要方法有模式匹配方法和机器学习方法;后者通过对问题进行句法分析获得问题的中心词,然后选取中心词及其修饰词作为问题的主题。信息检索阶段包括文档检索和段落检索两个步骤,其主要目的是缩小答案的范围,提高下一步答案抽取的效率和精度。答案提取阶段的任务从检索结果中找到与提问答案一致的实体,通过某种方法对答案进行排序,挑选概率最大的候选答案作为最终答案。

基于问答对的问答系统(图 6.12)有两个主要类型:基于常问问题(FAQ)列

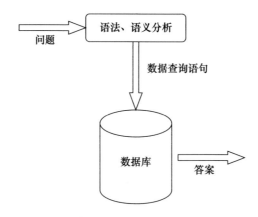

图 6.10 基于结构化数据的问答系统结构

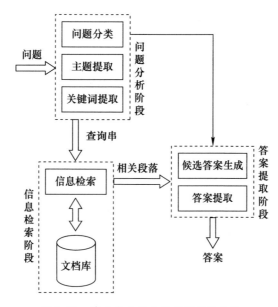

图 6.11 基于自由文本的问答系统结构

表的问答系统和基于社区问答(CQA)的问答系统。在 CQA 数据中有大量的主观类型的问题,而对于主观类型问题和客观类型问题系统应有不同的处理方式。此外,由于 CQA 数据中存在一个社区网络,当用户问题的紧急程度不一样时,系统也应该有不一样的处理方式。因此,与基于自由文本的问答系统的问题分析阶段相比,基于问答对的问答系统增加了新的研究点,即问题主客观的判断以及问题紧急性判断。信息检索阶段需解决的关键问题:一是通过检索模型找到和问题类似的问题;二是通过判断两个问题的相似性返回答案或返回相似问题列表。答案提取阶段的工作是设法从问题的众多答案中选择一个最好的答案。

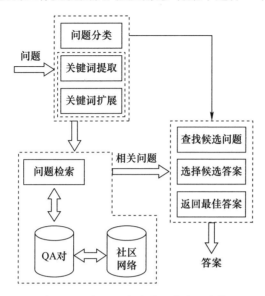

图 6.12 基于问答对的问答系统结构

3) 聊天型对话

聊天机器人是非目标导向的人机对话系统,采用完全数据驱动的方式实现,主要用于娱乐消费。最早出现的聊天机器人是麻省理工学院的 Joseph Weizenbaum 于 1966 年研发的一款心理治疗机器人 Eliza,该机器人利用简单的自然语言解析规则模仿罗杰斯学派心理治疗过程,为用户提供情感答复。此后聊天机器人不断发展,出现了大型语料库和基于数据驱动的对话系统,以及基于深度神经网络模型框架的对话系统,系统性能有了显著提升。

目前,聊天机器人主要采用种人机对话方法:检索式对话和生成式对话。

检索式对话系统将对话问题抽象为一个信息检索问题,因此对话系统需要维护一个很大的对话历史数据库,基于信息检索技术从候选回复中选择与对话信息最匹配的文本作为回复。检索式对话系统生成的回答都是候选答案库中包含的内容,具有固定的语法和格式。检索式对话分为单轮和多轮,在多轮对话中会产生指代、省略等问题,回复需确保与整个对话的上下文相关以及对话内容的连贯性。近年来,深度神经网络、强化学习等技术在单轮对话和多轮对话中都得到成功应用。

生成式对话系统可基于深度学习的 Encoder – Decoder 架构来完成。深度学习技术可以自动从海量的数据源中归纳、抽取对解决问题有价值的知识和特征,从而避免了人为特征工程所带来的不确定性和繁重的工作量。基于深度学习的技术通常不依赖于特定的答案库或模板,而是依据从大量语料中习得的语言能力来进行对话,因此生成的回复会更加多样化。2016 年,Julien Chaumond 和 Clement 研发了一款基于深度学习的聊天机器人 Neuralconvo,通过利用大量电影数据训练深度神经网络模型让该机器人学习如何根据问题生成回复响应。生成式对话系统研究领域的另一个热门方向是基于统计机器翻译和神经机器翻译的端对端建模,例如,A. Sordoni 等人提出的基于循环神经网络的对话生成模型,能够捕捉长时语句信息;I. Sutskever 等人提出的基于 LSTM 的对话生成模型;D. Bahdanau 等人提出的基于注意机制的对话生成方法;等等。

6.4.2 情感人机交互

随着机器人技术的蓬勃发展,人和机器人之间的交互正逐渐从物理性的、功能性的交互向社会辅助性和服务性的交互发展。近年来所兴起的服务机器人以陪伴、娱乐、监护、康复和教学等社会服务为目的,代替或辅助人类直接与用户交流。

情感交互是人类交流的重要环节,对用户情感状态的感知、识别和辅助也是人和服务机器人自然交互中不可或缺的重要环节。因此,高层次的情感交互必将促进服务机器人更好地实现各种社会服务功能,从而进一步实现机器人和人之间的和谐共融。

正如人类通过各种视觉和听觉信号识别他人的情感,同时也通过各种语言的和非语言的行为表达自己的情感,影响他人的情感,也会受到他人情感的影响,进行着双向的情感交流,情感人机交互也应实现机器和用户之间双向的多模态的情感交流。相比于人类的情感识别,机器不仅可以从各种视觉和听觉信号中识别用户的情感,而且可以从各种生理信号中识别用户情感。因此,情感人机交互研究的总体框图如图 6.13 所示。

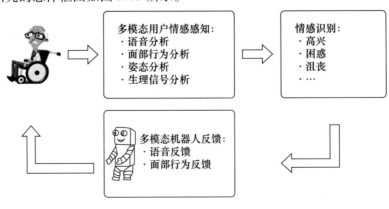

图 6.13 情感人机交互研究总体框图

机器人从单个模态或者融合多种模态识别用户情感,并通过面部行为和身体姿态表达情感,对用户的情感进行干预和调整,最终实现用户与机器人之间双向的情感交互。

目前的情感人机交互研究侧重对用户情感的识别,对用户情感的干预和辅助的研究还较少。因此,本节将介绍情感识别的研究现状,包括表情分析与识别、姿态情感识别、语音情感识别、生理信号情感识别和多模态情感识别。

1) 表情分析与识别

1970 年,Ekman 定义了人类的 6 种基本情感:生气、高兴、伤心、恶心、恐惧和惊讶。后来,研究者们发现 6 种表情不足以描述人们复杂的情感世界,并提出复合情感,例如,Du 等人研究了 15 种复合表情。相比于表情,面部动作单元可以更加细致地描述面部行为。1978 年,Ekman 等人研发出面部动作编码系统(facial action coding system, FACS),将面部行为分解成 44 个动作单元(action unit, AU),并给出了每个动作单元的定义,包括编号、运动特征和所控制的肌肉群。面部动作单元描述面部行为的局部变化,而表情类别描述面部行为的全局变化,因此,面部动作单元和表情类别是密切相关的。面部动作单元的不同组合可以形成不同的表情类别。例如,1983 年,Ekman 等人研发了情感面部动作编码系统(Emotion FACS),揭示了 6 种基本表情类别所对应的面部动作单元组合。

目前的表情识别研究主要从可见光图像或者视频中识别表情类别和动作单元。早期的研究主要从经过预处理的面部图像或者视频中抽取人工定义的特征进行表情识别。图像预处理一般包括人脸检测、关键点检测以及人脸归一化/对准。常用的面部特征有外形特征、几何特征、运动特征,以及多种特征的组合。表情类别识别通常被看成一个多分类问题,常见的静态分类器有 K 近邻、支持向量机、多层神经网络、贝叶斯分类法和 Adaboost 算法等;常用的动态分类器包括隐马尔可夫模型、动态贝叶斯网络和隐条件随机场。

一副表情图像中通常包括多个面部动作单元,因此,面部动作单元的识别应视为多标签分类问题。动作单元之间的概率依存关系有利于提高动作单元识别的性能。动作单元之间关系的捕获有两种方式:生成模型和判别模型。针对生成模型,研究者们采用概率图模型捕获多个动作单元之间的联合概率,如贝叶斯网络和受限玻耳兹曼机。针对判别模型,研究者们采用约束条件来表示动作单元之间的依存关系。此外,表情标签比动作单元标签更容易标注,所以只采用表情标签来建立动作单元识别模型的方法也有重要的实际意义,例如,Ruiz 等人和 Wang 等人提出了弱监督的动作单元识别方法。

随着深度学习的发展,深度模型也被用于表情以及动作单元的识别,如卷积神经网络和长短期记忆网络。

标准数据库对于表情和动作单元的识别研究至关重要,常用的表情和动作单元数据库有 JAFFE、Cohn-kanade+、MMI、ISL、SEMAINE、GEMEP-FERA、UNBC-McMaster、DISFA、AM-FED、CASME、Bosphorous、ICT-3DRFE、D3DFACS 和 BP4D。

2) 姿态情感识别

不同的人体姿态表达了个人不同的心理状态、思想和情感等,是非言语交际中最重要的形式之一,也是人类社会心理学的一个重要方面。

基于姿态的情感识别包括三步:第一步从图像中检测出包含人体的区域;第二步对人体姿态进行检测和跟踪;第三步是通过机器学习方法从抽取的人体姿态表示中识别情感。

关于人体姿态的表示方法主要有两种:一种是基于身体部位的表示方法。在该方法中,主要对人体的每个部位(如头部、躯干、大小臂等)进行检测,然后使用包围盒(bounding boxes)确定这些部位的空间位置,最后综合所有包围盒的信息作为人体姿态的表征。另一种是基于身体关节的表示方法,也称为运动学模型。在该方法中,选取人体骨骼中的关节部位(如手腕、肩部、膝盖等)进行检测,然后将检测到的关节部分用线段连接起来,就构成了一种对人体骨骼和运动方式的简化表示。

现有的人体姿态情感识别的数据库分为三类:一是仅包含 RGB 视频的数据库,如 GEMEP 和 LIRIS-ACCEDE;二是只提供深度信息的数据库,如 GEMEP-FERA 和 UCFKinect;三是双模态数据库,即同时提供了 RGB 视频和深度信息,如 Psaltis 等人收集的数据库记录了 15 名被试者在 5 种表情激发任务下做出的姿态的视频数据。

3) 语音情感识别

语音是人类表达情感的另一重要途径。人们之所以能从语音中捕捉到说话人要表达的情感,是因为可以从这些声音信号中发掘并理解反映说话人情感的关键信息,如语速的变化、语调的变化、特殊的语气词等。如果要计算机具备这种能力,就要模拟人类辨识语音情感的过程,即从语音信号中提取与情感表达有关的特征并寻找它与人类情感的映射。

提取与情感相关的语音特征是极具挑战性的任务。常用的特征有激励源特征、声道特征和韵律特征。从源信号推导出的语音特征被称为激励源特征。声谱特征和分段特征是常用的声道特征。韵律特征侧重于声音的音高、音长、快慢和轻重等方面。

对于语音情感识别工作,寻找合适的分类识别算法至关重要。与表情识别类似,常用的分类器可以分为静态模型和动态模型,浅度模型和深度模型。

按照情感的描述方式,常用的语音情感数据库可以分为提供情感类别标签的语音数据库和提供维度标签的语音数据库。提供离散情感类别标签的数据库有 Belfast、EMO-DB、FAU AIBO 和 Berlindataset 等。标注情感维度标签比较困难,因此,只有少数数据库提供情感维度标签,如 VAM 和 Semaine 等。

4) 生理信号情感识别

生理信号是由交感神经系统控制的,反映了身体机能的无意识变化。相较于语音和面部表情,生理信号由于无法掩饰,更能表现真实情感。

目前情感识别领域中常用的生理信号包括心电、呼吸、皮电、肌电和脑电。从中抽取的特征包括时域特征和频域特征。时域特征是指生理信号的统计量,如均值、标准差、一阶和二阶差分等。频域特征是指对生理信号进行频率变换(如傅里叶变换)后抽取的特征,如脑电信号 5 个频段(即 delta、theta、alpha、beta 和 gamma)的谱时序,心电图、皮肤温度、皮肤电导和呼吸信号的低频功率、高频功率以及频率比例等。近年来,有学者提出时域-频域特征以同时体现生理信号的时域和频域特性。

在特征提取后,需要训练分类器以识别情感。与表情识别类似,分类器分为静态模型和动态模型,或者浅度模型和深度模型。

基于生理信号情感识别研究中的常用数据库包括 DEAP、MAHNOB-HCI 和 LIRIS-ACCEDE。

5) 多模态情感识别

多模态情感识别可以分为模型无关(model-agnostic)融合和模型相关(model-based)融合。模型无关的融合不依赖于特定的机器学习算法,主要关注模态的融合阶段;而模型相关的融合则关注特定类型的机器学习算法。

模型无关的多模态融合分为特征层融合(feature-level fusion)和决策层融合(decision-level fusion)。特征层融合通过将不同模态的特征连接成为一个特征向量来融合多个模态,其可以在情感识别的早期利用不同模态特征的相关关系。特征层融合要求各模态同步,各模态特征类型一致。决策层融合通过采用加权和投票等策略整合各模态的识别结果来融合多个模态。决策层融合可以根据每一个模态的特性选择情感分类器,因而可以最大限度挖掘各个模态的特性。为了充分利用特征层融合和决策层融合的优点,有学者结合两者,提出混合融合(hybrid fusion)。

模型无关的多模态情感识别可以在一定程度上利用多个模态提高情感识别的效果。然而各模态特征相连或各模态识别结果的综合难以体现多模态之间以及模态与情感之间复杂的依赖关系。而模型相关的多模态融合通过设计具体的融合模型捕捉各个模态之间以及模态与情感之间的依存关系,从而实现多模态的情感识别。例如,Song 等人使用隐马尔可夫模型对视频 – 音频流进行融合。Gao 等人使用层次贝叶斯网络挖掘用户性格和生理信号的相关关系。Chen 等人利用判别受限玻耳兹曼机隐式挖掘生理信号、用户资料和情感的相关关系,提升基于生理信号的情感识别。Caridakis 等人和 Petridis 等人使用深度神经网络融合视频和音频模态进行情感识别。

多模态情感识别研究中常用的数据库有 Belfast、HUMAINE、BP4D + 和 USTC – NVIE。

6.4.3 自然语言理解

1) 信息检索与抽取

从大规模非结构化文本中抽取信息并形成结构化知识库是自然语言处理和机器智能的一个重要目标,实现这一目标的过程称为信息抽取,而其结果则是知识图谱的重要来源之一。

从抽取内容角度,信息抽取可以分为实体识别、关系抽取、事件抽取;从是否受限的角度,信息抽取可以分为限定式信息抽取和开放式信息抽取。早期的信息抽取等同于限定式信息抽取,指的是从自然语言文本中抽取指定类型的实体、关系、事件等信息,并以结构化的形式输出。从 20 世纪 80 年代开始,在 MUC、ACE 等国际测评会议的推动下,信息抽取技术蓬勃发展,主要是面向限定领域、限定类型实体、事件、关系的抽取,可以称为传统信息抽取。在实体抽取方面,比较侧重于人名、地名、机构名、数字等,一般称为命名实体识别,是自然语言处理中的一个专门的研究方向,通常被视为一个序列标注问题,可以用最大熵、条件随机场以及 LSTM 等模型解决。

2007 年问世的 TextRunner 是第一个开放式的关系抽取系统,可以抽取非限定领域的所有可能的关系,它开创了基于非结构化文本的开放式信息抽取研究路线。其升级版本 ReVerb 有较大幅度的改进,但仍然以抽取动词为核心的关系为主。另一个有代表性的系统为 OLLIE,有两个大的突破:一是扩展了关系抽取范围,不仅可以识别以动词为核心的关系,而且可以识别以名词和形容词为核心的关系;二是考虑上下文信息,使抽取结果更具事实性。OLLIE 的局限性在于:需要基于浅层句法分析信息进行,因而其整体效果会受限于浅层句法分析效果,这也是大多数自然语言处理应用系统面临的共性问题;侧重于抽取二元关系,不支持多元关系的抽取。要支持多元关系的抽取,一个有效的方法是引入句法分析,KPAKEN 和 ZORE 分别是支持英文和中文的多元关系抽取系统,它们均引入了句法结构特征;句法分析的引入使得此类系统的分析效率要明显低于之前的关系抽取系统。

除此之外,还有一类基于知识图谱的开放式信息抽取路线,通常称为距离监督方法。其主要假设是:如果一个关系三元组中的两个实体同时在一个句子中出现,则可以认为这个句子正好代表着这个关系。这个假设存在很多问题,但基于该假设可以构造大量的训练数据,从而可以迅速地训练出支持多种关系类型的信息抽取系统,因此受到较多关注。多数该路线的研究将焦点集中于如何去除其假设所带来的噪声。

知识图谱可以分为通用知识图谱和垂直领域知识图谱。一般而言的知识图谱通常指通用知识图谱。它是一张巨大的语义网络,其中的节点表示实体或概念,边则由属性或关系构成。三元组是知识图谱的通用表示形式,其基本形式包括(实体—关系—实体)和(实体—属性—属性值)两种形式。理论上,通用知识图谱中可以存储世界上所有可能结构化的知识,人、地点、机构、电影、歌曲等各种类型的实体以及它们之间错综复杂的关系均可以囊括其中。

目前,知识图谱已经成为一个重要的战略性研究方向,受到各大互联网公司的关注,而信息抽取则成为构造知识图谱的一个重要手段。人们越来越相信,知识图谱规模的逐渐扩大,有可能会成为带来人工智能质变的一个突破口。

2)机器翻译

机器翻译技术是指利用计算机技术实现从一种自然语言到另外一种自然语言的翻译过程。随着计算机的计算能力的提升,以及海量双语语料的积累,基于统计模型的翻译技术获得了蓬勃发展。一方面,基于统计翻译模型的翻译系统不需要人工专家编写专门的翻译规则,使得它的搭建成本大幅降低;另一方面,海量文本的积累使得统计翻译系统的翻译质量越来越高。因此,越来越多的工业系统采用基于统计翻译模型的方法搭建。

传统的统计翻译模型多采用基于短语的翻译模型,这是一种实现简单、易于扩展、效果较好的翻译模型。它以一个词或多个词组成的词串为单位,把源语言片断翻译成目标语言片断,然后再把目标语言片断组合成完整的句子。这个过程中,需要人工设计一些特征模型,如翻译模型、语言模型、调序模型等,为每一个翻译结果评分,最后选择较优的翻译结果。这种方法的主要缺点是调序效果不好,尤其对于中英翻译的疑问句,由于语序不同,往往难以得到正确的翻译语序。

近年来,基于神经网络的端到端翻译方法,是对传统统计翻译模型的颠覆,形成一种新的机器翻译方法:神经机器翻译(neural machine translation,NMT)。它不再需要针对双语句子设计特别的特征模型,而是直接把源语言句子的词串输入神经网络模型,经过神经网络的运算,得到目标语言句子的翻译结果。与传统机器翻译的离散特征表示方法不同,神经机器翻译采用连续空间来表示词汇、短语和句子,采用神经网络完成源语言到目标语言的映射。在端到端模型中,编码器和解码器之间传递的信息只有一个固定维度的向量,这就要求这个向量能够包含源语言句子的全部语义信息,显然这是很难达到的,因此这就成为神经机器翻译模型的性能瓶颈。

Bahdanau 等人在 2014 年首次提出 Attention 机制,其基本思想来源于机器翻译中的对齐,即翻译过程中互译词之间会存在一个对应关系,他们首先使用了双向 RNN 来解决编码器对于较长句子的语义信息捕捉不全的问题,先从头到尾正序地读取源语言序列,再倒序地扫描一次源语言序列,从而更全面获取句子信息。

注意力机制存在计算量较大问题。为了减少计算量,Xu 等人在图像描述生成任务上,将注意力分为软注意力(soft attention)和硬注意力(hard attention),前者指给原图像所有区域分配权重,计算量较大;后者指仅仅注意部分原图像区域,可以减少计算量。根据上述思想,Luong 等人提出了局部注意力(local attention)模型,是对全局注意力(global attention)的改进,能够减少计算量。

此外,Liu 等人根据以上思想提出采用统计机器翻译词对齐信息作为先验知识指导注意力机制的方法,进一步提高了翻译质量。Feng 等人将位变模型、繁衍模型思想引入基于注意力的神经机器翻译,实验采用美国国家标准与技术研究院(NIST)汉英翻译语料,相比基线系统提高了 2.1 个 BLEU(Bilingual evaluation unelerstudy)值,同时也能够提高词对齐效果。Cohn 等人则在注意力机制中融合了更多的结构化偏置信息,包括位置偏置、马尔可夫条件、繁衍模型、双语对称等信息来提高翻译质量。

Junczys - Dowmunt 等人在联合国多语对齐语料库中的 30 个语言对上对神经机器翻译和短语统计机器翻译进行了对比,神经机器翻译在其中 27 个语言对上优于短语统计机器翻译。

尽管统计机器翻译已成为主流的机器翻译方法,但统计机器翻译系统的性能很大程度上依赖于大量的双语平行语料库,才能获得较为精准的统计信息。但在实际应用中,对于一些常用的语言对,例如,中文 - 英语,已经有大量的双语平行语料可以被统计机器翻译系统利用;然而对于一些不常用的语言对,例如,中文 - 越南语,很少或者不能够找到对应的双语平行语料供模型训练,这就为这些语言对之间的机器翻译带来了一定的困难。为了解决双语平行语料的不足,需要架起源语言到目标语言之间的桥梁。基于中轴语的机器翻译就是在源语言和目标语言之间引入一个新的语言,称为中轴语翻译模型(pivot model)。即使源语言到目标语言之间不存在任何的双语平行语料资源,我们仍然能够通过中轴语作为媒介,来构建出源语言 - 目标语言的翻译模型。目前,应用最广泛的中轴语机器翻译方法是基于短语的中轴语翻译方法(triangulation)。这种方法在中轴语翻译中的应用是短语级别的。也就是说,这种方法从短语层面上将源语言短语通过中轴语短语传递到目标语言短语,从而实现源语言短语到目标语言短语的翻译。

此外,最近还有学者尝试采用无监督的方法。前面介绍的方法都是有监督学习,而缺乏大规模平行语料库对于有监督的机器翻译模型是个很棘手的问题,特别是涉及小语种的翻译任务。于是无监督方式训练神经机器翻译系统是目前一个非常有前景的研究方向。

Artetxe等人在2017年提出一个近乎无监督的机器翻译系统,他的模型针对两种语言具有两个不同的解码器,并且共享一个编码器。

3)推荐系统

大数据丰富的价值和巨大的潜力给人类社会带来了变革性的发展,但也带来了严重的"信息过载"问题,推荐系统作为解决"信息过载"的有效方法,已成为学术界和工业界的关注热点并得以广泛应用。

推荐系统根据用户需求、兴趣等,通过推荐算法从海量数据中挖掘出用户感兴趣的项目(如物品、信息等),在电子商务(阿里巴巴、亚马逊)、新闻推荐(今日头条、一点资讯)等领域取得了成功应用。由于不同用户在需求、兴趣等方面的不同,目前所说的推荐系统一般指个性化推荐系统。

推荐系统的初端可以追溯到函数逼近理论、信息检索、预测理论等诸多学科的一些延伸研究,一般认为1994年明尼苏达大学GroupLens研究组推出的GroupLens系统使其成为一个相对独立的研究方向。传统推荐方法主要包括协同过滤、基于内容的推荐方法和混合推荐方法。其中,最经典和被广泛应用的算法是协同过滤,如矩阵因子分解等,但在严重数据稀疏或冷启动时存在问题。推荐系统的评估方法主要有离线评测、在线评测和用户调研,评价指标主要包括技术评价指标(如RMSE、NDCG、MAP、Recall、Precision等)和业务指标(成交转化率、用户点击率等)。

深度学习在图像处理、自然语言理解和语音识别等领域的突破性进展为推荐系统的研究带来了新的机遇。基于深度学习的推荐系统通常将各类用户和项目相关的数据作为输入,利用深度学习模型学习到用户和项目的隐表示,并基于这种隐表示为用户产生项目推荐。

根据推荐系统中利用的数据类型并结合传统推荐系统的分类,当前的研究主要分为5个方向:

① 深度学习应用于基于内容的推荐系统中。深度学习的最大优势是能够通过端到端的过程学习到数据的特征,自动获取到数据的高层次表示。因此,使

用深度学习从用户的显式或隐式反馈数据、用户画像、项目内容数据中学习到用户与项目的隐向量表示,从而进行推荐。

② 深度学习应用于协同过滤中。经典协同过滤算法如矩阵因子分解,常面临可扩展性不足的问题,而深度学习由于能适用于大规模数据处理,被广泛应用于协同过滤推荐问题中。基于深度学习的协同过滤方法利用用户对项目的显式或隐式反馈数据,用深度学习训练一个推荐模型,是一类基于模型的协同过滤方法,根据深度学习模型的不同,代表性的工作有基于受限玻耳兹曼机、基于自编码器、基于分布式表示技术、基于循环神经网络、基于生成对抗网络。

③ 深度学习应用于混合推荐系统中,主要思路是组合基于内容的推荐方法和协同过滤,将用户或项目的特征学习与项目推荐集成到一个统一的框架中。

④ 深度学习应用到社交网络的推荐系统中,根据用户的显式或隐式反馈数据、用户的社会化关系等数据,采用深度学习模型重点建模用户间的社会关系影响,给用户推荐更好的项目。

⑤ 深度学习应用到情境感知的推荐系统中,融入用户的情境信息数据,对用户情境进行建模,发现用户在特定情境下的偏好。

4) 人机对话

人机对话主要研究如何让机器人能够理解和运用人类的自然语言,实现人机之间的自然语言对话交互。对话系统大致可分为以下两种。

(1) 任务驱动的(task - oriented)多轮对话

任务驱动的多轮对话,是指用户带着明确的目的而来,希望得到满足特定限制条件的信息或服务。常见的任务可以包括订餐、听歌、票务(电影票、火车票、机票等)、购物等。任务驱动的多轮对话,重点更多在于一个决策过程,针对每一次用户的问题,系统需要判定是继续当前的任务、跳转到其他任务或者是跳转到非任务型对话。Dialogue State Tracking 相关技术是解决这一问题的重要基础,其中基于深度强化学习技术的多轮对话得到越来越多的关注,并且在阿里小蜜等实际机器人产品中得到在线应用。利用强化学习模型,在系统与用户的真实对话中,逐渐强化系统对任务型对话中"槽位"的识别程度,使得任务完成的越来越准确。另外,微软研究院的邓力等人,提出了一种构建从知识图谱中形成回复的聊天机器人 KB - InfoBot,并且对应地提出了一种端到端的增强学习训练方案。

(2) 非任务导向型(non - task - oriented)对话

非任务导向型对话又称为聊天机器人,旨在提供合理的回复和娱乐消遣功能,通常情况下主要集中在特定领域的问答,也能够面向开放领域与人交谈。对话从形式上可大体分为自然语言聊天、问答和推荐,而从技术实现角度目前主要是基于以下两类方法。

基于检索的方法:从事先定义好的索引中进行搜索,学习从当前对话中选择回复。检索型方法的缺点在于它过于依赖数据质量,如果选用的数据质量欠佳,那么实现的对话效果也会相应很差。在该类方法中,关键技术在于对用户问题和索引中的知识标题进行语义匹配,目前最主流的技术包括基于卷积类神经网络的方法和循环类神经网络的方法。

生成方法:例如,序列到序列模型(seq2seq)在对话过程中产生合适的回复。生成型聊天机器人目前是研究界的一个热点,和检索型聊天机器人不同的是,它可以生成一种全新的回复,因此相对更为灵活。但它也有自身的缺点,比如有时候会出现语法错误,或者生成一些没有意义的回复;生成模型能够生成更合适的回复,而这些回复可能从来没有出现在语料库中,而基于检索的模型则具有信息充裕和响应流畅的优势。此外,基于用户画像的个性化人机对话、基于多样性回复机制的灵活性人机对话等相关工作也是近年的研究热点。

6.5 智能机器人应用场景

在汽车、造船、电子电气、橡胶塑料、冶金、食品、药品化妆品等工业领域中,工业机器人得到广泛的应用。

在服务机器人领域,随着人口老龄化趋势加快,以及医疗、教育需求的持续旺盛,我国服务机器人存在巨大市场潜力和发展空间,应用场景也越来越广泛,包括用于养老助残的智能情感陪护机器人、床椅一体化机器人、护理机器人、助行机器人;用于医疗康复的骨科牵引机器人、送药机器人、远程医疗机器人、上下肢康复机器人;用于个人及家庭服务的无人机、代步平衡车、扫地机器人等;用于公共服务的送餐机器人、酒店服务机器人、迎宾展示机器人、导购机器人等。预计到2023年,个人及家用服务机器人销售额达24.1亿美元。随着科学技术的进步和社会的发展,人们希望更多地从烦琐的日常事务中解脱出来,这给智能服务机器人的发展带来了巨大的机遇和空间。

在国防领域,军用智能机器人得到前所未有的重视和发展。近年来,军用智能机器人能完成侦察、作战和后勤支援等任务,在战场上具有看、嗅等能力,能够自动跟踪地形和选择道路,具有自动搜索、识别和消灭敌方目标的功能,如自主导航车、自主地面战车等。在未来的军事智能机器人中,还将出现智能战斗机器人、智能侦察机器人、智能警戒机器人、智能工兵机器人、智能运输机器人等,成为国防装备中新的亮点。

现代智能机器人的广泛应用已渗透到经济、生活的方方面面。全球市场规模预计在2021年将成长至336亿美元,而亚洲将是成长最多的地区。智能机器人作为智能平台载体,接入第三方应用,正在形成人工智能生态圈,既能够完成家政服务、进行身体监测、康复护理,又可以提供聊天娱乐、控制家电、提醒日程安排、叫车付费等服务,科幻作品中的管家机器人将会变为现实。

6.5.1 智能教育

目前,智能机器人在教育领域的应用已经渗透到"教育管理与服务、教师助理、学习过程支持和教育评价、教育环境"等诸多方面。随着人工智能与智能机器人在教育领域的应用日益广泛,必将引发教育模式、教学方式、教学内容、评价方式、教育治理、教师队伍等一系列变革与创新。

1) 教育机器人推动教育变革

未来教育机器人有望为教育带来四项重大改变:

一是教学精准化。现有的人工智能技术,已经做到对知识点的纳米级拆分,例如,通过人工智能算法,一元二次方程可以被拆解成 107 个知识点,初中英语听力的知识点更是被拆分为 8000 多个。由此勾勒出的知识图谱,能够根据学生留下的蛛丝马迹,精准地透视到每一处知识漏洞。

二是因材施教规模化。未来智能教育机器人技术将与心理测量学、教育学、心理学和脑科学等学科深度融合,分析不同学习者的学习能力、学习特点和知识点盲区,从而精准地刻画出千人千面的学习者画像。在未来典型的教育场景中,很可能是一位教师加几十个 AI 助教机器人共同执教,每个 AI 助教机器人负责一个学生,协助老师追踪每个学生的学习进程,进而为不同学生的思维模式、学习能力和学习方法诊脉开方。

三是优质教师普及化。优质教师在全世界任何国家都是稀缺资源。一位优秀的教师在整个职业生涯中能教的学生数量有限,但是教育机器人则能够对所有教过的学生都"念念不忘",而大数据处理能力能够把全国各地优质教师教千百万个学生的历史经验结合在一起。利用智能教育机器人模拟优质教师,可以为每个学生量身定做教育方案,一对一地实施教育过程,从而使得每一个学生都能够享受最好的教育。

四是教与学关系的改变。传统的教学模式始终都跳不出以教师为中心的模式。实际上通过课堂内老师的教授而学习到的,只是知识的一部分,人生中更多的知识是来自于课堂外的经验、实践、成功和失败的正反教训等,而这正是智能教育机器人的用武之地。基于人工智能与智能教育机器人的自适应学习系统,使得学生成为学习中真正的主角。

综上所述,在未来的现代化教育中,智能机器人将扮演 AI 管理者、AI 教师、AI 教具、AI 助教、AI 学伴、AI 评价者的等诸多角色。

2）教育机器人发展趋势

教育机器人是智慧教育领域重要且最活跃的分支之一。北京师范大学智慧教育研究院发布的《2019 全球教育机器人发展白皮书》中提出了教育机器人发展的 6 个观点：

① 统计发现，美国、欧洲（英国、法国、意大利）是教育机器人学术研究的主要地区，研究聚焦于教育机器人的本体、教学角色及影响、教学实践、设计及应用情境 5 个方面，机器人对 STEAM、语言教育、身心障碍治疗的价值和对学生能力的培养受到学界更多关注。

② 教育用户的多样性决定了其对教育机器人的需求广泛且不同。从应用场域来看，适用于家庭的需求明显多于适用于学校的需求；从功能效用来看，辅助于语言教育和机器人教育的需求占比较大；从适用对象来看，面向于学生的需求高于面向其他群体的需求。

③ 教育机器人的设计应以需求分析为基础，以智能化为着力点，既要满足用户的主观需求，强化自然人机交互体验，又要对用户需求保持理性判断。

④ 人机交互、机器视觉、情境感知是教育机器人研究中需大力发展的三大关键技术；教育机器人本机智能与云端智能设计的结合将为提升感知与交互能力提供新思路。此外，教育机器人还应发展更多的教育适用性，提高教育服务的胜任力。

⑤ 教育机器人的终端消费市场在迅速扩展，教育机器人产业将迎来快速发展期。专用型产品研发和推广的思路逐步形成，将成为系统集成商的蓝海市场；细分领域有望成为未来教育机器人市场的主要发展方向。

⑥ 教育机器人市场将形成服务型生态系统圈。与智能手机发展历程相似，以教育机器人操作系统和开放的软件开发工具包（SDK）或应用程序编程接口（API）服务吸引软件开发商的加入，形成从硬件集成到软件开发再到各种教学服务的一整套服务体系。

6.5.2 智能汽车

1）轮式机器人——无人驾驶汽车

近些年，无人驾驶发展十分迅猛，突破了大量关键技术，作为智能交通系统的突破口，已经成为智能交通系统发展的趋势。无人驾驶技术的发展不仅会影响传统的出行方式，给人们带来新的出行体验，还会改变产业结构和城市布局以及能源利用，推动社会的发展，有效地改善交通拥堵，减少环境污染，提高资源利用率，真正地实现安全、快捷、舒适、绿色出行。国外除了沃尔沃、梅赛德斯奔驰、特斯拉等汽车产业巨头之外，各种机构如卡内基 - 梅隆大学、斯坦福大学、谷歌等，都纷纷投入大量的资金与精力开展无人车自动驾驶实验。

2) 多机器人协同——智能网联汽车

近几年专用短程通信(DSRC)、5G 等通信技术的发展,使得车辆协同控制为提升智能交通系统的安全性与高效性提供了有力保证。关于车辆协同控制系统,指通过优化调整车辆的运行轨迹、速度等参量,使车辆快速、安全、高效地通行。车辆协同控制系统主要分为一维协同控制与二维协同控制。一维协同控制中,车辆队列化是将单一车道内的相邻车辆进行编队,根据相邻车辆信息自动调整该车辆的纵向运动状态,最终达到一致的行驶速度和期望的几何构型;二维多车协同控制中,考虑车辆并非单向运动,车辆轨迹存在重叠交叉,通过一个区域内的短时控制,而在其他区域可能由其他模型描述,在考虑通行效率的同时考虑车辆避撞等安全性问题。智能车联网通过车与车之间的协同控制和信息交互,为智能交通系统的发展奠定基础。

6.5.3 智慧医疗

近年来,智慧医疗健康技术和产品出现蓬勃发展的局面。其中,手术机器人、医疗机器人、康复机器人、护理机器人等在外科微创手术、基于医学影像的辅助诊断、康复护理等领域大显身手。

在外科手术机器人的应用领域主要有微创外科手术机器人和手术中影像引导机器人两类。医生和医疗机器人各自的优势与劣势对比如表 6.1 所列。

表 6.1 医生和医疗机器人的优势与劣势对比

操作者	优势	劣势
医生	①良好的判断能力; ②良好的手眼协调能力; ③在人类自身动作范围内动作灵活; ④能够综合各种信息,并做出相应反应; ⑤训练较容易; ⑥多种才能	①容易出现疲劳和注意力不集中的情况; ②由于存在自然抖动,难以实现高精度; ③在人类自身动作范围之外,灵活性受到影响; ④不能够透视; ⑤相对"笨重"的手; ⑥几何精度有限; ⑦很难保证无菌; ⑧易受到感染,且不能长期在辐射环境中工作
医疗机器人	①优良的几何精度; ②稳定并且不会疲倦; ③不惧辐射; ④能够设计在不同活动范围、负荷范围内工作; ⑤能够综合各种数字信号和传感器数据	①决策能力差; ②比较难以适应新的环境; ③具有有限的灵活性; ④手眼协调困难; ⑤触觉感官差; ⑥难以综合和理解比较复杂的信息

通过机器人与人之间的优势互补,可以大大提高医生的专业技能,并提高手术的安全性。

在生物医学机器人方面,已成功研制出用于人类血管治疗的微型机器人,并正在攻克能通过毛细血管进入大脑的机器人。例如,由DNA分子构成的纳米机器人,可以帮助人类诊疗癌症病患,帮助人类完成外科手术,清理动脉血管垃圾等。生物机器人作为医学机器人领域的高精尖技术,将能够实现类人的移动、动作执行、视觉、触觉、思维等功能。

在医学影像领域,智能机器人通过建立深度学习神经元数学模型,从海量医疗影像诊断数据中挖掘规律,学习和模仿医生的诊断技术,可有效辅助医生的日常诊疗工作。

智能轮椅、聊天机器人、个人卫生护理机器人、智能健身设备等助老助残机器人正在不断投入市场,为老龄化社会提供各种服务。

智能导诊导医机器人、人工智能医学影像辅助诊断系统、门诊语音电子病历、口腔/超声语音助理等产品均已落地应用,并接入几十家县级医院提供人工智能辅助诊疗。据报道,2017年度国家执业医师资格综合笔试成绩公布,智能机器人"智医助理"以超出分数线96分的优异成绩,成为我国第一个通过国家医师资格考试评测的机器人。

6.5.4 智能农业

随着人口老龄化和城镇化规模的不断发展,农业人口流失、人力成本上涨与农产品生产供给需求之间的矛盾,已成为当前农业生产可持续发展面临的重要问题。研发能够代替人类作业的高效率、高质量、低成本的农业机器人已成为未来智慧农业的发展趋势。近年来,农业机器人在果蔬采摘、嫁接、农产品分级分选等领域崭露头角。

1)果蔬采摘机器人

有资料显示,2016—2024年,中国年人均水果消费量将以2%~3%的年复合增长率增长,预计到2024年人均消费量将达到93.9kg,2024年我国水果市场规模将达到3.24万亿元。

目前,果蔬采摘仍主要依靠人工完成,人工采收成本在总生产成本中占比甚高,因此采摘机器人对规模化农业发展具有重要意义。光照变换、作物丛生无序以及作业对象形态各异等工况条件对作业信息获取的限制是难点问题,基于光谱、色彩和深度信息相融合的主动学习型目标背景识别定位方法是技术趋势。基于农机农艺结合的产品设计理念,改造作物生产种植模式,提高机器人对作业工况的适配性,是促进新型农业机器人实现产业应用的重要途径。

2）嫁接机器人

嫁接机器人能够大幅提高嫁接速度和成活率，被誉为蔬菜育苗产业的一次革命。柔性无损夹持、切口快速切削与贴合对接等方面一直是嫁接机器人技术研究的难点。通过机器视觉技术构建机械嫁接标准苗模型，为嫁接机器人提供标准化的嫁接幼苗，提高适应性。综合机器视觉和多传感器感知技术，实现幼苗抓取点和切削点的精准识别与定位，确保幼苗的柔性夹持和切口快速切削，提高嫁接质量。创新适合不同作物的嫁接执行器，配合智能机械手臂等形成高速嫁接执行系统，也是提高嫁接效率的关键。

我国开展嫁接机器人研究工作始于中国农业大学，先后研制成功了自动插接法、自动旋切贴合法嫁接技术，形成了具有我国自主知识产权的自动化嫁接技术。如利用传感器和计算机图像处理技术实现了嫁接苗子叶方向的自动识别、判断，大大提高了作业效率和质量，减轻了劳动强度。嫁接机器人可以进行黄瓜、西瓜、甜瓜苗的自动嫁接，为蔬菜、瓜果自动嫁接技术的产业化提供了可靠条件。

3）农产品品质分级与分选机器人

农业发达国家都相继研发出农产品品质分级与分选机器人系统，例如，日本SI精工株式会社于2002年首次实现了落叶类水果品质分级与分选系统产业化应用，该系统利用直角坐标机器人实现了落叶类水果柔性自主抓取系统；利用位于不同工位的多种类传感器采集多种特征数据；利用近红外光谱技术获得水果内部品质特征数据，包括水果的甜度、酸度和内部缺陷；利用计算机视觉技术获得水果外部品质特征数据，包括水果的尺寸、形状和外观缺陷；利用重量传感器测量水果的重量；通过综合分析上述包含水果内外部品质的特征数据确定水果等级，随后将等级信息写入内嵌于水果托盘的芯片中。分选机器人抓取托盘内水果后，根据托盘内存储的等级信息将水果放入对应的果箱，并将装满的果箱码垛，从而完成落叶类水果品质分选工序。该设备每小时吞吐量为1t，工作效率为人工作业的10倍，使实际从事水果分级和分选作业的人员从150人减少到50人。利用该设备评估水果等级可克服人工分级主观随意性大的缺点，具有分级准确、分级效率高、分级标准可任意调节的优点。

我国开展农产品分级系统研究较早的是原北京轻工业学院韩力群团队。1998—2008年期间，该团队针对国家烟叶分级标准规定的各种烤烟烟叶外观质量品级因素，提出一系列质量特征提取和计算评价方法，解决了将人工分级所依据的各种模糊特征和综合特征转化为机器人分级系统所需的量化特征等技术问题，以及从大量样本中自动发现并学习分级专家的知识经验等关键技术，使计算机智能分级系统达到专家分级的水平。

智慧农业以更高层次的集约度、精准度、协同度实现精准、智能的农业生产，可从根本上解决人均资源匮乏、劳动力短缺、环保形势严峻等难题，是现代信息技术与农业生产、经营、管理和服务全产业链的"生态融合"和"基因重组"，是农业产业发展的重要方向。在这一历史进程中，智能机器人必将发挥越来越重要的作用。

6.5.5 智能轻工业

1）家电行业

目前，云电视、物联网冰箱、智能电饭煲等与智能相关的家电越来越多，智能化的概念五花八门，导致目前智能家电市场鱼龙混杂。2012年7月国家质检总局和国家标准化管理委员会共同发布了国家标准《智能家用电器的智能化技术通则》，明确定义了智能家电、智能特性、智能化技术及智能控制系统结构等概念。其中，智能家电是指采用一种或多种智能化技术，并具有一种或多种智能特性的家用和类似用途电器；智能特性特指人工智能特性，即家用电器中的控制系统所具有的类似人的智能行为，如自学习、自适应、自协调、自诊断、自推理、自组织、自校正等。在该国标的框架下，家用服务机器人的种类和形态将越来越丰富，形形色色的机器人将越来越多地走进寻常百姓家庭，参与我们的衣食住行，成为我们工作和日常生活不可或缺的智能帮手。例如：

家用服务机器人将具有家居环境（音频、视频、光线、温度、湿度、污染等）的智能感知与控制技术，家居风格（如浪漫、舒适、宜居）的智能规划技术，以及基于智能家政系统的机器人管家技术。

烹饪机器人将具有基于传感芯片的食材营养成分感知能力，基于饮食习惯和营养需求的智能食谱规划能力，以及基于不同菜系烹饪特色的厨房操作。将智能饮食技术与养生知识结合，烹饪机器人可以为每个人定制最健康可口的日常饮食。

智能穿戴产品将改变未来人类的穿戴方式。智能穿戴可以进行人体生理信号监测、情绪分析与调整、自动调温、特殊人群监测，还可以给身体做各种治疗。

智能购物机器人集成传感器网络、GPS定位、无线互联、自然语言语义处理、购物服务绑定、智能购物车、智能购物喜好与推荐服务等技术，将使未来的购物更加便捷、更加贴心。

智能媒介机器人利用社交网络、舆情分析、媒介信度、共同兴趣凝聚等技术，将使那些素不相识的人找到志趣相投、志同道合的朋友，帮助他们实现从虚拟世界到真实世界的人际交往。

2）食品行业

目前已经开发出的食品工业智能机器人有包装罐头机器人、自动午餐机器人和切割牛肉机器人等。以切割牛肉的智能机器人为例,机器人系统需模拟纯熟屠宰工人的动作,选择适合每头牛的最佳切割方法,最大限度地减少牛肉的浪费。在加工每一头牛之前,机器人将要加工的牛的肢体与数据库中存储的切割信息进行比较,以便能够顺着每刀切割所定的初始路线方向来确定刀的起点和终点,然后驱动刀切入牛的身体。传感器系统监视切割力的大小,以确定刀是否是在切割骨头,同时把信息反馈给机器人控制系统,以控制刀片只顺着骨头的轮廓移动,从而避免损坏刀片。

3）烟草行业

我国烟草行业多年来不断加强技术改造,促进技术进步,重点卷烟企业的生产设备已达到国际20世纪90年代初期水平。工业机器人在我国烟草行业的应用出现在90年代中期,一些卷烟厂采用工业机器人对其卷烟成品进行码垛作业,用自动导引小车(AGV)搬运成品托盘,提高了自动化水平。但是,先进的生产设备必须配备与之相应的管理方法和后勤保障系统,才能真正发挥设备的高效益,如卷烟原料、辅料的配送,都需要先进的自动化物流系统来完成,因此精准的工业机器人在这个领域大有用武之地。

我国烟叶总产量占世界的41.4%。提高烟草制品的质量,是当今烟草行业中的首要问题。对烟叶进行外观质量检验与分级是控制烟叶质量的重要手段。目前,国内外进行烟叶分级均靠检验者的视觉进行经验性判定。我国自1994年起,全面推广40级新标准,人工分级方式越来越难以适应烟叶质量检测与分级标准不断细化和规范化的客观要求。因此,研发智能化机器人系统进行烟叶自动分级,是烟草行业迫切需要解决的课题。

6.5.6 智能制造

"机器换人"与"人-机协同"是实现智能制造的基础,也是未来实现工业自动化、数字化、智能化的保障,智能工业机器人将成为智能制造中智能装备的代表。目前,我国正处在从制造大国向制造强国迈进的进程中,需要不断提升加工手段,提高产品质量,增加企业竞争力,这一切都预示智能机器人在智能制造领域的发展前景巨大。

1）汽车行业

近年来,随着全球汽车生产向着多品种、小批量方向发展,工业机器人在汽车工业中的应用越来越普遍。我国50%的工业机器人应用于汽车制造业,其中50%以上为焊接机器人;在发达国家,汽车工业机器人占机器人总保有量的

53%以上。据统计,世界各大汽车制造厂,年产每万辆汽车所拥有的机器人数量为10台以上。随着机器人技术的不断发展和日臻完善,工业机器人必将对汽车制造业的发展起到极大的促进作用。例如:在汽车装配线上,几乎所有的工位均可用机器人来提高装配作业的自动化程度;在汽车生产线上,车身、底盘及其他汽车零部件的点焊作业通常都是由机器人完成的;各种涂胶、喷漆、物料填充作业也是由机器人又快又好地完成。在这些作业任务中,机器人的工作效率、工作精度和速度都远高于有经验的工人。

2)冶金行业

工业机器人在冶金行业的主要工作任务包括钻孔、铣削或切割以及折弯和冲压等加工过程。此外它还可以缩短焊接、安装、装卸料过程的工作周期并提高生产率。例如,在钢铁企业生产中,自动拆捆机器人可自动测量捆带和卷边的位置,进行剪裁,并将捆带压缩为最小尺寸,运输至废料斗中;自动取样机器人可以自动取出小车中的试样板,并在试样板上粘贴标签;流水线上的贴标签机器人,自动完成标签的打印、拾取与粘贴操作;无人化行车可按照最短路线行驶,自动完成钢卷吊装、信息识别与存储等操作,实现准确定位、轻装轻卸。

3)手机行业

目前,手机生产中的机器人工种很多,例如:手机生产行业的手机外壳冲压生产线普遍由冲压机器人构成;冲压后的金属外壳需要利用打磨抛光机器人做进一步表面处理;喷涂机器人能够为手机外壳提供多种绚丽的颜色效果,满足消费者对于产品越来越高的外观要求;手机组装既是劳动密集型产业也是技术密集型产业,很多手机组装厂内动辄数万名工人的需求造成了管理难、招工难的问题,在组装环节实现"机器换人"已成为手机生产企业的共同需求;手机产业链中,焊锡机器人广泛应用于主板焊接柔性印刷电路板、(FPC)焊接(液晶屏、主板等)、排线焊接等流程中;点胶工艺广泛存在于以手机产业为代表的电子产业中,点胶能起到粘固、封闭、连接的作用。点胶的过程中,由于胶水的流体特性,人工打胶会存在出胶不均匀、胶水溢出、胶水封闭不全等问题,行业中较早导入了以打胶机为主的自动化点胶设备;在手机组装环节,手机打螺丝机器人已成为手机主板与中框实现稳固连接的主要手段;自动导引小车在手机产业中,主要用于产线物料搬运,是组成产线物流的重要设备之一;洁净度对于手机上游的芯片、面板产业非常重要,洁净机器人多用于半导体产业中的晶圆搬运、面板产业中的面板搬运等。

4)铸造行业

铸造领域的作业属于高温、高污染的恶劣环境,在这样极端的工作环境下进行多班作业给工人和机器带来严重损耗。机器人不仅防水、耐脏、抗热,并且以其模块化的结构设计、灵活的控制系统、专用的应用软件能够满足铸造行业整个自动化应用领域的最高要求。机器人可以直接在注塑机旁、内部和上方用于取出工件,可以将工艺单元和生产单元可靠地连接起来,还可以完成去毛边、磨削或钻孔等精加工作业以及进行质量检测。

5) 化工行业

化工行业是工业机器人主要应用领域之一。目前,应用于化工行业的主要洁净机器人及其自动化设备有大气机械手、真空机械手、洁净镀膜机械手、洁净AGV、RGV(railguided vihicle)及洁净物流自动传输系统等。很多现代化工业品生产要求精密化、微型化、高纯度、高质量和高可靠性,在产品的生产中要求有一个洁净的环境,因此,随着未来更多的化工生产场合对于环境清洁度的要求越来越高,洁净机器人将会得到进一步的利用。目前,合成橡胶自动化码垛装箱机器人已在很多橡胶厂投用,这类机器人装箱设备每小时能完成600块合成橡胶的装箱任务,还能完成多种型号的国际标准集装箱的作业,每年可节省大量人工成本并实现集装箱系统的重复使用,减少公用工程建设以及包装袋塑料降解的费用。

参 考 文 献

[1] 丁春辉,2017. 基于深度学习的暴力检测及人脸识别方法研究[D]. 合肥:中国科学技术大学.

[2] 高扬,等,2019. 白话强化学习与 Pytorch[M]. 北京:电子工业出版社.

[3] 韩力群,等,2018. 神经网络理论及应用[M]. 北京:机械工业出版社.

[4] 韩力群,1999. 催化剂配方的神经网络建模与遗传算法优化[J]. 化工学报,50(4):500-503.

[5] 韩力群,等,2008. 智能控制理论及应用[M]. 北京:机械工业出版社.

[6] 韩文静,等,2014. 语音情感识别研究进展综述[J]. 软件学报,25(1):37-50.

[7] 黄凯奇,等,2015. 智能视频监控技术综述[J]. 计算机学报,38(06):1093-1118.

[8] 微链人工智能研究院,2018. 学工业机器人能干嘛? 这 10 个行业都需要你![EB/OL]. (2018-06-14)http://www.gbsrobot.com/news/show-htm-itemid-278385.html.

[9] 焦点新闻网,2017. 中国科技引领世界 旷视行人再识别技术首超人类水平[EB/OL]. http://prnews.techweb.com.cn/qiyenews/archives/50952.html.

[10] 金卓军,2011. 逆向增强学习和示教学习算法研究及其在智能机器人中的应用[D]. 杭州:浙江大学.

[11] 经济合作与发展组织(OECD),1996. 基于知识的经济[EB/OL]. http://www.oecd.org/dataoecd/51/8/1913021.pdf.

[12] 机器之心,2017. 最后一届 ImageNet 挑战赛落幕,"末代"皇冠多被国人包揽[EB/OL]. http://www.myzaker.com/article/596da3111bc8e0e23e000019.

[13] 李蕾,等,2016. 机器智能[M]. 北京:清华大学出版社.

[14] 刘全,等,2018. 深度强化学习综述[J]. 计算机学报,40(1):1-28.

[15] 刘驰,等,2020. 深度强化学习——学术前沿与实战应用[M]. 北京:机械工业出版社.

[16] 刘鹏博,等,2010. 知识抽取技术综述[J]. 计算机应用研究,27(9):3222-3226.

[17] 罗伯特,等,2008. 认知心理学[M]. 7 版. 邵志芳,等译. 上海:上海人民出版社.

[18] 罗浩,2017. 基于深度学习的行人重识别研究综述(上)[EB/OL]. (2017-12-20)[2020-09-02]. https://www.leiphone.com/category/ai/4Mvj2NBIxCN5bQZI.html.

[19] 倪国强,等,2003. 基于神经网络的数据融合技术的新进展[J]. 北京理工大学学报,23(4):503-508.

[20] 王昊奋,等,2019. 知识图谱方法实践与应用[M]. 北京:电子工业出版社.

[21] 王万良,2005. 人工智能及其应用[M]. 北京:高等教育出版社.

[22] 王万森,2007. 人工智能原理及其应用[M]. 2 版. 北京:电子工业出版社.

[23] 王小平,等,2002 遗传算法——理论、应用与软件实现[M]西安:西安交通大学出版社.

[24] 魏海坤,2005. 神经网络结构设计的理论与方法[M]. 北京:国防工业出版社.

[25] 文嘉俊,2015. 运动目标检测及其行为分析研究[D]. 哈尔滨:哈尔滨工业大学.

[26] 吴闯,2019. 汽车智能制造中机器人的应用[DB/OL]. (2019-07-21)[2020-10-13]. https://

wenku. baidu. com/view/f10da475f021dd36a32d7375a417866fb84ac0a2. html.

[27] 武二永,等,2008. 鲁棒的机器人蒙特卡洛定位算法[J]. 自动化学报,34(8):907 – 911.

[28] 新智元,2017. VOT Challenge 2017 亚军北邮团队技术分享[EB/OL]. http://www. sohu. com/a/202498820464065.

[29] 徐心和,2004. 有关行为主义人工智能研究综述[J]. 控制与决策,(3):241 – 246.

[30] 徐宗本,等,2003. 计算智能中的仿生学:理论与算法[M]. 北京:科学出版社.

[31] 杨雄里,1998. 脑科学的现代进展[M]. 上海:上海科技教育出版社.

[32] 中国人工智能学会组编,2018. 人工智能导论[M]. 北京:中国科学技术出版社.

[33] 中国人工智能学会组编,2019. 中国人工智能白皮书(2018).

[34] 周彦,等,2018. 视觉同时定位与地图创建综述[J]. 智能系统学报,13(1):97 – 106.

[35] 周元,等,2020. AI 时代的知识工程[M]. 北京:科学出版社.

[36] AHMAD S, et al, 1989. Scaling and generalization in neural networks[C]//Proc. of 1988 Connectionist Models Summer School.

[37] ALAM F, et al, 2014. Predicting personality traits using multimodal information[C]//Proceedings of the 2014 ACM Multi Media on Workshop on Computational Personality Recognition. ACM:15 – 18.

[38] AMANATIDES J, WOO A, 1987. A fast voxel traversal algoritm for ray tracing[C]//Eurographics,87(3):3 – 10.

[39] ANTHONY N, et al, 2004. Qualitative analysis and synthesis of recurrent neural networks[M]. 张化光,等译. 北京:科学出版社.

[40] BAHDANAU D, et al, 2014. Neural machine trnstation by jointly learning to align and translate[J]. ArXiv, 1409:1 – 15.

[41] BAHREPOUR, et al, 2011. Sensor fusion – based activity recognition for parkinson patients[J]. Sensor Fusion—Foundation and Applications:171 – 190. doi:10. 5772/16646.

[42] BALTRUŠAITIS T, et al, 2011. Real – time inference of mental states from facial expressions and upper body gestures[C]//IEEE International Conference on Automatic Face & Gesture Recognition and Workshops. IEEE:909 – 914.

[43] BALTRUŠAITIS T, et al, 2017. Multimodal machine learning:A survey and taxonomy[J]. IEEE Transactions on Pattern Analysis and Machine Intelligence. doi:10. 1109/TPAMI. 2018. 2798607.

[44] BANOVIC, et al, 2016. Modeling and understanding human routine behavior[J]. Mining Human Behaviors: 248 – 260. doi:10. 1145/2858036. 2858557.

[45] BAO S Y, et al, 2010. Semantic structure from motion with points, regions, and objects[J]. IEEE,157(10): 2703 – 2710.

[46] BARRY ROSENBERG,2009. Harnessing the full power of sensor fusion[J/OL]. (2009 – 09 – 09)http:// defensesystems. com/articles/2009/09/02/c4isr1 – sensor – fusion. aspx.

[47] BAVEYE Y, et al, 2015. LIRIS – ACCEDE:A video database for affective content analysis[J]. IEEE Transactions on Affective Computing,6(1):43 – 55.

[48] BELLVER M, et al, 2016. Hierarchical object detection with deep reinforcement learning[C]. Deep Reinforcement Learning Workshop. (2016 – 12 – 25)[2020 – 09 – 15]. https://arxiv. org/abs/1611. 03718.

[49] BLASCH, E et al, 2013. Revisiting the JDL model for information exploitation[C]. 16th International Conference on Information Fusion:129 – 136.

[50] BLASCH, E, 2006. Sensor, user, mission(SUM) resource management and their interaction with level 2/3

fusion[C]. 9th International Conference on Information Fusion. http://fusion. isif. org/proceedings/fusion06CD/Papers/394. pdf.

[51] BLASCH E,et al,2003. Level 5:User refinement to aid the fusion process[J]. Proceedings of the SPIE,Vol 5099. (2003 - 04 - 01)[2020 - 09 - 13]. https://doi. org/10. 1117/12. 486899.

[52] BlingSmile,2016. 人工智能——基于产生式的动物识别系统(JAVA)[EB/OL]. (2016 - 10 - 03) [2019. 06. 19]. https://blog. csdn. net/x453987707/article/details/52727936.

[53] BOGO F,et al,2016. Keep It SMPL:Automatic estimation of 3D human pose and shape from a single image [C]. European Conference on Computer Vision:561 – 578.

[54] BOMAN S L,et al,2017. Probabilistic data association for semantic SLAM[C]//IEEE International Conference on Robotics & Automation. IEEE,doi:10. 1109/ICRA. 2017. 7989203.

[55] BRESTER C,et al,2016. Multi - objective heuristic feature selection for speech - based. multilingual emotion recognition[J]. Journal of Artificial Intelligence and Soft Computing Research,6(4):243 – 253.

[56] BROX T,et al,2004. High accuracy optical flow estimation based on a theory for warping. Computer Vision - ECCV 2004:25 – 36.

[57] BRUNO S,OUSSAMA K,2013. 机器人手册[M].《机器人手册》翻译委员会译. 北京:机械工业出版社.

[58] BULAT A,et al,2017. How far are we from solving the 2D & 3D Face Alignment problem? (and a dataset of 230,000 3D facial landmarks)[C]//IEEE International Conference on Computer Vision:1021 – 1030.

[59] BURKHARDT F, et al, 2005. A database of German emotional speech[J]. INTERSPEECH – 2005: 1517 – 1520.

[60] BYLOW E,et al,2013. Real - time camera tracking and 3D reconstruction using sighen distance functions [J]. Proceedings of Robotics:Science and Systems. doi:10. 15607/RSS. 2013. IX. 035

[61] CAO C,et al,2015. Look and think twice:Capturing top - down visual attention with feedback convolutional neural networks[C]//IEEE International Conference on Computer Vision. IEEE:2956 – 2964.

[62] CAO Z,et al,2017. Realtime multi - person 2D pose estimation using part affinity fields[C]//IEEE Conference on Computer Vision and Pattern Recognition. IEEE:1302 – 1310.

[63] CARIDAKIS G,et al,2006. Modeling naturalistic affective states via facial and vocal expressions recognition [C]//Proceedings of the 8th international conference on Multimodal interfaces. ACM:146 – 154.

[64] CASTLE R O,et al,2007. Towards simultaneous recognition,localization and mapping for hand - held and wearable cameras[C]//IEEE International Conference on Robotics & Automation. IEEE,doi:10. 1109/ROBOT. 2007. 364109.

[65] CHAIR Z,et al,1986. Optimal data fusion in multiple sensor detection systems[J]. IEEE Transactions on AES,22:98 – 101.

[66] CHEN L,et al,2016. Attention to scale:Scale - Aware semantic image segmentation[C]//in Proc. of the IEEE conference on Computer Vision and Pattern Recognition. IEEE:3640 – 3649.

[67] CHEN T,et al,2016. Emotion recognition from EEG signals enhanced by user's profile[C]//Proceedings of the 2016 ACM on International Conference on Multimedia Retrieval. ACM:277 – 280.

[68] CHEN,et al,2015. A survey of depth and inertial sensor fusion for human action recognition[J]. Multimedia Tools and Applications,76(3):4405 – 4425. doi:10. 1007/s11042 – 015 – 3177 – 1.

[69] CHIA B,et al,2015. A novel adaptive,real - time algorithm to detect gait events from wearable sensors

[J]. IEEE Transactions on Neural Systems and Rehabilitation Engineering, 23(3):413 – 422. doi: 10.1109/TNSRE. 2014. 2337914. ISSN 1534 – 4320.

[70] CHOY C B, et al, 2016. 3D – R2N2: A unified approach for single and multi – view 3D object reconstruction [C]//European Conference on Computer Vision:628 – 644.

[71] SONG C F, et al, 2018. Mask – guided contrastive attention model for person re – identification[C]//IEEE Conference on Computer Vision and Pattern Recognition:1179 – 1188.

[72] COSKER D, et al, 2011. A FACS valid 3D dynamic action unit database with applications to 3D dynamic morphable facial modeling[C]//2011 IEEE International Conference on Computer Vision(ICCV). IEEE: 2296 – 2303.

[73] COWIE R, et al, 2000. FEELTRACE: An instrument for recording perceived emotion in real time[C]// ISCA tutorial and research workshop(ITRW) on speech and emotion:19 – 24

[74] CUI H, et al, 2017a. Global fusion of generalized camera model for efficient large – scale structure from motion[J]. Science China(Information Sciences), (60)3:038 – 101.

[75] CUI H, et al, 2017b. Tracks selection for robust, efficient and scalable large – scale structure from motion [J]. Pattern Recognition, 72(2):341 – 354.

[76] CUI H, et al, 2017c. CSFM: Community – based structure from motion[C]. IEEE International Conference on Image Processing. IEEE:4517 – 4521,

[77] DAI J, et al, 2016. R – fcn: Object detection via region – based fully convolutional networks[J]. Advances in neural information processing systems, (2016)2:379 – 387.

[78] DAVIS L, et al, 1975. A survey of edge detection techniques[J]. Computer Graphics and Image Processing, 1975(4):248 – 270.

[79] DEHZANGI, et al, 2017. IMU – based gait recognition using convolutional neural networks and multi – sensor fusion[J]. Sensors, 17(12):2735. doi:10. 3390/s17122735.

[80] DING X, et al, 2018. Laser map aided visual inertial localization in changing environment[J]. arXiv preprint arXiv:1803. 01104.

[81] DOUGLAS – COWIE E, et al, 2000. A new emotion database: considerations, sources and scope[C]//ISCA tutorial and research workshop(ITRW) on speech and emotion:39 – 44.

[82] DOUGLAS – COWIE E, et al, 2007. The HUMAINE database: addressing the collection and annotation of naturalistic and induced emotional data[C]//International conference on affective computing and intelligent interaction. Springer:488 – 500.

[83] DRUMBELLER M, 1987. Mobile robot localization using sonar[J]. IEEE Trans. Pattern Anal. Machine, 3 (9):325 – 332.

[84] DU S, TAO Y, MARTINEZ A M, et al, 2014. Compound facial expressions of emotion[J]. Proceedings of the National Academy of Sciences, 111(15):E1454 – E1462.

[85] DU TRAN, et al, 2015. Learning spatiotemporal features with 3D convolutional networks[C]//2015IEEE International Conference on Computer Vision:4489 – 4497.

[86] YANG D, et al, 2018. Hierarchical nonlinear orthogonal adaptive – subspace self – organizing map based feature extraction for human action recognition[C]//AAAI Conference on Artificial Intelligence:6805 – 6812.

[87] DURRANT – WHYTE, et al, 2016. Sensor models and multisensor integration[J]. The International Journal of Robotics Research, 7(6):97 – 113. doi:10. 1177/027836498800700608.

[88] DZMITRY BAHDANAU, et al, 2014. Neural machine translation by jointly learning to align and translate [EB/OL]. CoRR, abs/1409.0473.

[89] EINICKE, G. A, 2012. Smoothing, filtering and prediction: estimating the past, present and future [M]. Rijeka, Croatia: Intech.

[90] EKMAN P, 1970. Universal facial expressions of emotion [J]. California Mental Health Research Digest, 8 (4): 151 – 158.

[91] EI AYADI M, KAMEL M S, KARRAY F. et al, 2011. Survey on speech emotion recognition: Features, classification schemes, and databases [J]. Pattern Recognition, 44(3): 572 – 587.

[92] ELMENREICH W, 2002. Sensor fusion in time – triggered systems [D]. Vienna, Austria: Vienna University of Technology.

[93] EVERINGHAM M, et al, 2010. The pascal visual object classes (voc) challenge [J]. International journal of computer vision, 88: 303 – 338.

[94] FEICHTENHOFER, et al, 2016. Convolutional two – stream network fusion for video action recognition [J]. Computer Vision and Pattern Recognition IEEE: 1933 – 1941.

[95] FORTINO, et al, 2015. Fall – mobileguard: a smart real – time fall detection system [C]//10th EAI International Comference on Body Area Networks. doi:10.4108/eai.28 – 9 – 2015.2261462.

[96] FOX D, BURGARD E, THUN S. et al, 1997. The dynamic window approach to collision avordance [J]. IEEE Robotics & Automation Magazine, 4(1): 23 – 33.

[97] FREDRIC M, et al, 2001. Principles of neurocomputing for science & engineering [M]. New York: McGraw – Hill Higher Education.

[98] FRIESEN E, et al, 1978. Facial action coding system: a technique for the measurement of facial movement [M]. Palo Alto: Consulting Psychologists Press.

[99] FRIESEN W V, et al, 1983. EMFACS – 7: Emotional facial action coding system [J]. Unpublished manuscript, University of California at San Francisco, 2(36): 1.

[100] GADELHA M, et al, 2016. 3D Shape Induction from 2D Views of Multiple Objects [J/OL]. arXiv:1612.05872v1.

[101] GALAR, et al, 2017. eMaintenance: Essential Electronic Tools for Efficiency [M]. Salt Lake City: Academic Press.

[102] GAO Z, et al, 2015. Emotion recognition from EEG signals using hierarchical bayesian network with privileged information [C]//Proceedings of the 5th ACM on International Conference on Multimedia Retrieval. ACM: 579 – 582.

[103] GAO, et al, 2014. Evaluation of accelerometer based multi – sensor versus single – sensor activity recognition systems [J]. Medical Engineering & Physics, 36(6): 779 – 785. doi:10.1016/j.medengphy.2014.02.012.

[104] GAO, et al, 2015. An overview of performance trade – off mechanisms in routing protocol for green wireless sensor networks [J]. Wireless Networks, 22(1): 135 – 157. doi:10.1007/s11276 – 015 – 0960 – x.

[105] 中国标准化研究院, 2009. GB/T23703.1—2009 知识管理第1部分:框架[S]. 北京:中国标准出版社.

[106] GIRSHICK R, 2015. Fast r – CNN [C]//16th IEEE International Conference on Computer Vision. IEEE: 1440 – 1448.

[107] GIRSHICK R, et al, 2014. Rich feature hierarchies for accurate object detection and semantic segmentation [C]//IEEE conference on computer vision and pattern recognition. IEEE: 580 – 587.

[108] GLOWINSKI D, et al, 2008. Technique for automatic emotion recognition by body gesture analysis[C]//Computer Vision and Pattern Recognition Workshops: IEEE, 1 – 6.

[109] GODARD C, et al, 2016. Unsupervised monocular depth estimation with left – right consistency[C]//IEEE Conference on Computer Vision and Pattern Recognition. IEE, 6602 – 6611.

[110] GRAVINA, et al, 2017. Multi – sensor fusion in body sensor networks: State – of – the – art and research challenges[J]. Information Fusion, 35: 68 – 80. doi: 10. 1016/j. inffus. 2016. 09. 005.

[111] GRIMM M, et al, 2008. The vera am mittag german audio – visual emotional speech database[C]//Multimedia and Expo, 2008 IEEE International Conference on. IEEE: 865 – 868.

[112] GROSS, et al, 2012. Flight test evaluation of sensor fusion algorithms for attitude estimation[J]. IEEE Transactions on Aerospace and Electronic Systems, 48(3): 2128 – 2139. doi: 10. 1109/TAES. 2012. 6237583.

[113] GUENTERBERG E et al, 2009. A method for extracting temporal parameters based on hidden markov models in body sensor networks with inertial sensors[J]. IEEE Transactions on Information Technology in Biomedicine, 13(6): 1019 – 1030. doi: 10. 1109/TITB. 2009. 2028421.

[114] GUILLAUME L, et al, 2018. Phrase – based & neural unsupervised machine translation[J/OL]. ArXiv: Computation and Language.

[115] HAGHIGHAT, et al, 2011. Multi – focus image fusion for visual sensor networks in DCT domain [J]. Computers & Electrical Engineering, 37(5): 789 – 797. doi: 10. 1016/j. compeleceng, 2011, 04: 16.

[116] HARIHARAN B, et al, 2014. Simultaneous detection and segmentation[C]//Proc. of the European Conference on Computer Vision: 297 – 312.

[117] HART P E, et al, 1968. A formal basis for the heuristic determination of minimum cost paths[J]. IEEE transactions on Systems Science and Cybernetics, 4(2): 100 – 107.

[118] HE K, et al, 2014. Spatial pyramid pooling in deep convolutional networks for visual recognition[C]//Proc. of the European Conference on Computer Vision: 346 – 361.

[119] HE K, et al, 2015. Spatial pyramid pooling in deep convolutional networks for visual recognition[J]. IEEE transactions on pattern analysis and machine intelligence, 37: 1904 – 1916.

[120] HE K, et al, 2016. Deep residual learning for image recognition[C]//Proceedings of the IEEE conference on computer vision and pattern recognition. IEEE: 770 – 778.

[121] HE K, et al, 2017. Mask r – CNN[C]//IEEE International Conference on Computer Vision. IEEE: 2980 – 2988.

[122] HE L, et al, 2018. Learning depth from single images with deep neural network embedding focal length [J]. IEEE Transactions on Image Processing: 1 – 1.

[123] HEBER M, et al, 1989. Terrain mapping for a roving planetary explorer[C]//IEEE International Conference on Robotics & Automation. IEEE: 997 – 1002.

[124] HENRIQUES J F, et al, 2015. High – speed tracking with kernelized correlation filters[J]. IEEE Transactions on Pattern Analysis and Machine Intelligence, 37(3): 583 – 596.

[125] HESS W, et al, 2016. Real – time loop closure in 2D LIDAR SLAM[C]//2016 IEEE International Conference on Robotics and Automation(ICRA). IEEE: 1271 – 1278.

[126] HUANG H J, et al, 2018. Adversarially occluded samplesfor improving generalization of person re – identification models[C]//Proceedings of the IEEE Conference on Computer Vision and Pattern Recognition (CVPR). IEEE: 5098 – 5107.

[127] HU J,L et al,2017. Squeeze – and – excitation networks[J/OL]. arXiv preprint arXiv:1709.01507.

[128] HUANG G,et al,2017. Densely connected convolutional networks[C]//Proceedings of the IEEE conference on computer vision and pattern recognition. arXiv:1608.06993[cs. CV].

[129] IlYA S,et al,2014. Sequence to sequence learning with neural networks[J]. In Advances in Neural Information Processing Systems:3104 – 3112.

[130] JACEK M,et al,1992. Introduction to artificial neural syetems[M]. St. Paul:West Publishing Company.

[131] JOSHI V,et al,2013. Information fusion based learning for frugal traffic state sensing[C]//Proceedings of the Twenty – Third International Joint Conference on Artificial Intelligence:2826 – 2832.

[132] KALAL Z,et al,2012. Tracking – learning – detection[J]. IEEE transactions on pattern analysis and machine intelligence,34(7):1409 – 1422.

[133] KELLY T,et al,2017. BigSUR:large – scale structured urban reconstruction[J]. Acm Transactions on Graphics,36(6):204.

[134] KELVIN XU,et al,2015. Show,attend and tell:neural image caption generation with visual attention[J/OL]. arXiv preprint/1502.03044.

[135] KERL C,et al,2013. Dense visual SLAM for RGB – D cameras[C]//IEEE International Conference on Intelligent Robots and Systems. IEEE:2100 – 2106.

[136] KHAN S H,et al,2017. Scene categorization with spectral features[C]//Proceedings of the IEEE Conference on Computer Vision and Pattern Recognition. IEEE:5638 – 5648.

[137] KHATIB O,1985. Real – time obstacle avoidance for manipulators and mobile robots[C]//proc. IEEE International Conf. on Robotics and Automation. IEEE:500 – 505.

[138] KIM K H,et al,2004. Emotion recognition system using short – term monitoring of physiological signals [J]. Medical & Biological Engineering & Computing,42(3):419 – 427.

[139] KIRILLOV A,et al,2018. Panoptic Segmentation,?" ArXiv:1801.00868.

[140] KNEIP L,et al,2014. UPnP:An optimal o(n) solution to the absolute pose problem with universal applicability[C]//European Conference on Computer Vision:127 – 142.

[141] KOELSTRA S,et al,2012. DEAP:A database for emotion analysis;using physiological signals[J]. IEEE Transactions on Affective Computing,3(1):18 – 31.

[142] KOHONEN T,1989. Self – organization and associative memory[M]. New York:Springer – Verlag.

[143] KONG,et al,2017. Step Sequence and direction detection of four square step test[J]. IEEE Robotics and Automation Letters,2(4):2194 – 2200. doi:10.1109/LRA.2017.2723929.

[144] KRIZHEVSKY A,et al,2012. Imagenet classification with deep convolutional neural networks[J]. In Advances in neural information processing systems:1097 – 1105.

[145] KRIZHEVSKY A,et al,2012. Imagenet classification with deep convolutional neural networks[J]. In Advances in neural information processing systems:1097 – 1105.

[146] KUMMERLE R,et al,2011. G2O:A general framework for graph optimization[C]//International Conf. on Robotics and Automation:3607 – 3613.

[147] KWEON I S,et al,1992. High – resolution terrain map from multiple sensor data[J]. IEEE Trans. Pattern Anal. Machine,2(14):278 – 292.

[148] LAN G,Y,et al,2017. 深度学习[M]. 赵申剑,等译. 北京:人民邮电出版社.

[149] LIU L,et al,2016. Neural machine translation with supervised attention[C]//Proceedings of COLING

2016, the 26th International Conference on Computational Linguistics:3093-3102.

[150] LI L, et al, 2006. Emotion recognition using physiological signals[C]//International Conference on Intelligent Information Hiding and Multimedia. IEEE:355-358.

[151] LI O S, et al, 2017. A GMM based uncertainty model for point clouds registration[J]. Robotics and Autonomous Systems,91:349-362.

[152] LI T, et al, 2015. Continuous arousal self-assessments validation using real-time physiological responses[C]//International Workshop on Affect & Sentiment in Multimedia:39-44.

[153] LI W, et al, 2017. Action unit detection with region adaptation, multi-labeling learning and optimal temporal fusing[C]//2017 IEEE Conference on Computer Vision and Pattern Recognition(CVPR). IEEE:6766-6775.

[154] LI W F, et al, 2012. Human postures recognition based on D-S evidence theory and multi-sensor data-Fusion[C]//Proc. 12th IEEE/ACM Int. Symp. Cluster, Cloud Grid Comput:912-917. doi:10.1109/CCGrid. 2012. 144.

[155] LI Y, et al, 2017. Deep scene image classification with the MFAFVNet[C]//Proceedings of the IEEE Conference on Computer Vision and Pattern Recognition. IEEE:5746-5754.

[156] LI Y, et al, 2013. Data-free prior model for facial action unit recognition[J]. IEEE Transactions on affective computing,4(2):127-141.

[157] LIN T Y, et al, 2014. Microsoft COCO: Common objects in context[C]//European Conference on Computer Vision:740-755.

[158] LIN T Y, et al, 2017a. Feature pyramid networks for object detection[C]//IEEE International conference on computer vision and pattern recognition. IEEE:4-13. arXiv:1612.03144[cs.CV]

[159] LIN T Y, et al, 2017b. Focal loss for dense object detection[C]//IEEE International Conference on Computer Vision. doi:10.1109/ICCV. 2017. 324.

[160] LIN Y P, et al, 2010. EEG-based emotion recognition in music listening[J]. IEEE Transactions on Biomedical Engineering,57(7):1798-1806.

[161] HE LX, et al, 2018. Deep spatial feature reconstruction for partial person re-identification: alignment-free approach[C]//IEEE CVPR. arXiv:1801.00881[cs.CV].

[162] HAN LQ, 1998. Two neural network based methods for leather pattern recognition[C]//Proc. of CAIE'98,武汉:华中理工大学出版社,355.

[163] LIU N, et al, 2016. Accurate iris segmentation in non-cooperative environments using fully convolutional networks[C]//Proc. of the 2016 International Conference on Biometrics:1-8.

[164] LIU W, et al, 2016. Ssd: Single shot multibox detector[C]//European conference on computer vision:21-37.

[165] LLINAS J, et al, 2004. Revisiting the JDL data fusion model II[C]//International Conference on Information Fusion. CiteSeerX 10. 1. 1. 58. 2996.

[166] LORENSEN W E, et al, 1987. Marching cubes: A high resolution 3D suiface construction algorithm[C]//ACM siggraph computer graphics. ACM,21(4):163-169.

[167] LOZANO-PEREZ T, et al, 1979. An algorithm for planning collision-free paths among polyhedral obstacles[J]. Communications of the ACM,22(10):560-570.

[168] LU F, et al, 1997. Globally consistent range scan alignment for enviroment mapping[J]. Autonomous Ro-

bots,4(4):333-349.

[169] LUCEY P,et al,2010. The extended cohn-kanade dataset(ck+):A complete dataset for action unit and emotion-specified expression[C]//2010 IEEE Computer Society Conference on Computer Vision and Pattern Recognition Workshops(CVPRW). IEEE,94-101.

[170] LUCEY P,et al,2011. Painful data:The UNBC-McMaster shoulder pain expression archive database[C]//Automatic Face & Gesture Recognition and Workshops(FG 2011),2011 IEEE International Conference on. IEEE:57-64.

[171] LYONS M,et al,1998. Coding facial expressions with gabor wavelets[C]//Proc. of Third IEEE International Conference on Automatic Face and Gesture Recognition. IEEE:200-205.

[172] MAGNUSSON M,et al,2010. Scan registration for autonomous mining vehicles using 3D-NDT[J]. Journal of Field Robotics,24(10):803-827.

[173] MARCIN J-D,et al,2016. Is neural machine translation ready for deployment? A case study on 30 translation directions[DB/OL]. arXiv preprint/1610.01108v2.

[174] MARIA,et al,2015. Biomedical sensors data fusion algorithm for enhancing the efficiency of fault-tolerant systems in case of wearable electronics device[C]//2015 Conference Grid, Cloud & High Performance Computing in Science(ROLCG):1-4. doi:10.1109/ROLCG.2015.7367228.

[175] MARILYN M N,et al,1991. A practical guide to neural nets[M]. Reading:Addison-Wesley Publishing Company.

[176] MARTINEZ B,et al,2019. Automatic analysis of facial actions:A survey[J]. IEEE Transactions on Affective Computing,10(3):325-347. doi:10.1109/TAFFC.2017.2731763.

[177] MASOOD S Z,et al,2011. Measuring and reducing observational latency when recognizing actions[C]//IEEE International Conference on Computer Vision Workshops. IEEE:422-429.

[178] MATHE S,et al,2016. Reinforcement learning for visual object detection[C]//IEEE Conference on Computer Vision and Pattern Recognition. IEEE:2894-2902.

[179] MATTHIAS N,et al,2013. Real-time 3D reconstruction at scale sing voxel hashing[J]. Acm Transactions on Graphics,32(6):1-11.

[180] MAVADATI S M,et al,2012. Automatic detection of non-posed facial action units[C]//2012 19th IEEE International Conference on Image Processing(ICIP). IEEE:1817-1820.

[181] MAYBECK S,1982. Stochastic models,estimating,and control[M]. River Edge,NJ:Academic Press.

[182] MCCLELLAND J L,et al,1986. Explorations in parallel distributed processing,a handbook of models,programs,and exercises[M]. Cambridge:MIT Press.

[183] MCDUFF D,et al,2013. Affectiva-MIT facial expression dataset(AM-FED):naturalistic and spontaneous facial expressions collected" In-the-wild"[C]//2013 IEEE Conference on Computer Vision and Pattern Recognition Workshops(CVPRW). IEEE:881-888.

[184] MCKEOWN G,et al,2010. The SEMAINE corpus of emotionally coloured character interactions[C]//2010 IEEE International Conference on Multimedia and Expo(ICME). IEEE:1079-1084.

[185] MCKEOWN G,et al,2012. The semaine database:Annotated multimodal records of emotionally colored conversations between a person and a limited agent[J]. IEEE Transactions on Affective Computing,3(1):5-17.

[186] MEYER F,1990. Skeletons and watershed lines in digital spaces[C]//Proceedings of SPIE. Society of

Photo – optical Instrumentation Engineers:85 – 102.

[187] MIKEL A,et al,2017. Learning bilingual word embeddings with(almost) no bilingual data[C]//Proceedings of the 55th Annual Meeting of the Association for Computational Linguistics:451 – 462.

[188] MINH – T L,et al,2015. Effective approaches to attention – based neural machine translation[C]//Proceedings of the 2015 Conference on Empirical Methods in Natural Language Processing(EMNLP 2015):1412 – 1421.

[189] MORAVEC H P,1989. Sensor fusion in certainty grids for mobile robots[M]. Berlin :Springer – Verlarg.

[190] MOZOS O M,et al,2007. Semantic labeling of places using information extracted from laser and vision sensor data[J]. Robotics & Autonomous Systems,55950:391 – 402.

[191] MUSIALSKI P,et al,2013. A survey of urban reconstruction[C]//Computer Graphics Forum:146 – 177.

[192] NAN L,et al,2017. PolyFit:Polygonal surface reconstruction from point clouds[C]//IEEE International Conference on Computer Vision. IEEE:2372 – 2380.

[193] NICHOLLS J G,et al,2003. 神经生物学——从神经元到脑[M]. 杨雄里,等译. 北京:科学出版社.

[194] Oleynikova H,et al,2016. Signed distance fields:A natural representation for both mapping and planning [C]//RSS 2016 Workshop:Geometry and Beyond—Representaions,Physics,and Scene Understanding for Robotics. University of Michigan. doi. org/10. 3929/ethz – a – 010820134.

[195] OLIVER S,et al,2010. Markov decision process in artificial intelligence[M]. Hoboken:Wiley.

[196] OTSU N,1979. A threshold selection method from gray – level histograms[J]. IEEE Transactions on System,Man,and Cybernetics,SMC – 9(1):62 – 66.

[197] ÖZYESŞil O,et al,2015. Robust camera location estimation by convex programming[C]//IEEE Conference on Computer Vision and Pattern Recognition. IEEE:2674 – 2683.

[198] OZYESIL V,et al,2017. A survey on structure from motion[J/OL]. Acta Numerica,26. 305 – 364. arXiv:1701. 08493[cs. CV]

[199] PANTIC M,et al,2005. Web – based database for facial expression analysis[C]//Multimedia and Expo,2005. ICME 2005. IEEE International Conference on. IEEE:5 – 8.

[200] PARISI,et al,2016. Inertial BSN – based characterization and automatic UPDRS evaluation of the gait task of parkinsonians[J]. IEEE Transactions on Affective Computing,7(3):258 – 271. doi:10. 1109/TAFFC. 2016. 2549533. ISSN 1949 – 3045.

[201] PASTOR P,et al,2009. Learning and generalization of motor skills by learning from demonstration[C]//2009 IEEE International Conference on Robotics and Automation. IEEE:763 – 768.

[202] PETRANTONAKIS P C,et al,2010. Emotion recognition from EEG using higher order crossings[J]. IEEE Transactions on Information Technology in Biomedicine,14(2):186.

[203] PETRIDIS S,et al,2008. Audiovisual discrimination between laughter and speech[C]//IEEE International Conference on Acoustics,Speech and Signal Processing. IEEE:5117 – 5120.

[204] PHANTOM Q – C,2011. Fast trajectory correction for nonholonomic mobile robots using affine transformations[C]//Conference of Robotics:Science and Systems. DOI:10. 15607/RSS. 2011. VII. 036.

[205] PHILIPP K,et al,2003. Statistical phrase – based translation[C]//NAACL '03 Proceedings of the 2003 Conference of the North American Chapter of the Association for Computational Linguistics on Human Language Technology,1:48 – 54.

[206] PIASCO N,et al,2018. A survey on visual – based localization:on the benefit of heterogeneous data [J].

Pattern Recognition,1:74.

[207] PICARD R W,et al,2001. Toward machine emotional intelligence:analysis of affective physiological state [J]. IEEE Trans on Pattern Analysis & Machine Intelligence,23(10):1175 – 1191.

[208] PILLAI S, et al, 2015. Monocular SLAM supported objict recognition [J]. Computer Science. doi:10. 15607/rss. 2015. xi. 034

[209] PORIA S,et al,2017. A review of affective computing:From unimodal analysis to multimodal fusion [J]. Information Fusion,37:98 – 125.

[210] PRONOBIS A,et al,2012. Large – scale semantic mapping and reasoning with heterogeneous modalities [C]//IEEE International Conference on Robotics $ Automation. IEEE:3515 – 3522.

[211] PSALTIS A,et al,2016. Multimodal affective state recognition in serious games applications[C]//IEEE International Conference on Imaging Systems and Techniques. IEEE:435 – 439.

[212] QUINLAN S,et al,1993. Elastic bands:connecting path planning and control[C]//Proceedings IEEE International Conference on Robotics and Automation. doi:10. 1109/ROBOT. 1993. 291936

[213] REDMON J et al,2017. YOLO9000:better,faster,stronger[C]//2017 IEEE Conference on Computer Vision and Pattern Recognition(CVPR). IEEE:6517 – 6525. doi:10. 1109/CVPR. 2017. 690.

[214] REDMON J,et al,2016. You only look once:Unified,real – time object detection[C]//IEEE conference on computer vision and pattern recognition. IEEE:779 – 788.

[215] REDMON J,et al,2018. YOLOv3:An Incremental Improvement[J/OL]. arXiv:1804. 02767.

[216] REN S,et al,2017. Faster R – CNN:Towards real – time object detection with region proposal networks [J]. IEEE transactions on pattern analysis and machine intelligence,39:1137 – 1149.

[217] REN X,et al,2003. Learning a classification model for segmentation[C]//Proc. of the 9th IEEE International Conference on Computer Vision. IEEE:10 – 17.

[218] REZENDE D J,et al,2016. Unsupervised Learning of 3D Structure from Images[J]. Advances in Neural Information Processing Systems:4996 – 5004.

[219] ROBERT H N,1988. Application of counter – propagation network[J]. Neural Networks,1(1):131 – 139.

[220] ROBERT Hecht – Nielsen,1990. Neurocomputing[M]. Reading:Addison – Wesley Publishing Company.

[221] ROBERT J P,1994. A new neural network architecture for the fusion of independent sensor decision [J]. SPIE,2232:521 – 525.

[222] ROSAS V P,et al,2013. Multimodal sentiment analysis of Spanish online videos[J]. IEEE Intelligent Systems,28(3):38 – 45.

[223] RÖSMANN C,et al 2012. Trajectory modification considering dynamic constraints of autonomous robots [C]//Proceedings of ROBOTIK 2012;7th German Conference on Robotics:1 – 6.

[224] RUIZ A,et al,2015. From emotions to action units with hidden and semi – hidden – task learning[C]// Computer Vision(ICCV),2015 IEEE International Conference on. IEEE:3703 – 3711.

[225] RUSSAKOVSKY O,et al,2015. Imagenet large scale visual recognition challenge[J]. International Journal of Computer Vision,115:211 – 252.

[226] SAARINEN J,et al,2013. Normal distributions transform Monte – Carlo localization(NDT – MCL)[C]// 2013 IEEE/RSJ International Conference on Intelligent Robots and Systems(IROS). IEEE:382 – 389.

[227] SADIGH D,et al,2018. Planning for autonomous cars that leverage effects on human actions[J]. Autonomous Robots(42):1405 – 1426.

[228] SALAS - MORENO R F,et al,2013. SLAM + + :simultaneous localisation and mapping at the level of objects[C]//Computer Vision and Pattern Recognition. IEEE:1352 - 1359.

[229] SATISH K,2006. Neural networks[M]. New York:McGraw - Hill Companies,Inc.

[230] SATTLER T,et al,2017. Are large - scale 3D models really necessary for accurate visual localization? [C]//IEEE Conference on Computer Vision and Pattern Recognition. IEEE:6175 - 6184.

[231] SAVRAN A,et al,2008. Bosphorus database for 3D face analysis[C]//European Workshop on Biometrics and Identity Management. Springer,Berlin,Heidelberg:47 - 56.

[232] SHI F,et al,2016. Implicit distortion and fertility models for attention - based encoder - decoder NMT model[J/OL]. arXiv preprint/1601. 03317v3.

[233] SIMMONS R,et al,1995. Probabilistic navigation in partially observable environments [C]//Joint Conf. Artificial Intell,2:1660 - 1667.

[234] SIMON H,1999. A comprehensive foundation[M]. 2nd Edition. Englewood:Prentice - Hall,Inc.

[235] SIMON H,2004. 神经网络原理[M]. 叶世伟,史忠植,译. 北京:机械工业出版社.

[236] SIMON H,2009. Neural networks and learning machines[M]. Third Edition. London:Pearson Education,Inc.

[237] SIMON yan,et al,2014. Two - stream convolutional networks for action recognition in videos [J]. Computational Linguistics1(4):568 - 576.

[238] SIMSARIAN K T,et al,1996. View - invariant regions and mobile robot self - localization[J]. IEEE Trans. Root. Automat,12(5):810 - 816.

[239] SOLEYMANI M,et al,2012. A Multimodal database for affect recognition and implicit tagging[J]. IEEE Transactions on Affective Computing,3(1):42 - 55.

[240] SORDONI A,et al,2015. A neral network approach to context - sensitive generation of conversational responses[C]//Proc. of the 2015 Conference of the North American Chapter of the Association for Computational Linguisteics:Human Language Technologies:196 - 205.

[241] STEIDL S,2009. Automatic classification of emotion related user states in spontaneous children's speech [M]. Erlangen:University of Erlangen - Nuremberg.

[242] STRATOU G,et al,2011. Effect of illumination on automatic expression recognition:a novel 3D relightable facial database[C]//2011 IEEE International Conference on Automatic Face & Gesture Recognition and Workshops(FG 2011). IEEE:611 - 618.

[243] SUTSKEVER I,et al,2014. Sequence to sequence Learning with neural networks[C]. Advances in neural information processing systems:3104 - 3112.

[244] SWAIN M,et al,2018. Databases,features and classifiers for speech emotion recognition:a review [J]. International Journal of Speech Technology,21(1):93 - 120.

[245] TALLURI R,et al,1996. Mobile robot self - location using model image feature correspondence[J]. IEEE Trans. Robot. Automat,2(12):63 - 77.

[246] TAO SHUAI,et al,2018. Gait based biometric personal authentication by using MEMS inertial sensors [J]. Journal of Ambient Intelligence and Humanized Computing,9(5):1705 - 1712. doi:10. 1007/ s12652 - 018 - 0880 - 6. ISSN 1868 - 5137.

[247] THOMOOPOULOS S C,et al,1992. Centralized and distributed hypothesis testing with structured adaptive networks and perceptron - type neural networks[C]//APIW,1611:35 - 51.

[248] TOM M M,2003. 机器学习[M]. 曾华军,张银奎,等译. 北京:机械工业出版社.

[249] TONG Y, et al, 2007. Facial action unit recognition by exploiting their dynamic and semantic relationships [J]. IEEE transactions on pattern analysis and machine intelligence, 29(10): 1-17.

[250] TREVOR COHN, et al, 2007. Machine translation by triangulation: making effective use of multi-parallel corpora[C]//In Proceedings of the 45th Annual Meeting of the Association of Computational Linguistics: 728-735.

[251] TREVOR COHN, et al, 2016. Incorporating structural alignment biases into an attentional neural translation model[C]//Proc. of the 2016 Conference of the North American Chapter of the Association for Computational Linguistics: Human Language Technologies. Association for Computational Linguistics: 876-885.

[252] TULYAKOV S, et al, 2017. Viewpoint-consistent 3D face alignment[J]. IEEE Transactions on Pattern Analysis & Machine Intelligence, 40: 2250-2264.

[253] UIJLINGS J R, et al, 2013. Selective search for object recognition[J]. International journal of computer vision, 104: 154-171.

[254] VALLON C, et al, 2017. A machine learning approach for personalized autonomous lane change initiation and control[C]//2017 IEEE Intelligent Vehicles Symposium. IEEE: 1590-1595.

[255] VALSTAR M F, et al, 2011. The first facial expression recognition and analysis challenge[C]//2011 IEEE International Conference on Automatic Face & Gesture Recognition and Workshops. IEEE: 921-926.

[256] VLADIMIR N V, 2000. 统计学习理论的本质[M]. 张学工, 译. 北京: 清华大学出版社.

[257] Li W, et al, 2018. Elaborate scene reconstruction with a consumer depth camera[J]. International Journal of Automation & Computing, 15: 443-453.

[258] WANG HENG, et al, 2013. Dense trajectories and motion boundary descriptors for action recognition [J]. International Journal of Computer Vision, 103: 60-79.

[259] WANG HENG, et al, 2014. Action recognition with improved trajectories[C]//IEEE International Conference on Computer Vision. IEEE: 3551-3558.

[260] WANG S, et al, 2010. A natural visible and infrared facial expression database for expression recognition and emotion inference[J]. IEEE Transactions on Multimedia, 12(7): 682-691.

[261] WANG S, et al, 2018. Exploring domain knowledge for facial expression-assisted action unit activation recognition[J]. IEEE Transactions on Affective Computing, 11(4): 640-652.

[262] WANG Z L, et al, 2013. Quantitative assessment of dual gait analysis based on inertial sensors with body sensor network[J]. Sensor Review, 33(1): 48-56.

[263] WENBIN Y, et al, 2017. RPAN: An end-to-end recurrent pose-attention network for action recognition in videos[C]//IEEE International Conference on Computer Vision. IEEE Computer Society: 3745-3754.

[264] WÖLLMER M, et al, 2013. Youtube movie reviews: Sentiment analysis in an audio-visual context [J]. IEEE Intelligent Systems, 28(3): 46-53.

[265] WU Y. 2018. Image based camera localization: an overview9[J]. Visual Computing for Industry, Biomedicine, and Art, 1(1): 1-13.

[266] XIONG N, et al, 2002. Multi-sensor management for information fusion: issues and approaches [J]. Information Fusion, 3(2): 163-186.

[267] XU JAMES Y, et al, 2016. Personalized multilayer daily life profiling through context enabled activity classification and motion reconstruction: An integrated system approach[J]. IEEE Journal of Biomedical and Health Informatics, 20(1): 177-188.

[268] YAN S J, et al, 2018. Spatial temporal graph convolutional networks for skeleton – based action recognition [J/OL]. arXiv preprint arXiv:1801. 07455(2018).

[269] YAN W J, et al, 2013. CASME database: a dataset of spontaneous micro – expressions collected from neutralized faces[C]//2013 10th IEEE international conference and workshops on Automatic face and gesture recognition. IEEE: 1 – 7. doi: 10. 1109/FG. 2013. 6553799.

[270] YIN L, et al, 2006. A 3D facial expression database for facial behavior research[C]//FGR 2006. 7th international conference on Automatic face and gesture recognition. IEEE: 211 – 216.

[271] YOO D, et al, 2015. Attentionnet: Aggregating weak directions for accurate object detection[C]//Proc. of the IEEE International Conference on Computer Vision. IEEE: 2659 – 2667.

[272] YU W, et al, 2014. Multi – scale mean shift tracking[J]. IET Computer Vision, 9(1): 110 – 123.

[273] YU Z, et al, 2015. Image based static facial expression recognition with multiple deep network learning[C]// Proceedings of the 2015 ACM on International Conference on Multimodal Interaction. ACM: 435 – 442.

[274] ZHANG R, et al, 2017. Distributed very large scale bundle adjustment by global camera consensus[C]// IEEE International Conference on Computer Vision. IEEE: 29 – 38.

[275] ZHANG X, et al, 2014. Bp4d – spontaneous: a high – resolution spontaneous 3D dynamic facial expression database[J]. Image and Vision Computing, 32(10): 692 – 706.

[276] ZHAO K, et al, 2015. Joint patch and multi – label learning for facial action unit detection[C]//2015 IEEE Conference on Computer Vision and Pattern Recognition(CVPR). IEEE: 2207 – 2216.

[277] ZHAO K, et al, 2016. Deep region and multi – label learning for facial action unit detection[C]//Proceedings of the IEEE Conference on Computer Vision and Pattern Recognition. IEEE: 3391 – 3399.

[278] ZHEN YANG, et al, 2018. Unsupervised neural machine translation with weight sharing[C]//Meeting of the Association for Computational Linguistics: 46 – 55.

[279] ZHOU T, et al, 2017. Unsupervised learning of depth and ego – motion from video[C]//IEEE Conference on Computer Vision and Pattern Recognition. IEEE: 6612 – 6619.

[280] ZHUANLAN. zhihu. com, 2017. 智能问答初探[EB/OL]. (2017 – 12 – 21)[2020 – 09 – 20]. https://zhuanlan. zhihu. com/p/32214787.

[281] ZHU S, et al, 2017. Parallel structure from motion from local increment to global averaging[C]//IEEE International Conference on Computer Vision. arXiv: 1702. 08601[cs. CV].

[282] ZUCKER M, et al, 2013. CHOMP: Covariant Hamiltonian optimization for motion planning [J]. International Journal of Robotics Research, 32(9 – 10): 1164 – 1193.

内 容 简 介

本书介绍了机器智能的概念,分析了机器智能的内涵与外延,从人工智能三大学术流派的视角以及机器思维智能、认知智能、行为智能、知识获取四个实现途径出发,系统深入地阐述了知识工程、人工神经网络、感知-动作系统、机器学习等领域的技术成果,介绍了智能机器人的关键 AI 赋能技术和智能机器人在各行各业的应用场景。

本书既适用于智能机器人系统设计和开发的科研与工程技术人员学习,也可作为大专院校人工智能专业、机器人工程专业或其他相关专业的教材。

This book introduces the concept of machine intelligence, analyzes the connotation and extension of machine intelligence, and systematically and deeply expounds the technical achievements in the fields of knowledge engineering, artificial neural network, perception-action system and machine learning from the perspective of the three academic schools of artificial intelligence and the four realization ways of machine thinking intelligence, cognitive intelligence, behavioral intelligence and knowledge acquisition. The key AI enabling technology for intelligent robots and the application scenario of intelligent robots in all walks of life are introduced.

This book is not only suitable for scientific researchers and engineers in the design and development of intelligent robot systems, but also can be used as a teaching material for artificial intelligence, robot engineering or other related majors in colleges and universities.